석유공학

석유공학

PETROLEUM ENGINEERING

최종근 지음

머리말

석유는 자연 발생적으로 존재하는 탄화수소의 혼합물로 우리가 사용하고 있는 가장 중요한 에너지원이다. 또한 산업의 원료로 이용되어 지속가능한 사회와 성공적인 에너지 전환을 위해서도 반드시 확보되어야 한다. 석유자원을 탐사하고 개발하기 위해서는 전문인력과 서비스회사의 도움 그리고 큰 초기투자가 필요하다.

석유산업 상류부문을 담당하는 석유공학은 온도, 압력, 조성에 따라 변화하는 탄화수소의 상거동과 다공질 매질을 통한 유동을 다루는 학문이다. 따라서 다공질 매질의 특성, 석유의 물성과 상거동 그리고 저류층에서의 유동이 석유공학의 핵심적인 내용이며, 이를 교육하기 위한 강의교재로 이 책을 저술하였다.

1장은 에너지와 석유에 대한 소개로 일상생활에서 접하는 다양한 관련 뉴스를 쉽게 이해할 수 있게 배려하였다. 2장에서는 석유가 부존하는 다공질 매질의 물성과 물성측정에 대하여 소개함으로써 학습의 기초를 다진다. 3장에서는 모세관압의 영향으로 일반적인 파이프 유동과는 다른 특징을 보이는 미세한 공극을 가진 지층을 통한 유체유동을 공부한다.

4장에서는 저류층 압력과 투과율을 평가할 수 있는 유정시험과 그 해석기법을 소개하고, 5장에서는 채취한 석유 샘플의 물성을 측정하고 계산하는 방법을 기술한 다음, 6장에서는 파악된 저류층과 석유의 특성에 따라 적용되는 다양한 생산원리를 학습한다. 마지막으로 7장에서는 석유개발사업에 대한 내용을 기술하여 회사실무에 도움이 되게 하였다.

본 교재는 석유공학 학부 수업 교재로 한 학기에 학습할 수 있게 기획하였다. 설명하고자 하는 각 주제의 핵심내용을 먼저 요약하여 학습효율을 높일 수 있게 배려하였다. 부록에 있는 심화내용은 이론적 근거를 제공하므로 대학원 수업에서도 활용할 수 있고 학부에서는 그 결과를 바로 사용할 수 있다. 또한 약어와 전문용어를 정리하여 별도로 수록하였다.

석유자원과 석유공학의 중요성에 비하여 에너지 현황에 대한 바른 통찰력을 제공하며 교재로 사용할 수 있는 책을 선정하기 어려운 것도 사실이다. 이 책이 석유공학을 배우는 학생들에게 올바른 전공지식을 전하고 심화학습을 가능하게 하는 길잡이가 되길 바란다.

2025년 1월

관악 연구실에서

저자 최종근

Petroleum
Engineering
차 례

부록

Chapter 1

서론

Petroleum Engineering

Chapter 1

서론

1.1 에너지와 석유

1) 에너지의 중요성

우리에게 공기, 물, 양식이 없다면 생존 자체가 불가능하지만 에너지가 없으면 생활이 매우 불편해진다. 물론 체력을 바탕으로 한 기본적인 에너지가 있어 최소한의 생활은 가능할지 몰라도 현대 정보화사회의 혜택을 누릴 수는 없게 된다. 우리의 일상생활과 사회 그리고 산업을 유지하기 위해서는 반드시 에너지가 필요하고 이용가능한 가격에 중단 없이 공급되어야 한다. 우리는 그 중요성으로 인하여 이를 "에너지 안보"라 한다.

에너지는 일을 할 수 있는 능력을 말하며, 필요한 열을 얻을 수 있는 화석에너지와 주로 전기를 얻는 재생에너지가 있다. **표** 1.1은 국내 및 전 세계적으로 사용되고 있는 1차 에너지의 비율을 보여준다. 원유와 천연가스로 대표되는 석유가 55%(국내 60%) 정도를 차지한다. 최근에는 탈탄소의 영향으로 석탄 비율은 감소하고 재생에너지는 상대적으로 증가하고 있다.

그림 1.1은 에너지원별 과거 20여 년간의 사용현황을 보여준다. 가장 먼저 관찰되는 특징은

표 1.1 세계 및 국내 1차 에너지 비율(%)(Energy Institute Statistics, 2024)

항목	원유	천연가스	석탄	원자력	수력	기타	합계
세계	31.7	23.3	26.5	4.0	6.4	8.2	100.0
한국	43.2	17.4	21.7	13.0	0.2	4.5	100.0

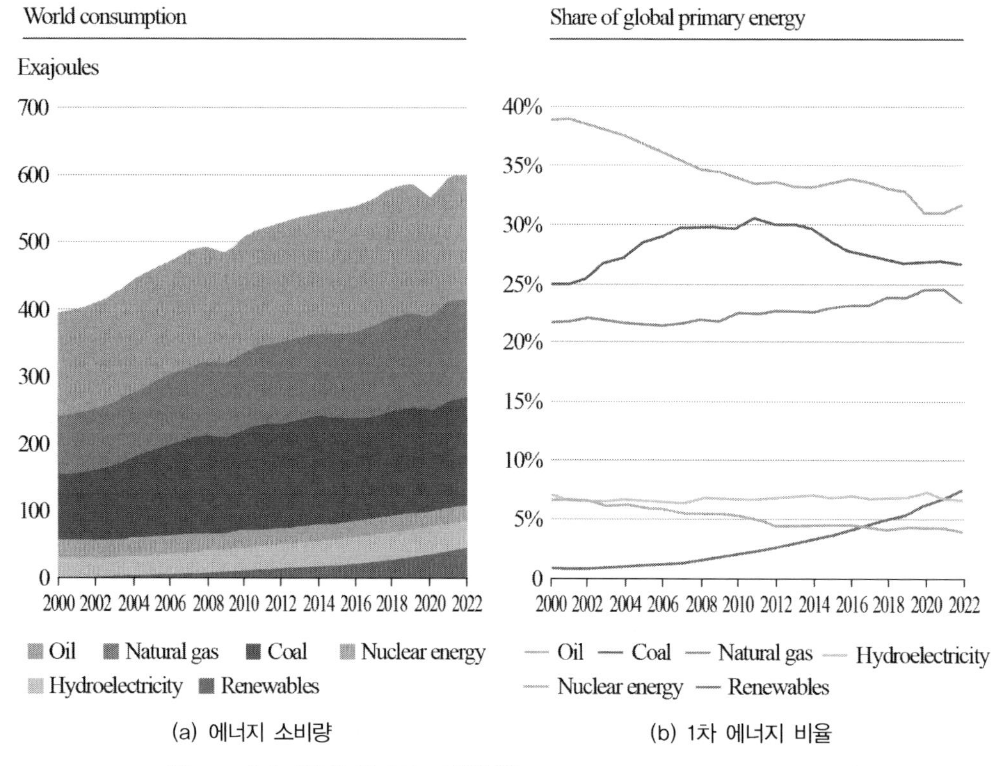

(a) 에너지 소비량 (b) 1차 에너지 비율

그림 1.1 에너지원별 역사적 사용현황(Energy Institute Statistics, 2023)

우리가 사용하는 에너지의 총량은 꾸준히 증가하고 있다는 것이다. 부분적으로 2008년 미국의 초대형 금융회사(Lehman Brothers)의 파산으로 인한 세계경제 위기와 글로벌 호흡기 감염을 야기한 COVID-19 시기에 경제활동 위축으로 원유 사용량이 감소하였지만 이내 회복하였다.

선진국의 에너지 사용량은 큰 변화가 없는 반면에 개발도상국과 후진국에서는 경제발전과 누구나 편리한 생활을 추구하는 일상으로 인하여 에너지 사용량이 크게 증가하고 있다. 탈탄소의 세계적 흐름에 의해 과거 30%를 유지하던 석탄 비율이 점차 줄어들고 있다. 화석연료 중에서 상대적으로 친환경성이 높고 또 인프라가 잘 갖추어진 천연가스와 적극적인 정책지원을 받는 재생에너지의 비율이 높아지고 있다.

지금도 전기를 생산하는 데 중요한 역할을 하는 석탄과 달리 원유는 다음과 같은 상대적 장점이 있다. 그 결과 증기기관과 산업혁명으로 대표되는 석탄을 대신하여, 석유는 현재 우리가 사용하는 가장 중요한 에너지원이 되었다. 에너지 관련 여러 국제기관에서 예측하는 대로 도로수송용 연료 역할은 줄어들겠지만, 항공류와 산업의 원료 역할은 더 중요해질 것으로 생각된다.

- 저장과 관리가 간편
- 높은 열량
- 불순물이 적어 연소 시 재가 없음
- 내연기관 연료
- 화학공업 원료

2) 석유공학 초기 역사

인류 역사를 기술하는 관점은 매우 다양하다. 강대국의 출현과 멸망을 바탕으로 한 전쟁의 역사나 다양한 문화사조의 변천에 대한 역사로 나타낼 수 있다. 또한 우리가 사용하는 주요 에너지원을 중심으로 역사를 기술할 수도 있다. 초기에는 가장 쉽게 열을 얻을 수 있는 재료가 목재였고 그 후에는 산업혁명을 가능하게 한 석탄이 핵심 에너지원이 되었다. 기계화를 통한 대량생산과 부의 축적은 산업과 사회에 큰 변화를 불러왔다.

노아가 계속될 비와 홍수에 대비하여 방주에 '역청'을 발랐다는 것과 같이 다양한 기록을 통해 석유가 기원전부터 사용되어 왔음을 알 수 있다. 초기에는 자연적으로 노상에 침출된 유징(油徵)을 이용하여 석유를 발견하였다. 주로 목재 및 배의 부식을 방지하기 위해 표면에 역청을 칠하거나 건축용 또는 일부 의약품으로 사용하였다. 원유는 대부분 사용되지 않았고 1800년대 초반까지도 석유 이용에 대한 의미 있는 변화는 없었다.

1800년대 중반에 들어서면서 교육이 증가하고 읽을거리가 보급되기 시작하였다. 따라서 당시의 전형적인 생활상은 낮에는 일하고 밤에는 여러 소식지를 읽는 주경야독(晝耕夜讀)이었다. 너무나 당연한 이야기이지만 밤에 신문을 읽기 위해서는 "불빛"이 필요했다. 이를 위해 동물의 기름이나 밀랍으로 만든 초가 사용되었지만 가격은 상대적으로 비쌌다.

불빛을 효과적으로 제공하기 위한 재료의 조건은 적정가격, 효율적인 조명, 깨끗한 연소이다. 서로 다른 탄화수소가 섞여 있는 정제되지 않은 원유는 심한 매연으로 인하여 널리 사용되지 않았지만, 처음 두 조건은 너무나 잘 만족시켰으므로 정제 필요성이 인식되고 정제기술 또한 발전하기 시작하였다.

미국에서 산업혁명을 거치면서 대규모의 석유 수요가 생겼지만, 노상유전에서 채취되는 석유만으로는 충당할 수 없어서 석유탐사가 필요하게 되었다. 지금은 너무나 당연히 여기지만 그 당시로는 기념비적인 생각, 즉 땅속으로 시추하면 생산량도 높이고 또 많은 양의 석유를 찾아낼 수 있다는 생각을 한 사람이 Edwin Drake였다.

당시에는 탄성파탐사 같은 기술이 없어서 지하에 석유가 존재할 가능성이 있는 구조를 찾아 낼 수 없었다. 따라서 노상유전 주위나 가능성이 있어 보이는 곳을 시추하여 그의 이론을 증명할 수밖에 없었다. 그는 수많은 시행착오와 파산의 경제적 난관을 이기고 펜실베이니아 타이터스빌의 지하 69.5 ft에서 석유층을 발견하였다. 이때가 1859년 8월 27일이며 근대 석유산업의 출발일로 인식되어 있다. **표 1.2**는 석유공학 역사와 유가변화를 가져온 중요한 사건들을 보여준다.

표 1.2 석유 관련 중요 사건들

Year	Key events
1859	First oil well drilled by E. Drake
1870	Standard Oil Company by J. Rockefeller
1901	Spindletop oil field discovery in Texas
1911	Break up of Standard Oil Company
1960	OPEC founded
1973	Arab-Israel war First oil crisis (1973~1974)
1978	Iranian Revolution Second oil crisis (1978~1979)
1997	Asian financial crisis
2008	Bankruptcy of Lehman Brothers
2019	COVID-19 pandemic
2022	Ukraine-Russia war

증가하는 석유 수요와 높은 수익으로 인하여 석유산업은 큰 전기를 맞았다. 뉴욕에 있는 엠파이어스테이트 빌딩과 연계하여 이름을 들었을 록펠러는 농산물 중계사업을 하면서 석유의 가치와 발전 가능성을 인지하였다. 그리하여 1870년 1월에 오하이오주 클리블랜드에 스탠다드 석유회사를 설립하였다. 그는 철도를 통한 대량수송으로 가격경쟁에서 우위를 차지하고 또 철도를 소유하므로 수송에서 독점적 위치를 차지하였다.

또한 록펠러는 스탠다드 오일 주식회사(Standard Oil Trust)를 설립(1882년)하여 석유의 생산, 수송, 정제, 판매에 이르는 모든 과정을 통합하여 막대한 부를 축적하였다(1900년 절정기에는 미국 내 정제 및 판매 시장의 90% 점유). 그사이 1901년 1월 텍사스주 동쪽에 위치한 보몬트에서 스핀들탑 유전이 발견되었고 역사상 최대 생산량을 기록하였다. 미국의 독과점방지법에 의하여 이 거대회사는 엑슨(Exxon), 모빌(Mobil), 셰브론(Chevron) 등 여러 개의 회사로 분리되면서 록펠러 독점시대는 서서히 막을 내리게 되었다.

스핀들탑 유전은 시추액과 회전식 시추기법의 최초 사업적 성공이라는 점에서 큰 의미를 가진다. 이 유전의 발견으로 인하여 100여 개 석유관련 회사가 설립되었다. 그중에서 유명한 두 석유회사가 걸프(Gulf Oil)와 텍사코(Texaco: 초기 회사명은 Texas Fuel Company)이다. 이후 텍사스 동부를 중심으로 석유의 탐사, 개발, 판매가 활발히 이루어졌다.

석유의 탐사와 개발은 자본뿐만 아니라 여러 분야 공학기술이 집약된 종합적 응용과 폭넓은 실무경험을 요구한다. 따라서 1950년대 이전에 석유의 탐사와 개발, 공급은 자본력과 기술력 그리고 실무경험을 갖춘 "7자매"라 불린 거대 석유회사들(Exxon, Mobil, Chevron, Texaco, Gulf Oil, Royal Dutch Shell, British Petroleum)에 의해 좌우되었다. 대표적인 산유국인 중동국가들과 남미국가들은 자국 자원에 대한 권리와 이익을 챙기지 못했고 이들 메이저 회사들로부터 소액의 조광료와 세금을 받는 데 만족해야 했다.

1950년대가 지나면서 7자매로 대표되던 메이저들 외에도 중소 독립석유회사들이 등장하기 시작하였고 석유자원을 보유한 나라의 자각과 더불어 산유국의 기술력도 점차 향상되었다. 이런 움직임은 1960년 9월 이라크 바그다드 회의에서 5개 산유국(Saudi Arabia, Kuwait, Iraq, Iran, Venezuela)의 석유수출국기구(OPEC) 결성으로 이어졌다.

OPEC에는 "회원국의 유가와 석유정책을 통일함으로써 생산국, 소비국, 투자자 모두에게 공정하고 안정된 상호 이익을 추구한다"는 원론적인 목적이 있었으나, 실제로는 메이저 석유회사에 대항해 산유국의 이익을 보호하는 데 주목적이 있었다. 또한 "자원이란 전적으로 보유국의 주권에 속한다"는 자원민족주의를 지향하여 점차적으로 자원을 국유화하였다. 따라서 석유회사들과 자원보유국 사이에 밀고 당기는 힘겨루기가 있었지만 여러 번의 석유위기를 거치면서 자원보유국의 일방적 승리로 끝났다.

1973년 10월 4차 중동전쟁을 계기로 발생한 1차 석유파동과 1978년 10월 이란의 회교혁명으로 인한 2차 오일위기로 산유국과 메이저 석유회사들은 엄청난 수익을 올렸지만, 소비국은 무역적자와 경제불황 때로는 정치적 위기를 초래하기도 하였다. 당시 이란은 하루에 약 480만 배럴을 추출하여(세계 수요의 7% 수준) 원유공급량 감소와 유가상승 공포를 야기하였다. 이란을 제외한 산유국의 증산과 여러 석유회사들의 노력에도 불구하고 현물 유가는 배럴당 $12.70에서 $41.00(1979년 당시 공식 유가는 $24/STB)로 223%나 증가하였다. 이는 1차 에너지원이면서 내연기관과 화학공업의 원료인 석유가 경제에 미치는 영향이 얼마나 큰지를 단적으로 말해 준다.

2차 오일위기 이후 유가는 안정되면서 2000년대 초반까지 저유가를 유지하였다. 이후 중국과 인도의 경제성장으로 인한 급격한 수요증가 그리고 전 세계적 자원확보 경쟁으로 유가가 배럴당 $147(2008년 7월)까지 상승하였다가 요즘은 $70~90 사이에서 변동하고 있다. **그림 1.2**는 언급한 역사를 바탕으로 쉽게 이해할 수 있는 과거 유가 변화이다.

국제유가는 다양한 이유로 변동된다. 하지만 유가에 상관없이 일정량을 확보하고 사용해야 하는 한계가 있다. 2000년도 이전에는 저유가를 유지하다가 유가 상승을 초래하는 국제적 사건에 유가가 급등하였다가 다시 정상화되는 모습을 보여준다. 하지만 2000년대 후반기부터는 고유가를 유지하다가 산유국의 문제뿐만 아니라 글로벌 경제의 영향으로 유가가 급등락하는 현상이 나타난다. 따라서 급변하는 국제정세 속에서 석유자원을 안정적으로 확보하는 것이 지속가능한 사회와 성공적인 에너지 전환을 위해 무엇보다도 중요해지고 있다.

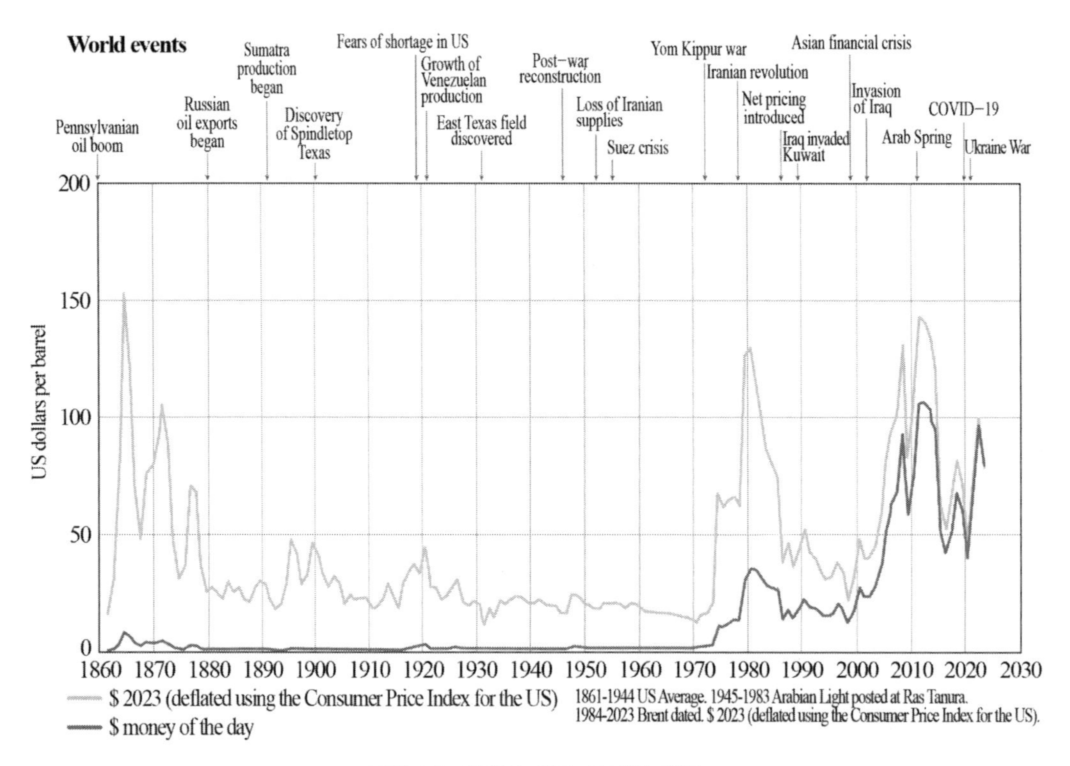

그림 1.2 시간에 따른 유가의 변화

1.2 석유 개발과정

1) 석유의 생성과 축적

(1) 석유생성 학설

지하에 부존하는 석유를 찾아 생산하기 위해서는 석유가 어떻게 생성되고 어디에 축적되어 있는지 알아야 한다. 석유생성에 대한 학설은 크게 무기기원설과 유기기원설이 있다. 무기기원설은 석유는 무기물질에 기원을 두고 있다는 것으로 러시아 지역 연구자와 일부 화학자들이 주장하고 있다. 구체적으로 지하 깊은 곳에서 물(H_2O), 이산화탄소(CO_2), 철(Fe) 등이 고온고압 하에서 반응하여 메탄(CH_4)과 에탄(C_2H_6) 같은 탄화수소가 생성되었다는 이론이다. 무기기원설의 근거는 퇴적층이 전혀 없는 지역에서도 석유가 발견되었고 지구가 아닌 다른 행성에서도 메탄이 존재하고 있다는 것이다.

유기기원설은 유기물이 지하 깊이 매몰되어 산소가 없는 조건에서 탄화과정을 거쳐 석유로 변환되었다는 이론이다. 유기물 함량이 많은 퇴적층 부근에서 석유가 주로 발견된 역사적 사실에 근거한다. 유기물을 많이 포함하지만 아직 탄화과정을 완전히 거치지 못한 오일셰일에 열을 가하면 석유가 생성되는 것도 그 주장을 뒷받침하고 있다. 따라서 세계석유공학회(SPE)는 유기기원설을 정설로 인정하고 있다.

(2) 석유의 생성과 이동

그림 1.3은 석유의 생성과 이동 그리고 축적되는 과정을 개념적으로 잘 보여주고 있다. 우리가 관찰하는 일반적인 자연현상으로는 일정한 두께의 퇴적물이 쌓이는 데 매우 오랜 시간이 걸린다. 따라서 해상 및 육상에 생존하던 유기물은 급격한 지구활동 중에 일정한 깊이 이상으로 매몰되어야 탄화과정을 거쳐 석유가 될 수 있다. 만약 매몰심도가 낮으면 대부분 썩어 없어지거나 생물학적 반응을 통해 메탄으로 변환된다.

탄화과정에 가장 큰 영향을 미치는 두 요소는 지층의 유기물 함량과 온도이다. 보통 55~65 °C 정도에서 원유가 생성되기 시작한다. 만일 심도에 따라 온도가 1.5 °C/100 m 상승한다면 유기물이 3 km 내외 깊이로 매몰되어야 한다는 의미이다. 만일 온도가 150 °C 이상이면 원유의 긴 탄소체인이 끊어져 메탄이나 에탄 같은 천연가스로 변환된다.

탄화과정에 의해 생성된 원유와 천연가스는 각자가 위치하기에 가장 적합한 장소로 이동하

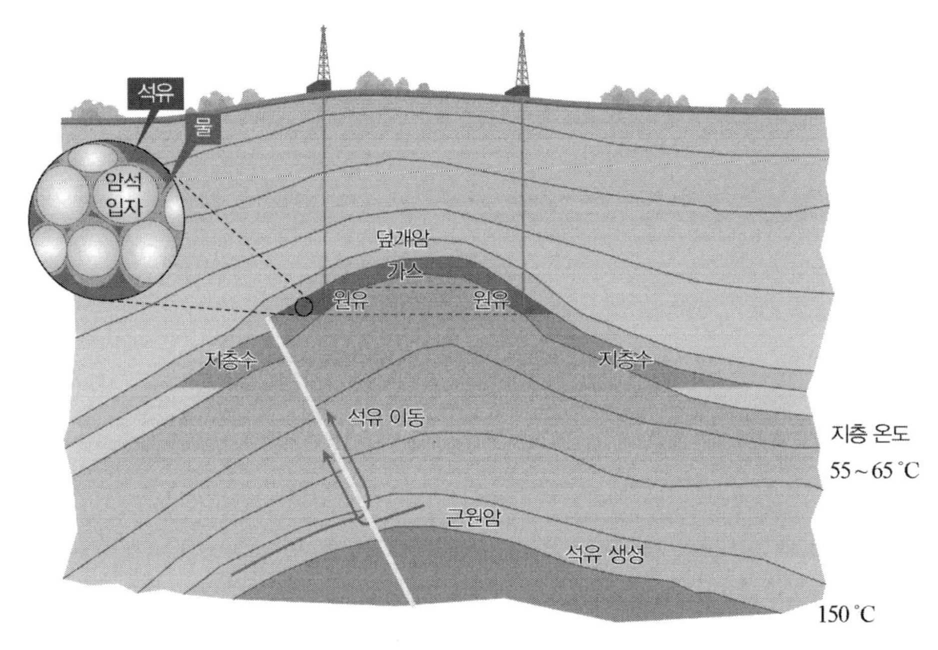

그림 1.3 석유의 생성과 이동 그리고 축적(최종근, 2020)

려는 경향이 있다. 이는 유리판 위에 있는 잉크가 유리판의 모양이나 경사에 따라 이동하는 것과 유사한 현상이다. 따라서 석유는 단층이나 다공질 지층을 통해 이동하며 밀도가 지층수보다 낮아 대부분 위로 이동한다.

(3) 석유의 축적

탄화과정으로 생성된 석유는 계속 이동하다가 더 이상 이동할 수 없는 구조를 만나면 그곳에 축적되고 그렇지 못한 경우에는 지상으로 누출되는데, 원유는 노상유전으로 관찰되나 천연가스는 대기로 분산된다. 우리의 큰 관심은 석유는 얼마나 생성되었고 그중에 얼마나 지하에 축적되어 있을까 하는 것이다. 하지만 지구와 지질구조의 복잡성과 제한된 정보로 인하여 구체적인 값을 알지 못하며, "아마도 10%" 이하일 것으로 생각하고 있다.

석유가 지하공간에 축적되기 위해서는 여러 조건들이 동시에 충족되어야 한다. 먼저 석유가 흘러 들어올 수 있고 또 석유를 품을 수 있는 공간이 되는 다공질 지층이 필요하다. 또한 유동되어 들어온 석유가 위쪽으로 이동할 수 없도록 막아주는 덮개암이 있어야 하는데, 미립자들로 구성된 셰일층이 주로 덮개암 역할을 한다. 위로 이동할 수 없는 석유는 축적되는 양이 증가하면 **그림 1.4** 같이 누출된다.

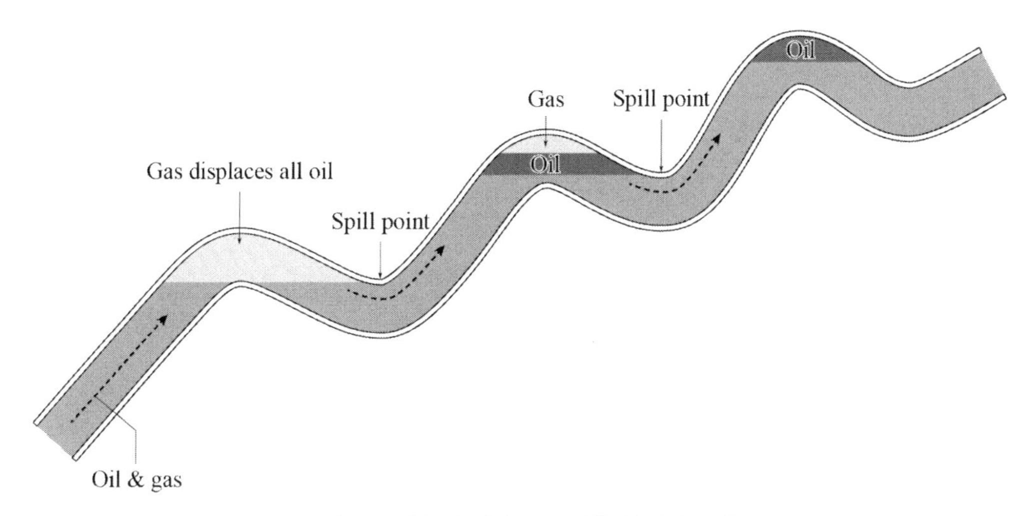

그림 1.4 석유의 이동으로 인한 축적과 누출

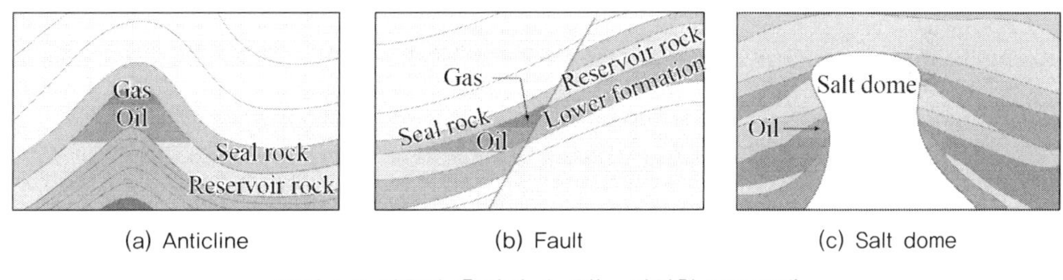

(a) Anticline (b) Fault (c) Salt dome

그림 1.5 석유가 축적될 수 있는 다양한 구조트랩

유체는 3차원 공간에서 모든 방향으로 이동할 수 있다. 석유공학에서는 관례적으로 전후좌우 네 방향으로 이동할 수 있는지 평가한다. 요약하면, 석유를 포함할 수 있는 다공질 지층이 덮개암으로 덮여 있고 전후좌우로도 이동할 수 없는 구조(이를 4-way closure라 함)를 가지는 경우 이를 트랩이라 한다. **그림 1.5**는 다공질 지층을 포함하는 지층구조가 트랩을 형성한 것으로 구조트랩이라 하며 우리에게 익숙한 배사구조가 좋은 예 중의 하나이다. 지층구조는 유체유동을 방지할 수 있는 형태는 아니지만, 다공질 매질 주위가 불투수층으로 구성되어 유체가 이동할 수 없는 구조를 층서트랩이라 하며 **그림 1.6**에 다양한 예가 있다.

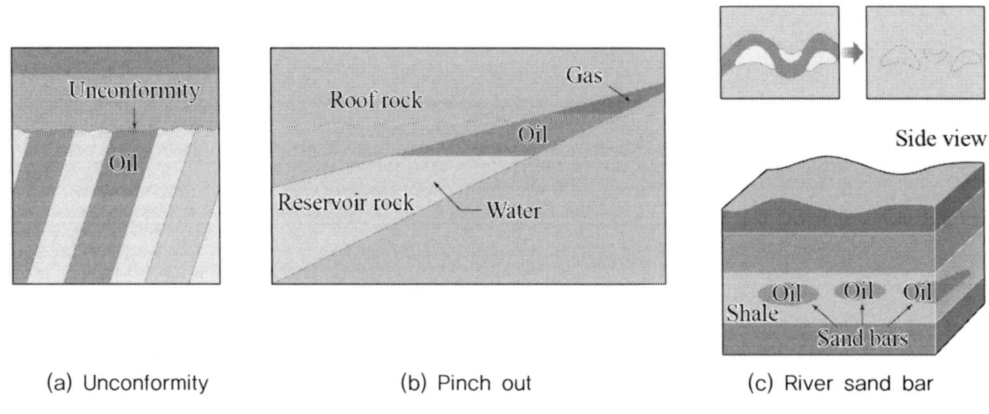

(a) Unconformity (b) Pinch out (c) River sand bar

그림 1.6 석유가 축적될 수 있는 다양한 층서트랩

2) 석유개발사업

(1) 광구권 계약

석유를 탐사하고 생산하는 사업을 E&P사업이라 하며 **그림** 1.7(a)는 탐사를 위해 새로운 사업을 시작하여 생산을 완료하기까지의 전형적인 과정을 보여준다. **그림** 1.7(b)는 석유 E&P사업을 하는 회사가 관심 있는 사업을 발굴하고 계약을 통해 사업에 참여하는 실무를 보여준다. 두 경우 모두 필요한 기술을 제공하는 지질, 물리탐사, 시추, 석유공학 전문가뿐만 아니라 이 사업의 특성을 이해하는 법률 전문가와의 협업이 필요하다. 사업을 위한 자본과 더불어 전문인력으로 대표되는 기술력과 신뢰할 수 있는 사업 파트너 그리고 축적된 사업경험이 성공적인 E&P사업을 위한 네 가지 필수 요소이다.

광구권은 광권이라 하며 석유 E&P사업을 진행할 수 있는 배타적 권리를 말한다. 석유회사는 과거의 탐사경험, 현재 유망한 지역, 전문적으로 자료를 제공하는 회사의 데이터베이스를 활용한 예비조사를 통해 대상지역을 선별하고 상세평가를 거쳐 결정한다. 물론 이를 위해서는 대상지역의 유망성뿐만 아니라 해당 국가의 위험도와 광구권 제도 및 세금도 중요하게 고려해야 한다.

미국과 캐나다의 사유지를 제외하고는 국가가 광구권을 가지고 있어 석유 E&P회사는 국가나 국가를 대신하는 국영석유회사와 광구권 계약을 맺는다. 보통 3~5년 기간으로 탐사단계를 구분하여 반드시 수행해야 할 최소작업량을 명시한다. 대부분의 산유국은 탐사광구의 경우 탐사기간이 완료될 때까지 최소 1개 이상의 탐사정 시추를 요구한다.

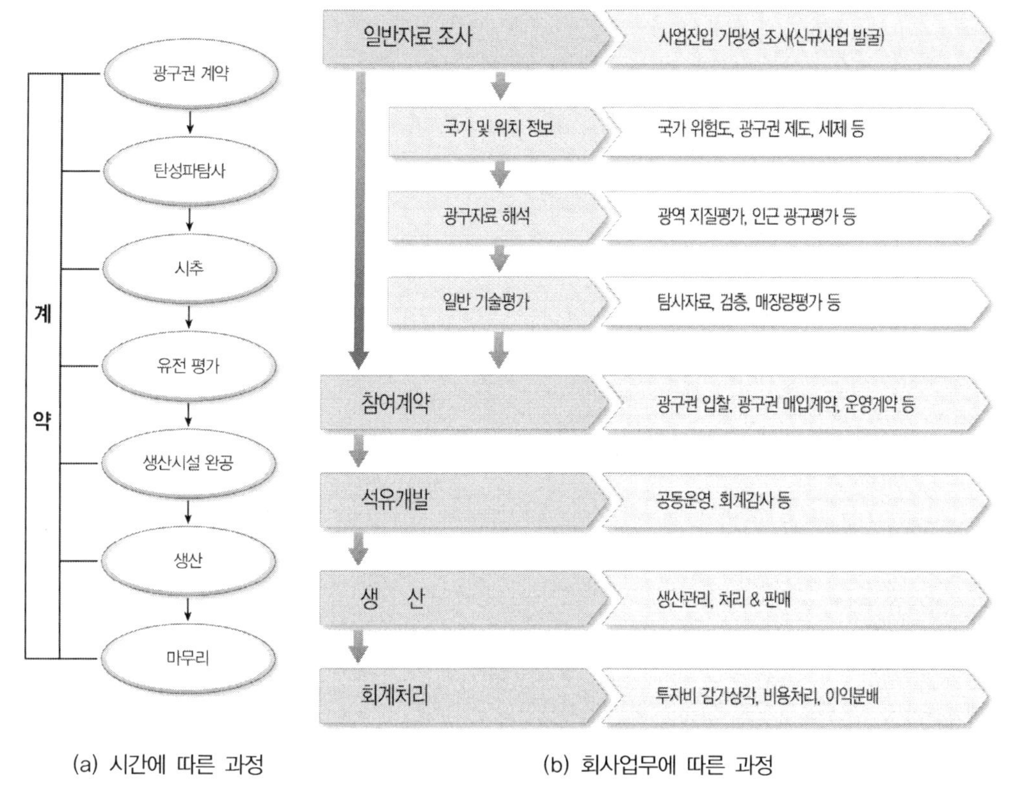

(a) 시간에 따른 과정 (b) 회사업무에 따른 과정

그림 1.7 석유개발사업 과정(최종근, 2020)

(2) 탄성파탐사

회사의 유망성 평가에 기준하여 광구권을 획득한 후, 이미 개발 중인 광구가 아닌 경우에는 석유가 부존할 수 있는 구조를 찾는 것이 첫 번째 목표이다. 이를 위해 기존 자료를 재처리하거나 신규로 탄성파 자료를 취득할 수 있다. 탄성파탐사는 자료의 취득, 처리, 해석 세 단계로 이뤄지며 이를 통해 유망구조를 도출한다. 요즘에는 유망구조를 좀 더 정확히 모델링하기 위하여 3차원 탐사를 주로 활용한다.

근원암에서 생성되어 이동 · 축적된 석유가 성공적으로 발견된 구조를 플레이(play)라 하며 이런 플레이를 바탕으로 상세 물리탐사를 한다. 물리탐사 후 트랩구조도 우수하고 규모도 커서 앞으로 탐사시추가 예정된 것이 유망구조이며, 규모가 작거나 트랩의 견실성이 부족하여 석유가 누출될 위험성이 있어 시추하지 않을 구조가 잠재구조이다.

탐사단계 비용의 70~80% 내외가 탐사정을 시추하는 데 소요되므로 시추위치를 잘 결정해야 한다. 이를 위해서는 각 유망구조를 구체적으로 평가해야 하는데 이는 **그림 1.3**에 나타낸 것

같이 근원암, 저류암, 덮개암, 트랩의 견실성 등을 확률적으로 평가하여 함께 고려한다. 또한 물리탐사의 결과로 석유부존을 직접적으로 지시하는 인자(DHI)가 있으면 이를 추가적으로 고려하여 **표 1.3** 같이 지질학적 탐사성공률을 평가한다. 이 값과 회사의 전략에 따라 최종 탐사시추 위치가 결정된다.

항목	확률, %
트랩	80
저류암	30
덮개암	90
근원암	70
GCOS	15

(a) 회사 1

항목	확률, %
트랩	80
트랩 유효성	80
저류암	60
원유 이동	80
근원암	100
GCOS	31

(b) 회사 2

항목	확률, %
트랩 존재 유무	80
트랩 유효성	60
저류층 존재 유무	90
저류층 유효성	90
근원암 존재 유무	80
근원암 유효성	70
DHI	10
GCOS	32

(c) 회사 3

표 1.3 지질학적 탐사성공률(GCOS) 계산

(3) 시추

유망구조가 결정되면 석유부존을 직접적으로 확인할 수 있는 유일한 방법이 시추이다. 시추를 통해 석유의 존재를 확인하면 불확실성이 줄어들고 매장량 평가를 위한 다음 작업이 가능하다. 첫 번째 유망구조에서 석유탐사에 실패하였다면 근원암-석유 생성과 이동-트랩구조 등에 대한 재평가를 통해 다음 유망구조에 시추해 볼 수도 있고, 잔여 유망성이 낮으면 사업을 종료한다. 이 경우에 계약서에 명시된 최소작업량이 의사결정에 중요한 영향을 미친다.

시추의 목적은 다음에 명시된 세 조건을 동시에 만족시키는 것이다. 구체적으로 주어진 예산 내에서 계획한 시추공 크기로 목표심도에 도달해야 한다. 목표심도에 도달하고자 하는 세부 목적에 따라 탐사정, 평가정, 생산정, 주입정, 관측정 등으로 불린다. 언급한 세 조건 중 하나라도 충족하지 못하면 "시추 실패"이다. 성공적으로 목표심도에 도달하였지만 트랩구조 내에 석유가 존재하지 않았다면 "탐사 실패"이며, 용어를 구별하는 것이 필요하다.

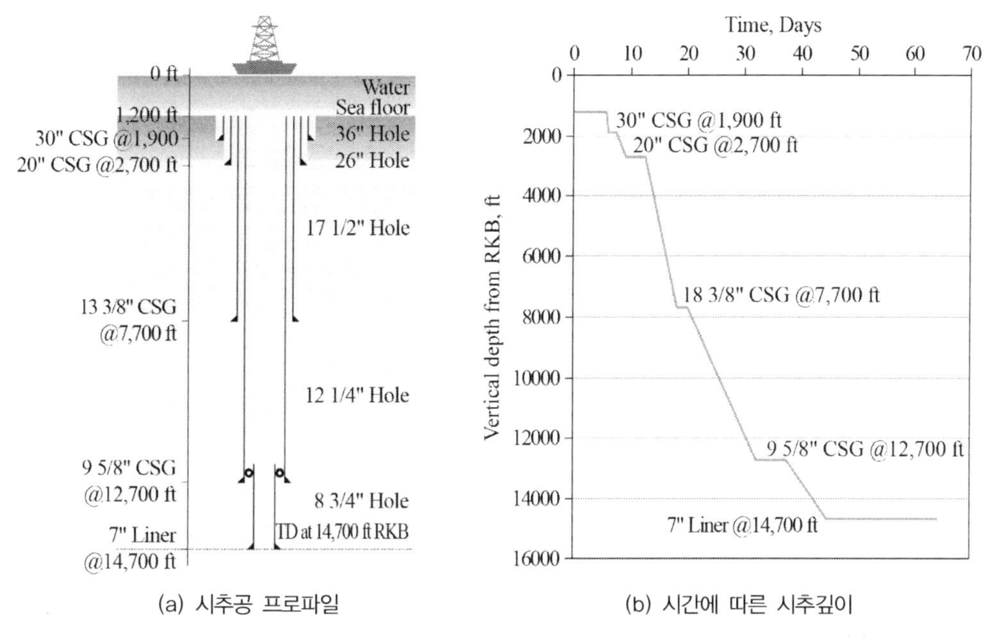

(a) 시추공 프로파일

(b) 시간에 따른 시추깊이

그림 1.8 시추 프로그램의 핵심 내용(최종근, 2017)

- 목표심도
- 시추공 크기
- 시추예산(AFE)

성공적인 시추를 위해서는 작업지침서가 되는 시추 프로그램을 잘 작성하여야 하며 **그림 1.8**은 핵심적인 내용을 잘 보여준다. 구체적으로 각 깊이별 시추공과 케이싱의 크기 그리고 시간에 따른 시추깊이를 알 수 있다. 시추 프로그램은 각 시추심도별로 사용할 장비의 종류와 규격, 작업절차, 소모성 재료, 예상되는 문제점과 해결책 등이 정리되어 있다. 시추 프로그램은 시추작업을 위한 인허가 과정에서도 요구된다.

(4) 유전평가

탐사시추를 통해 석유부존을 확인하였으면 개발단계로 진행할지 결정한다. 유정을 완결하고 생산 및 처리 시설의 설치에는 막대한 자본이 소요되므로 합리적인 의사결정을 위해서는 총부존량과 회수율을 고려한 매장량 평가가 우선되어야 한다. 탄성파탐사 자료를 활용하여 저류

표 1.4 유정 검층의 종류, 측정값, 원리

Log name	Measurement	Units	Usages & characteristics
SP	SP	mV	Identify shale layer Identify layer boundary
Gamma ray	Natural radioactivity	API	Identify shale layer Identify layer boundary
Resistivity	Resistivity	Ohm-m	Calculate water saturation
Neutron porosity	Neutron or gamma ray	%	Estimate liquid-filled porosity (by measuring slow moving neutrons)
Formation density	Electron	g/cc	Compute porosity
Sonic	Sonic travel time	micro sec	Calculate porosity
NMR	NMR signal	Units of property	Infer rock compositions, pore distribution, and fluid properties. Estimate porosity & permeability
Caliper	Wellbore diameter	inch	Detect the change of wellbore diameter

(where, SP is Spontaneous Potential and NMR is Nuclear Magnetic Resonance.)

층의 상하경계를 얻고 저류층 경계면 부근에 평가정을 시추하여 수평적인 확장정도를 파악한다.

시추과정에서 획득한 깊이별 지층정보, 지층코어를 분석하여 얻은 저류층 물성, 유정 검층자료, 시추공 시험자료, 저류층 유체샘플 분석으로 얻은 물성자료 등, 모든 자료를 통합하여 저류층모델을 구축한다. 이는 미래 생산량 예측에 기본이 된다. **표 1.4**는 저류층모델을 구축하는 데 중요하게 활용되는 검층의 종류와 특징을 요약하여 보여준다. 물리 및 의학 분야에 응용되던 NMR 기술은 검층분야에 적용되어 새로운 지평을 열고 있다. 유전평가에 필요한 다양한 자료와 연관된 정보는 앞으로 배우게 될 내용이다.

(5) 생산시설 완공

가. 개념설계

유전을 개발하여 석유를 생산하는 것도 수익을 창출하기 위한 사업의 한 종류이다. 따라서 수익을 최대화하기 위해서는 정확한 저류층 모델과 물성을 바탕으로 경제적이고 효율적인 개발 전략이 필요하다. 육상 유전의 경우, 상대적으로 개발비용이 적기 때문에 소규모로 생산을 시작하고 추후 생산시설을 확장해도 큰 어려움이 없다. 하지만 해상 유전의 경우, 시추비도 크고 생산 플랫폼이나 부유식 생산시설 비용이 과도하고 설계변경이 어렵기 때문에 처음부터 종합적인 개발계획이 필요하다.

따라서 수심과 저류층 심도 그리고 매장량에 따라 적용될 수 있는 다양한 생산 시나리오를 설정하고 이를 평가해야 한다. 수심이 낮아 플랫폼을 설치하는 경우에도 생산된 석유의 처리 방법과 수준에 따라 여러 경우가 있어 초기에는 수십 가지 시나리오가 존재한다. 또한 원유나 천연가스의 거동과 함께 생산되는 물의 처리도 같이 고려하면서 목표 생산량을 위한 유정의 개수와 운영조건을 결정해야 한다.

이러한 분석과정을 통해 실현 가능성이 높은 3~4개 대표 시나리오를 선정하고 상세분석과 적용기술 비교를 통해 최종안을 결정한다. 분석과정에서 추가적인 자료를 얻게 되면 이를 고려한 저류층모델의 갱신과 재평가의 반복과정도 필요하다.

나. 기본설계

개념설계에서 선정된 유전개발기법은 요구되는 조건과 비용을 비교적 상위의 범주에서 평가한다. 하지만 이를 구현하기 위해서는 보다 구체적으로 설계가 이루어져야 하며 이 과정을 기본설계라 한다. 기본설계는 플랜트 엔지니어링 분야에서 주로 FEED로 불린다.

FEED는 플랜트 건설을 위한 기본적인 설계개념을 정립하고 핵심적인 장비나 설비에 대하여 설계도를 완성하여 상세설계가 가능하게 할 뿐만 아니라 비용을 예측할 수 있게 한다. 구체적으로 특정 프로젝트에 대한 핵심설계를 완성하고 비용을 평가하며 역할을 명시하여 상세설계를 위한 입찰을 가능하게 한다. 결과적으로 상세설계가 가능하여 생산설비를 완공할 수 있게 하는 기반을 제공한다.

다. 생산시설 완공

기본설계에 따라 상세설계를 완료하고 이를 바탕으로 설계된 시설을 완공하는 과정으로 플랜트 엔지니어링 분야에서 EPCIC로 불리며 크게 5단계로 구성되어 있다. 상세설계(engineering)와 설계에 기반하여 필요한 자재를 구매하여 조달(procurement)하고 제작(construction)한다. 제작된 각 설비들은 현장으로 배달되어 설치(installation)되고 개별성능에 대한 시험을 마치면 전체 시스템에 대한 시운전(commissioning)을 한다. 시운전이 성공적으로 마무리되면 첫 생산을 위한 준비가 완료된다.

언급한 EPCIC 과정은 핵심기술을 가진 많은 업체들이 계약으로 연결되어 작업하므로 이를 잘 관리하는 것이 중요하다. 특별히 기준을 만족하지 못한 장비가 설치되거나 시공과정에서 사고가 발생하지 않도록 유의해야 한다. 특히 후반부로 갈수록 완공시간이 지연되지 않도록 관리해야 한다. 또한 서로 다른 철학과 목적을 가진 집단과의 갈등으로 인해 프로젝트가 지연되거나 무산되는 것도 처음부터 대비하여야 한다.

(6) 생산

석유 E&P사업은 초기에 많은 자본이 투자되지만 수익이 창출되기까지 비교적 오랜 시간이 걸린다. 보통 탐사에서 첫 생산까지 8~10년 정도 소요된다. 본격적인 생산을 위해서는 가장 최근까지 갱신된 저류층모델과 물성정보를 바탕으로 생산을 관리해야 하며 석유공학자의 역할이 매우 중요하다.

누구나 예상할 수 있듯이, 석유생산량은 유정의 위치, 개수, 종류, 운영 기간과 조건 등 다양한 인자에 영향을 받는다(Yang et al., 2019; Kim et al., 2020, 2021). 또한 최근에는 산유국이 생산기간을 15~20년으로 제한하고 이를 연장하지 않는 경우도 발생하고 있다. 따라서 계약서에 명시된 생산기간 동안 계획한 생산량을 유지하기 위한 시추 및 유정 운영계획을 수립해야 한다. 또한 생산이 진행되며 관찰되는 저류층 거동을 바탕으로 계획을 조율해야 한다.

천연가스는 압축성이 좋아 생산으로 인한 저류층 압력감소가 적고 지층 내에서 유동성도 우수하다. 또한 유정 바닥에서 지상으로도 쉽게 흘러나와 지상에 설치된 크리스마스트리(XT)에서 생산압력을 조절하며 생산한다. 생산으로 저류층 압력이 떨어지면 XT 압력은 낮추고 압축기를 설치하여 판매 파이프라인으로 송출할 수 있다. 따라서 천연가스전의 경우 70~85% 회수율을 달성할 수 있다. 하지만 천연가스의 큰 부피로 인하여 저장이 어려우므로 반드시 판매처가 확보되어야 하며, 이는 유전평가 완료 후 개발계획 확정 이전에 결정되어야 한다. 만일 판매처가 확보되지 못했다면 개발은 보류된다.

원유는 압축성은 낮고 점성도는 높아 천연가스에 비하여 유동성이 100배 정도 떨어진다. 따라서 저류층 압력으로 생산되는 1차생산의 경우 회수율이 특별한 경우를 제외하고는 10% 이하이다. 저류층 내에서 유체유동을 쉽게 하기 위해 생산정 주위를 인위적으로 파쇄하거나 시추과정에서 시추액의 침투로 인해 지층이 손상된 부분을 제거하는 산처리를 할 수 있다. 이를 통해 생산정 주변의 유동성을 향상시키고 압력감소를 줄일 수 있지만 회수율 향상에는 한계가 있다.

석유공학에서는 석유 생산효율을 직접적으로 높이기 위해 다양한 기법을 적용하는데, 시간적 관점에서 2차, 3차 생산으로 분류할 수 있다. 또한 사용기법에 초점을 두어 증진회수법(EOR)과 회수향상법(IOR)으로 분류하기도 한다. EOR은 저류층에 존재하지 않는 물질을 주입하여 회수효율을 높이는 방법으로 정의된다. 원유 점성도를 낮추기 위해 열이나 증기를 주입하거나 계면활성제를 사용하여 원유를 더 쉽게 밀어내는 방법이 있다. 이산화탄소를 주입하는 경우에도 원유 점성도가 감소하고 부피는 팽창하여 원유 유동성이 향상된다.

원유가 시추공 바닥까지 유동하더라도 유정 수직깊이에 해당하는 정수압과 유동으로 인한 마찰손실 그리고 XT 압력을 극복해야 유동이 가능하다. 하지만 언급한 압력의 총합은 비교적 큰 값으로 1차생산 회수율이 낮은 원인이기도 하다. 만일 시추공 바닥에서 원유를 펌핑해 올리거나 정수압과 점성도를 낮추기 위해 천연가스를 인위적으로 유정 바닥에 주입하면 이들 혼합물의 유동이 가능해진다. EOR과 언급한 기법들을 포함하여 회수율을 높이기 위한 모든 기법을 IOR이라 한다.

(7) 마무리

석유탐사를 위한 광구권이 입찰되는 초기에는 석유를 생산하는 인근지역이나 퇴적층이 깊어 유망한 넓은 구역을 대상으로 한다. 석유회사는 지질 및 지구물리 분석을 통해 유망구조를 확정하여 탐사시추를 진행한다. 1차 또는 2차 탐사기간이 종료되면 유망지역을 제외한 지역을 일차적으로 반납한다. 이는 광구권 계약서에 명시된 최소 탐사활동을 기준으로 일정 기간 후에 점진적으로 이루어진다. 이 경우에는 특별한 시설이 없기 때문에 마무리가 비교적 간단하며 필요한 행정절차를 마무리하면 된다.

탐사가 성공적으로 진행되어 생산이 이루어진 경우에는 다수 유정과 생산시설 그리고 부수적인 시설이 많다. 육상 유전인 경우에는 시설이 간단하고 마무리와 복구비용이 상대적으로 적다. 하지만 해양의 경우에는 해저면에 있는 유정과 다양한 생산시설 그리고 해수면에 있는 모든 시설을 규정에 맞게 제거하고 사업이 시작되기 전의 모습으로 복구하는 데 많은 비용이 소요된다. 특히 최근에는 환경규제가 강화되어 마무리 작업을 위한 비용을 매년 미리 적립한다.

또한 복구된 결과에 대한 검증과 마무리를 위한 행정절차를 잘 처리하여야 향후에 아무런 문제가 없게 된다. 최근에는 석유분야뿐만 아니라 기업이나 개인 상호 간에도 법적분쟁이 많기 때문에 규정에 따른 깔끔한 마무리는 아무리 강조해도 지나치지 않다. 특히 온라인 관계망이 발달된 요즘 시간과 돈의 낭비를 줄여줄 것이다.

3) 석유사업 밸류체인

석유를 탐사하고 생산하여 수송하고 이를 정제하거나 석유화학 제품을 만들어 판매하는 전체 석유산업은 **그림 1.9**와 같이 매우 다양한 산업부문이 유기적으로 연계되어 있다. 석유를 탐사하고 생산하는 부문을 상류부문이라 하고 다양한 제품으로 활용하는 부문을 하류부문이라 한다. 우리나라는 하류부문이 세계적 수준으로 발달되어 있다. 상류와 하류부문을 연결하는 수송부문이 중류부문이며 장거리 파이프라인 건설이나 천연가스를 액화시키기 위한 LNG 플랜트 건설은 다자간의 이해관계가 협력으로 나타나는 예이다.

각 부문에서는 여러 서비스회사가 각자의 전문기술을 바탕으로 협업한다. 시추를 위해서도 시추계획을 세우고 작업을 진행할 실무자, 작업 및 측정을 위한 장비, 시험결과 해석을 위한 프로그램, 그리고 무엇보다도 계속적인 작업을 위한 보급이 필요하다. 여러 장비들은 해당분야 작업자들이 필요에 따라 사용하지만 이들 장비는 또 다른 분야의 전문가가 만든다. 탄성파탐사나

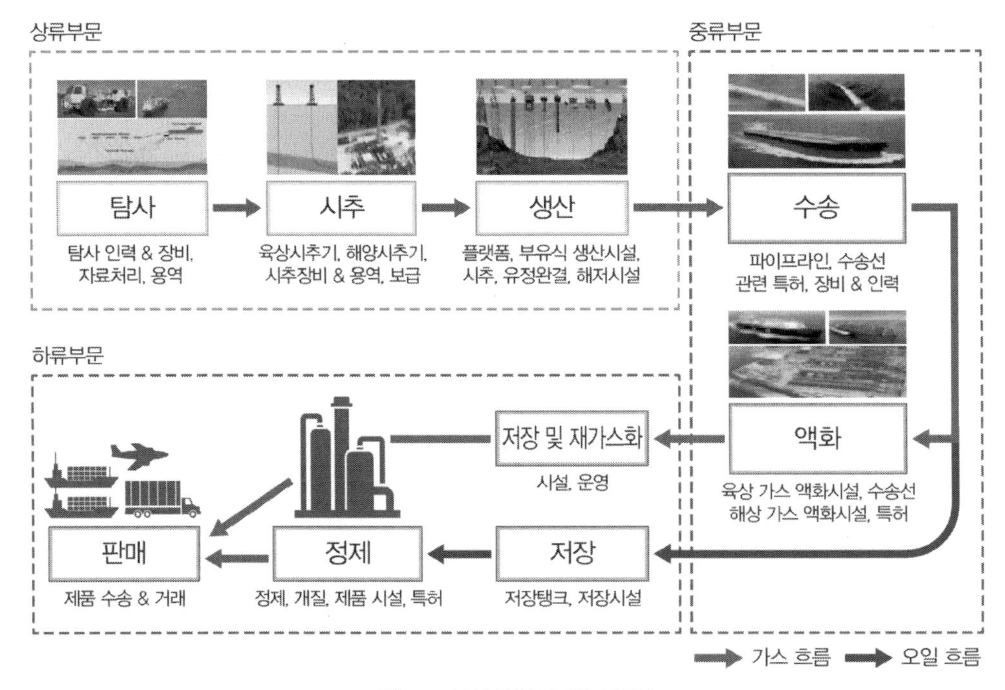

그림 1.9 석유산업의 밸류체인

수송 그리고 활용 부문도 동일하다.

E&P사업을 성공적으로 수행하기 위해서는 지질, 지구물리, 시추, 저류 및 생산 분야를 포함한 석유공학 전문가들의 협업을 통한 공학지식의 종합적 응용이 필요하다. 많은 자본이 투자되므로 재무적 지원이 있어야 하고 국제적인 계약을 위한 법률 전문가도 필요하다. 따라서 우리는 관심 있는 어느 부문 어느 영역에서도 전문가로 활동할 수 있다. 학교에서 받은 기본교육을 바탕으로 회사실무를 경험하면 핵심기술을 가진 전문가가 될 수 있다.

1.3 석유의 다양한 이름

1) 석유의 분류

(1) 석유의 정의

석유의 어원은 라틴어로 암석을 의미하는 petra와 기름을 의미하는 oleum의 합성어로 "암석 또는 땅속에 있는 기름(petroleum)"이라 할 수 있다. SPE는 석유를 자연발생적으로 존재하는 탄화수소의 혼합물로 정의한다. 따라서 석유는 탄소와 수소 결합으로 구성된 여러 탄화수소 분자들이 물리적으로 섞여 있는 것으로서 온도, 압력, 조성에 따라 다양한 상(phase)으로 존재한다.

저류층 및 지상 조건과 조성에 따라 원유는 액체, 천연가스는 기체, 역청은 반고체의 대표적 예이다. 또한 셰일가스와 오일샌드 같은 비전통 석유자원과 가스전에서 생산되는 응축물을 포함한다. 하지만 석유와 함께 생산되는 질소, 이산화탄소, 헬륨, 황 등은 탄화수소가 아니므로 석유가 아니다. 많은 경우 이들은 미량으로 존재하기 때문에 "non-hydrocarbon traces"라고 한다.

(2) API 밀도

액체의 경우 무거운 정도를 밀도로 표현하거나 물의 밀도를 기준으로 하여 비중으로 나타낸다. 하지만 원유의 경우 전통적으로 식 (1.1a)의 API 밀도를 사용한다. 원유비중으로 다시 정리하면 식 (1.1b)가 된다. 식 (1.1)에서 물의 API 밀도가 10인 것을 알 수 있다.

$$^{o}API \equiv \frac{141.5}{\gamma_o} - 131.5 \tag{1.1a}$$

$$\gamma_o = \frac{141.5}{131.5 + {}^{o}API} \tag{1.1b}$$

여기서, ^{o}API는 API 밀도, γ_o는 원유밀도를 물의 밀도로 나눈 비중이다.

식 (1.1)에서 API 밀도가 커지면 비중은 작아지고 원유는 가벼운 성분으로 구성되며 정제에서 휘발유가 많이 생성되어 가치가 높게 매겨진다. 전통적인 원유의 경우 API 밀도가 20~40 정도, 초중질유는 8~12 정도, 가스전에서 생성되는 응축물은 55~65 값을 나타낸다. 응축물도 원유로 분류되므로 원유의 API 밀도는 8~65 사이임을 짐작할 수 있다. 일반적으로 원유비중이

35 이상이면 경질유로, 25 이하이면 중질유로, 12 이하면 초중질유로 분류하며 점성도도 높아 생산이 어렵다.

(3) 벤치마크 원유

원유를 서로 거래하기 위해서 가격을 결정할 필요가 있다. 세계 각지에서 생산되는 석유는 조성과 포함된 불순물의 양이 다양하며 정제비용과 석유제품 생산비율이 다르기 때문에 가치도 상이하다. 각 지역별로 거래가격 기준이 되는 원유가 있는데, 이를 벤치마크 원유(**표 1.5**)라 한다.

서부텍사스 중질유로 자주 언급되는 WTI는 품질이 중간이라는 것이 아니라 API 밀도가 중간 정도라는 의미이다. 가스전에서 생산되는 응축물까지 고려하면 중간 정도이지만, 원유 중에서 비중이 낮은 쪽에 속하며 품질이 우수하여 미국에서 거래되는 원유의 기준가격이 된다. 뉴욕상업거래소에 상장되어 있어 가격이 여러 인자의 영향을 받아 민감하게 변동한다.

북해의 브렌트유는 WTI와 품질이 비슷하고 유럽과 아프리카에서 거래되는 원유의 기준이며 국제석유거래소에 상장되어 있다. 중동지역을 대표하는 두바이유는 황 함량이 높으며 장기계약에 의한 거래가 많다. 우리나라는 대부분의 원유를 중동국가에서 수입하므로 총수입액과 무역수지에 큰 영향을 미친다.

표 1.5 벤치마크 원유의 종류와 주요 특징

유종 이름	거래 지역	상품시장	API 밀도	황 질량 함량, %
WTI	북미	NYMEX	38 ~ 40	0.3
Brent	북해	ICE	38	0.3
Dubai	중동		31	2.0

(4) 화학구조

석유를 구성하는 탄화수소는 탄소체인의 형태에 따라 **표 1.6** 같이 분류한다. 원유는 보통 탄소가 5~60개로 구성되며(물론 더 많을 수도 있으며 정제에서 아스팔트로 남음), 주어진 일반식에서도 예상할 수 있듯이 질량 구성비가 대부분 84~87%의 탄소(C)와 11~15%의 수소(H)이다. 천연가스의 경우 65~80%의 탄소와 1~25%의 수소 비율을 가지고 있다.

파라핀계 원유는 단일결합의 탄소체인이 사슬형태로 구성되고 수소로 포화되어 있다. 나프

텐계는 탄소가 단일결합을 형성하지만 환상으로 이루어져 수소 개수는 2개 적다. 방향족은 환상을 이루고 있으며 탄소체인이 일부 이중결합을 가지고 있다. 방향족 원소가 많이 포함된 원유는 이름에서 유추할 수 있듯이 과일향이 나며 옥탄가가 높은 것으로 알려져 있다. 원유는 이와 같이 다양한 탄화수소들이 섞여 있다.

표 1.6 탄화수소의 구조에 따른 분류

이름	일반적인 화학식	예	특징
Paraffin(alkane)	C_nH_{2n+2}	CH_4, C_5H_{12}	Single bond between Cs
Naphthene	C_nH_{2n}	C_5H_{10}	Forms a closed circle
Benzene(aromatic)	C_nH_{2n-6}	C_6H_6, $C_6H_5CH_3$	Aromatic odor

(5) LNG와 LPG

천연가스는 큰 부피로 인하여 저장과 관리가 어려우므로, 생산되고 처리된 후 소비를 위해 수송되어야 한다. 이를 위한 대표적 기법이 파이프라인 또는 LNG 운반선을 이용하는 것이다. 천연가스는 주로 메탄과 에탄으로 구성되어 있고 액화하면 부피가 약 620배 감소한다.

상온에서 가스를 압축하면 부피가 감소하며 계속 압력을 가하면 액화되는 것이 아니라 내부 마찰의 증가로 온도가 상승한다. 따라서 기체를 액화시키기 위해서는 먼저 임계온도 이하로 냉각한 후에 압력을 가하여야 한다. 원유 정제과정에서 분리되는 프로판과 부탄가스를 관리 및 수송의 편의를 위해 액화한 것이 액화석유가스이며 표 1.7은 그 특징을 보여준다.

표 1.7 액화천연가스와 액화석유가스의 비교

이름	영문 약어	액화 온도, °C	부피감소	주성분
액화천연가스	LNG	−162	1/620	CH_4, C_2H_6
액화석유가스	LPG	−42	1/250	C_3H_8, C_4H_{10}

2) 석유의 이름

(1) 특징에 따른 이름

원유와 천연가스를 언급할 때 질량이나 열량을 언급하면 번거로움이 있어 표준상태에서 부피를 기준으로 표현한다. 저류층에 있는 원유 속에는 가스가 녹아 있지만 지상으로 생산되어 대기압 상태에 저장되면 가스는 빠져나간다. 온도 60 °F, 압력 14.7 psi 표준상태에서의 원유부피를 STB로 정의하는데, 이것이 우리가 흔히 언급하는 배럴이다.

원유 속에는 적은 양일지라도 항상 가스가 용해되어 있어 유전에서 생산하면 원유, 가스, 물이 같이 생산된다. 전통적으로 이들 정보는 원유생산량, 가스와 원유비율(GOR), 총 액체 대비 물의 양(이를 water cut이라 함)의 값으로 일 또는 월 기준으로 기록된다.

원유와 함께 생산되는 가스를 수반가스라 한다. 가스전에서 생산되는 경우를 비수반가스라 하며, 지상에서 무거운 성분들(주로 $C_5 \sim C_7$)이 응축물로 분리되는데, 이를 콘덴세이트라 하고 원유로 분류된다. 생산된 가스량은 보통 MMscf/day, 콘덴세이트는 STB/MMscf gas로 표현된다. 기호 M은 1,000을 의미한다.

원유는 API 밀도가 높고 불순물의 양이 적을수록 가치가 높으며 거래에서 좋은 가격을 받는다. 하지만 생산되는 지역적 특성에 따라 물성이 다른 것을 고려하여 판매할 수 있는 기준을 정하고 이를 만족하면 모아서 판매하는데 이를 원유스트림이라 한다. 주로 지역과 특징을 함께 언급하며 Arabian Light, Arabian Heavy, Dubai, North Slope, Western Canadian Select 등 다양한 이름이 있다.

원유에는 불순물이 섞여 생산되는데 그중에서 황은 장비를 부식시킬 뿐만 아니라 정제비용도 증가시킨다. 황 함량이 질량 1% 이하이면 저유황유라 하고 그 이상이면 고유황유라 한다. 천연가스의 경우 황화수소(H_2S)의 양이 4 ppm 이하이면 sweet gas, 그 이상이면 sour gas라 한다.

(2) 거동에 따른 이름

저류층에서 생산되는 주요 생산물과 거동에 따라 학술적으로 분류하기도 한다. Dry gas는 매우 가벼운 성분들로 이루어져(즉 주로 메탄으로 구성) 지상으로 생산된 후에도 응축물이 거의 생기지 않는 천연가스이다. 일정량의 응축물이 발생하는 경우를 wet gas라 부르며 석유공학에서 "wet"은 많은 경우 물이 아니라 원유나 응축물을 의미한다. 한 예로 탐사시추에서 석유를 발견하지 못한 경우에도 dry hole, 즉 no oil을 의미한다.

저류층 온도가 특정 범위에 있을 때, 생산으로 인해 저류층 압력이 감소하면 응축물 비율이 증가하다가 "역으로" 감소하는 경향을 나타내는데 이런 경우를 retrograde gas라 한다. 원유 속에 가벼운 성분들이 많아 지하에서의 부피와 지상 표준상태에서의 부피비가 큰 경우를

volatile oil, 또는 high shrinkage oil이라 한다. 만일 그 부피비가 작으면 black oil이라 하고 우리가 흔히 원유의 색이라 생각하는 진한 갈색이나 검정색을 나타낸다.

Petroleum Engineering

연구문제

1 국내 및 세계적으로 사용되고 있는 1차 에너지원의 비율(%)을 가장 최근 자료를 이용하여 제시하고 표 1.1과 비교하라.

2 석유자원이 중요한 이유를 10개 이상 나열하라.

3 국제유가가 변동하는 이유를 5개 이상 나열하고 그 영향을 설명하라.

4 상업적으로 생산할 수 있는 양을 매장량이라고 한다.

(1) 매장량이 변화하는 이유를 5가지 이상 제시하고 그 영향을 비교하라.

(2) 최근 자료에 기반하여 원유와 천연가스의 매장량을 조사하고 출처를 명시하라.

5 최근 자료를 사용하여 다음의 경우, 매장량, 생산량, 소비량, 수입량, 수출량에서 상위 3개국을 조사하고 자료의 출처를 제시하라.

(1) 원유

(2) 천연가스

6 석유 E&P사업의 특징과 전형적인 위험요소는 무엇인가?

7 현재 OPEC 회원국을 구체적으로 나열하라.

8 석유의 회수율을 높이기 위한 다음 각 기법의 종류별 원리를 한 문장으로 기술하라.

(1) EOR

(2) IOR

9 보메 스케일(Baume scale)에 대하여 자료를 조사하고 설명하라.

10 다음을 계산하라.

(1) API 밀도가 39인 원유의 비중

(2) API 밀도가 39인 원유 1 ton의 부피(m^3)

(3) 1 m^3의 부피(bbls)

11 다음 용어의 전체 단어를 적고 한 문장으로 설명하라.

(1) BOE

(2) TOE

(3) API

(4) LNG

(5) LPG

12 다음 용어의 전체 단어를 적고 한 문장으로 설명하라.

(1) E&P

(2) WTI

(3) DHI

(4) AFE

(5) GOR

(6) GCOS

13 공기업과 민간기업을 포함하여 최근 연도 수익 기준으로 상위 5개 석유회사를 나열하라.

14 최근 연도 수익 기준으로 상위 5개 민간 석유회사를 조사하라.

Chapter 2

다공질 지층의 물성

Petroleum Engineering

Chapter 2

다공질 지층의 물성

2.1 공극률

1) 다공질 지층의 물성 분류

석유를 함유하고 있는 저류층은 유체가 유동할 수 있는 다공질 지층으로 관련 특징과 물성을 가진다. 표 2.1은 지층물성을 관심분야에 따라 분류한 것이다. 지질학에서는 지층이나 광물의 조성, 질감, 퇴적구조, 형태 등이 이들의 분류나 특성에 중요하다. 석유공학자는 공극률, 포화도, 투과율 등 유체의 양이나 유동에 연관된 물성에 관심이 많다. 하지만 유동현상에 대한 이해를 높이거나 문제가 되는 현상을 파악하기 위해서는 1차적인 물성과 구성을 알아야 한다.

지구물리적 물성은 여러 요인이 복합되어 결과적으로 나타나는 현상이다. 특히 시추공에서 실시한 검층으로 지층 종류나 경계면을 바탕으로 두께도 파악할 수 있다. 또한 공극률을 측정하고 물 포화도를 예측하므로 석유량도 파악할 수 있어 해당 저류층을 평가할 수 있는 중요한 정보들을 제공한다.

표 2.1 다공질 지층의 물성

Primary properties (Geology)	Secondary properties (Petroleum engineering)	Tertiary properties (Geophysics)
Compositions Texture Sedimentary structure Morphology	Porosity Permeability Saturation Capillary pressure	Spontaneous potential Natural gamma ray Resistivity Sonic travel time

2) 공극률 정의와 분류

(1) 공극률 정의

스펀지와 같은 다공질 매질의 총부피는 스펀지 자체의 부피와 비어 있는 부피로 구성된다. 지층을 모형화한 **그림 2.1**과 같이 지층은 입자들이 밀집하여 쌓여 있고 입자와 입자 사이에 미세한 빈 공간인 공극이 존재한다. 따라서 전체부피는 입자부피와 공극부피로 구성된다. 공극률은 전체부피 중에서 비어 있는 공극의 비로 식 (2.1a)로 정의된다. 공극부피는 전체부피와 입자부피의 차이이므로 식 (2.1b)로 정의할 수 있다.

$$\phi \equiv \frac{V_p}{V_{bk}} \tag{2.1a}$$

$$\phi \equiv \frac{V_{bk} - V_{gr}}{V_{bk}} \tag{2.1b}$$

여기서, ϕ는 공극률, V는 부피이고 하첨자 bk, gr, p는 각각 전체, 입자, 공극을 의미한다. 각 장에서 기호는 반복하여 설명하지 않으므로 이미 설명된 내용이나 정리된 기호설명을 참고하면 된다. 또한 수식을 유도하는 중간과정에서 사용된 일시적인 기호는 정리되어 있지 않다.

공극률은 지층이 유체를 포함할 수 있는 능력을 나타내며 지층 밀도와 압축성에 영향을 미친다. 따라서 저류층 각 층별 공극률은 정확히 평가되어야 매장량을 예측하고 생산거동을 모델링할 수 있다.

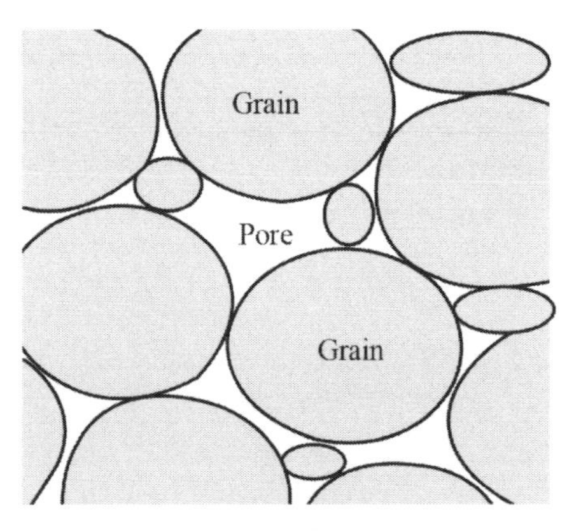

그림 2.1 다공질 지층의 단순한 모형

(2) 공극률 분류

공극률은 공극의 연결성에 따라 유효 및 총 공극률로 나뉠 수 있다. **그림 2.1**에서 공극은 대부분 연결되어 있지만 크고 작은 입자들이 밀집되어 있고 지층이 압축되는 과정에서 일부 공극은 고립될 수 있다. 따라서 우리가 공극률을 측정하는 방법에 따라 어떤 공극률을 측정하는지 이해해야 한다.

암석이 형성될 때의 공극률을 1차공극률이라 하고, 그 후 지질적인 변화로 발생한 공극에 의한 공극률을 2차공극률이라 한다. 지하수에 의한 석회암 지층의 용해나 지층압 변화로 인한 균열은 이차적인 공극변화의 대표적인 예이다.

(3) 공극률에 영향을 미치는 인자

지층 공극률은 다음과 같은 다양한 요인에 영향을 받는다. 암석의 구성입자 분포가 공극률에 큰 영향을 미치며 입자크기가 균일할수록 공극률은 증가한다. 입자크기가 다양하면 큰 입자들 사이 공극을 작은 입자가 채우고 남은 공간을 더 작은 입자가 채우므로 공극률은 감소한다.

- 구성입자 크기 분포
- 압축 정도
- 시멘팅 물질의 양
- 입자 배열형태
- 추가적인 지질변형

입자크기는 직경 d(mm)에 따라 다음과 같이 분류한다. 이들은 직경을 $2^{-\varphi}$ 형태로 표현한 것으로 모래의 경우 φ의 값이 -1에서 4까지 해당된다. 입자직경이 2 ~ 64 mm인 경우를 gravel이라 한다. 또한 φ의 값이 8 이상인 경우를 모두 clay로 분류하기도 한다.

- d > 256 mm   boulder
- 256 ~ 64   cobble
- 64 ~ 4   pebble
- 4 ~ 2   granule

- 2 ~ 1/16	sand
- 1/16 ~ 1/256	silt
- 1/256 ~ 1/1024	clay
- d < 1/1024	colloid

동일한 입자분포인 경우, 암석화 과정에서 압축을 많이 받으면 공극부피가 감소하므로 초기 공극률은 생성 당시의 심도에 영향을 받는다. 동일지층이라도 깊이가 증가하면 일반적으로 공극률이 작아진다. 지층은 다양한 지질운동 영향을 받으므로 심부에 있던 지층이 천부로 이동하면, 비슷한 깊이에 있는 주변의 지층보다 공극률이 작게 관찰되기도 한다. 이런 이유로 지층은 다양성과 복잡성을 나타낸다. 또한 사암보다는 셰일이 압력변화에 민감하여 압축성이 높은 것으로 알려져 있다.

암석입자들을 서로 붙게 만드는 접착제 역할을 하는 것이 시멘팅 물질($CaCO_3$, SiO_2, Fe_2O_3 등)이며 그 양이 많을수록 입자를 잘 접착하지만 크기가 작은 미립자로 공극을 감소시키는 효과가 있다. 또한 2차공극률과 같이 지질작용을 받으면 공극이 변한다.

(4) 입자배열에 따른 공극률

입자크기가 같을지라도 배열형태에 따라 공극크기가 달라져 공극률이 변화한다. **표 2.2**는 원형입자의 배열에 따른 특징과 공극률 변화를 보여준다. 한 개 입자 위에 다른 입자가 일정하게 쌓인 형태인 정방체는 위쪽과 아래쪽 그리고 주위 네 방향에 위치하는 입자와 접촉하고 있다. 각 원형입자의 중심을 연결한 단위부피를 보면 크기가 $2r$인 정육면체 안에 구가 들어있는 것과 동일하여 공극률을 계산하면 47.6%가 된다.

정방체 구조는 입자가 쌓이기에는 불안정한 모습이며 위에 위치한 입자가 옆으로 입자반경만큼 밀려 아래에 있는 두 입자에 접촉한 모습이 육방체 구조이다. 위에서 각 입자의 중심을 연결한 모습을 보면 정사각형이고 옆에서 보면 각이 60°인 평행사변형이다. 단일입자가 주위에 있는 입자들과 8개 지점에서 접하게 되며, 단위부피를 기준으로 계산하면 공극률이 39.5%가 된다.

아래에 4개의 입자가 있고 그 중앙에 한 입자가 놓이는 것이 가장 안정적이다. 구체적으로 위에 있는 입자를 흔들면 아래 4개 입자의 중앙에 위치하게 된다. 동일한 방법으로 각 입자의 중심

표 2.2 입자의 배열형태에 따른 공극률

Type	Cubic(정방체)	Orthorhombic(육방체)	Rhombohedral(사방체)
Top view			
Side view			
Contacts per sphere	6	8	12
Bulk volume	$(2r)^3$	$2r2r2r\sin60°$	$2r2r2r\sin45°$
Grain volume	$\frac{4}{3}\pi r^3$	$\frac{4}{3}\pi r^3$	$\frac{4}{3}\pi r^3$
Porosity, %	47.6	39.5	26.0

(여기서, r은 지층입자 반경, 빈 원은 위에 채워진 원은 아래에 위치한 입자를 의미함)

을 연결한 것을 옆에서 보면 45° 평행사변형이 되며, 공극률을 계산하면 26.0%가 된다.

위와 같은 사실을 바탕으로 입자가 균일한 지층이 가질 수 있는 이론적 최대공극률은 26%이다. 많은 경우 지층입자는 다양한 크기를 가지므로 이보다 작은 10~20% 값을 가지며, 실제 석유를 생산하는 저류층 중에서 10% 이하인 예도 있다. 하지만 지하수의 용해를 받은 탄산염암이나 균열이 발달된 경우 2차공극의 영향으로 26%보다 높은 경우도 있다.

(5) 압축인자

압력변화에 대한 부피의 상대적 변화를 압축인자라 하고, 식 (2.2a)와 같이 정의되며 단위는 압력의 역수이다. 압력을 가하면 부피가 감소하기 때문에 물성을 양으로 정의하기 위해 음의 부호가 사용된다.

$$c \equiv -\frac{1}{V}\frac{dV}{dP} \tag{2.2a}$$

여기서, c는 압축인자, P는 부피에 영향을 주는 유효압력이다.

식 (2.2a)에 따라, 지층의 전체부피, 입자부피, 공극부피에 대한 압축인자를 각각 식 (2.3a),

(2.3b), (2.3c)로 정의할 수 있다.

$$c_{bk} \equiv -\frac{1}{V_{bk}}\frac{dV_{bk}}{dP} \tag{2.3a}$$

$$c_{gr} \equiv -\frac{1}{V_{gr}}\frac{dV_{gr}}{dP} \tag{2.3b}$$

$$c_{p} \equiv -\frac{1}{V_{p}}\frac{dV_{p}}{dP} \tag{2.3c}$$

지층 전체부피는 식 (2.4)와 같이 공극부피와 입자부피의 합으로 나타낼 수 있다. 압력변화에 대한 부피변화를 보기 위해 미분하고 전체부피로 나눈 후 각 입자별 압축인자로 표현하면 식 (2.5)가 된다. 입자 압축인자는 매우 작고 또 입자부피도 전체부피보다 작기 때문에 식 (2.5)는 식 (2.6)으로 근사된다. 식 (2.4)와 식 (2.6)에서 알 수 있는 것은 압력변화에 따른 지층부피 변화는 공극부피 변화에 의한 것이라는 것이다.

$$V_{bk} = V_p + V_{gr} \tag{2.4}$$

$$\frac{1}{V_{bk}}\frac{dV_{bk}}{dP} = \frac{1}{V_{bk}}\frac{dV_p}{dP} + \frac{1}{V_{bk}}\frac{dV_{gr}}{dP} = \frac{\phi}{V_p}\frac{dV_p}{dP} + \frac{V_{gr}}{V_{bk}}\frac{1}{V_{gr}}\frac{dV_{gr}}{dP} \tag{2.5}$$

$$c_{bk} \approx \phi c_p \tag{2.6}$$

저류층과 같이 외부와는 유체유동이 없는 경우, 외압에 의해서 부피가 감소하지만 함유하고 있는 유체에 의한 내압은 부피감소에 저항하게 된다. 따라서 저류층 부피는 식 (2.7)로 정의되는 유효압력에 영향을 받는다.

$$P_{eff} = P_{ob} - \beta P_{in} \tag{2.7}$$

여기서, P_{eff}는 유효압력, P_{ob}는 지층무게에 의한 외압, P_{in}는 유체로 인한 내압이다. 상수 β는 보정계수로 0.75 ~ 1을 가지며 탄성체의 경우 1이다.

저류층에서 석유를 생산하면 내압이 감소하므로 전체부피는 감소한다. 하지만 저류층 내에 있는 물과 원유는 내압감소로 오히려 팽창하여 부피가 증가한다. 이와 같은 현상에 의해 석유생산이 이루어지는 것을 solution gas drive라 한다. 여기서 "드라이브(drive)"는 생산을 가능하게 하는 주요 원동력을 말한다. 원유와 함께 가스층(gas cap)이 존재하는 경우, 원유생산으로 인한 압력감소를 가스층이 팽창하며 보상하는데, 이런 생산원리를 gas cap drive라 한다.

석유생산에 따른 공극부피 변화는 식 (2.2a)에서 식 (2.8a)와 같다. 공극부피를 제어하는 것은 식 (2.7)로 주어진 유효압력이며 압력변화를 계산하면 식 (2.8b)와 같다. 상부지층에 의한 외압은 거의 변화가 없으므로 압력차는 식 (2.8c)로 계산되며 이는 양의 값을 나타낸다. 따라서 공극부피는 식 (2.8a) 만큼 감소한다.

$$\Delta V_p = -c_p V_{p1} \Delta P \tag{2.8a}$$

$$\Delta P = (P_{ob} - P_{in})_2 - (P_{ob} - P_{in})_1,\ P_{ob1} \approx P_{ob2} \tag{2.8b}$$

$$\Delta P = P_{in1} - P_{in2} > 0 \tag{2.8c}$$

여기서, 하첨자 1은 처음 조건, 2는 생산으로 인해 압력이 감소한 나중 조건이다.

압력감소에 따른 저류층 내 물의 부피변화는 식 (2.9a)와 같다. 물부피를 제어하는 것은 저류층 내압이므로 압력변화를 계산하면 식 (2.9b)와 같고 음의 값을 가진다. 결과적으로 식 (2.9a)로 표시되는 물부피는 증가한다. 요약하면, 생산으로 저류층 내압이 감소하면 저류층 부피가 감소하고 내부 유체는 팽창하므로 저류층 압력의 감소 정도가 줄어들어 생산효율이 향상된다.

$$\Delta V_w = -c_w V_{w1} \Delta P \tag{2.9a}$$

$$\Delta P = P_{w2} - P_{w1} < 0 \tag{2.9b}$$

여기서, 하첨자 w는 지층수(또는 물)이다.

3) 공극률 측정

(1) 검층

가. 음파검층

공극률 측정은 시추공 검층을 통한 간접적인 방법과 실험실에서 이루어지는 직접적인 측정이 있다. 시추공 검층은 지층이 가진 물리적 성질을 이용한다. 공극률 측정의 대표적인 검층으로 음파검층, 밀도검층, 중성자검층이 있다.

음파검층은 검층장비의 발신원에서 출발한 음파가 지층을 지나 수신원에 도착하는 시간을 이용한다. 구체적으로 식 (2.10a)와 같이 지층매질과 공극을 메우고 있는 유체를 지나는 시간을 가중평균하여 계산한다.

표 2.3에 주어진 것과 같이 매질에 따른 음파속도나 단위거리에 대한 시간을 알고 있으므로 측정된 시간을 이용하면 공극률을 식 (2.10b)로 예측할 수 있다. 지층유체는 물로 가정하는데, 이는 물이 들어 있는 경우를 기준으로 평가한다는 의미이다.

$$\Delta t_{\log} = \phi \Delta t_f + (1-\phi)\Delta t_{gr} \tag{2.10a}$$

$$\phi = \frac{\Delta t_{gr} - \Delta t_{\log}}{\Delta t_{gr} - \Delta t_f} \tag{2.10b}$$

여기서, $\Delta t_{\log}$는 음파검층 측정값, Δt는 음파가 해당 매질을 통과할 때 소요되는 시간이다. 하첨자 f는 유체를 의미한다.

표 2.3 매질에 따른 밀도와 음파속도

Type of material	ρ, g/cc	Δt, μsec/ft	speed, ft/s
Sandstone (SiO_2)	2.65	55.55	18000
Limestone ($CaCO_3$)	2.71	47.5	21000
Dolomite ($CaMg(CO_3)_2$)	2.87	43.5	23000
Water	1.0	189	5300

나. 밀도검층

밀도검층을 감마-감마검층이라 하며 장비 발신원에서 방출된 감마선이 지층입자와 충돌하여 분산(Compton scattering)되는 정도를 바탕으로 밀도를 측정한다. 밀도검층의 경우 대부분 분산현상에서 관찰되는 전자(electron) 수를 측정하여 밀도를 예측한다. 음파검층과 동일한 원리로 측정된 밀도값을 가중평균 식 (2.11a)로 표현하고 공극률을 식 (2.11b)로 얻는다.

$$\rho_{\log} = \phi\rho_f + (1-\phi)\rho_{gr} \tag{2.11a}$$

$$\phi = \frac{\rho_{gr} - \rho_{\log}}{\rho_{gr} - \rho_f} \tag{2.11b}$$

여기서, ρ는 밀도이다.

다. 중성자검층

중성자검층은 중성자공극검층(neutron porosity log)이라고도 하며 빠른 속도의 중성자를 방출하여 지층공극에 있는 유체와 충돌하여 느린 속도로 움직이는 중성자나 2차적인 감마선을 측정하여 공극률을 예측한다. 중성자검층은 주로 석회암층 같이 특별한 지층을 가정하여 계산된 공극률 값을 직접 표시하므로 지층종류가 다를 때는 이를 교정하여야 한다.

가스가 존재하는 지층에 중성자검층을 하면, 액체량이 상대적으로 작으므로 그에 비례하여 공극률이 작게 예측된다. 하지만 밀도검층의 경우 참값을 비슷하게 평가한다. 이런 현상에 의해 가스가 존재하는 층에 두 방법을 동시에 적용하면 **그림 2.2**와 같이 두 측정값이 큰 차이를 보여

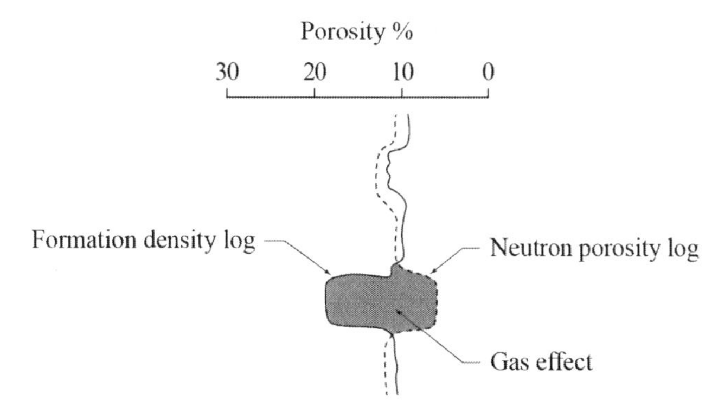

그림 2.2 밀도검층과 중성자검층의 비교

가스층을 쉽게 감지하기도 한다.

(2) 실험실 측정

가. 전체부피

공극률 정의에서 알 수 있듯이 이를 측정하기 위해서는 전체부피, 공극부피, 입자부피 중 두 개를 알아야 한다. 이들 부피를 측정하는 다양한 방법과 장비들이 있지만 기본적인 원리는 비슷하다고 할 수 있다. 전체부피를 측정할 수 있는 방법은 대표적으로 다음 세 가지가 있다.

- 자를 이용한 직접측정
- 눈금을 가진 눈금실린더 수위변화로 측정
- 부력으로 인한 무게 차이로 계산

만일 시료모양이 규칙적이고 표면 변동성이 없으면 시료의 단면적과 높이를 직접 재어 계산할 수 있다. 측정을 위해 준비된 시료는 대부분 일정한 모양을 가지므로 부피를 비교적 정확히 측정할 수 있다. 이와 같은 값은 다른 방법으로 얻은 값들과 비교할 수 있는 기준값을 제공한다.

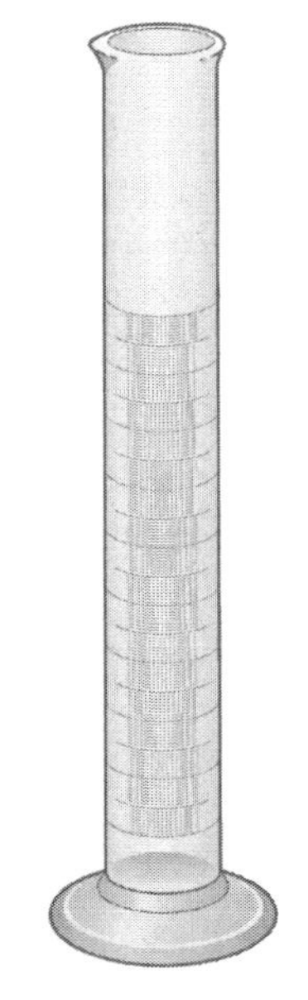

그림 2.3 눈금을 가진 눈금실린더를 이용한 부피측정

시료모양이 불규칙하거나 보다 정확한 값을 얻기 위해서는 **그림 2.3**과 같은 눈금실린더에 시료를 넣고 수위가 증가하는 양을 관찰하면 물에 잠긴 시료부피를 알 수 있다. 이를 위해 눈금이 조밀하게 표시된 기구가 필요하다. 만일 눈금이 없거나 더 정확한 결과를 얻기 위해서는 시료를 넣기 전에 물을 비커에 가득 채우고 시료를 넣었을 때 넘치는 물부피를 이용하여 시료부피를 계산할 수 있다. 이때 물부피는 대부분 시료를 넣기 전후의 무게 차이를 이용하여 계산한다.

시료를 물속에 넣는 경우, 사전에 아무런 처리를 하지 않으면 물이 시료의 공극 속으로 스며

들어 측정오류가 발생한다. 따라서 물이 시료에 스며들지 않게 미리 처리해야 하며 다음과 같은 방법들을 사용할 수 있다.

- 물로 시료를 포화시킴
- 불투수 물질로 표면을 코팅함
- 표면을 친유성으로 처리함
- 친유성 유체를 측정유체로 사용함

지층시료의 공극은 작기 때문에 시료를 단순히 물속에 넣는 것만으로 공극을 채우긴 어렵다. 따라서 서로 연결된 공극을 물로 포화시키기 위해서는 진공펌프를 이용하여 시료가 들어있는 시료실을 진공으로 만들고 다시 물을 주입한 후 일정한 압력을 유지시켜야 한다. 이와 같은 과정은 시료공극을 측정하는 데에도 유용하게 활용된다.

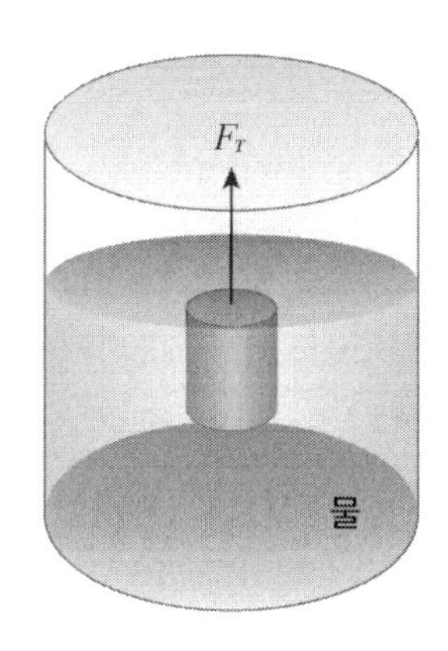

그림 2.4 부력을 이용한 시료 전체부피 계산

불투수 물질로 시료를 코팅하면 물의 유입을 방지할 수 있지만 시료 총부피는 증가한다. 증가된 부피는 코팅물질 밀도를 알고 있으므로 무게 변화를 이용하면 계산할 수 있다. 표면을 친유성으로 처리하면 물의 유입을 막을 수 있지만 이후 이어지는 실험에서 시료물성이 다르게 측정될 수 있으므로 처리나 실험의 순서에 유의해야 한다.

수은과 같은 유체를 사용하면 해당 유체가 시료로 유입되지 않으므로 전체부피를 측정할 수 있다. 만일 넘치는 유체무게를 이용하여 부피를 측정하는 경우 실험안전과 수은 관리에 유의해야 한다. 비커 내의 수위를 측정할 수 있는 기술과 연계된 장비를 사용하면 이 같은 문제를 극복할 수 있다.

시료가 유체 속에 잠기면 물체 상하부에서 작용하는 압력차이로 부력을 받으며 그 값은 시료가 밀어낸 유체의 질량과 같다. 이런 원리를 이용하여 **그림 2.4**에서 시료무게(즉 측정된 장력)는 식 (2.12a)의 관계가 성립한다. 시료의 코팅 또는 처리 이전의 무게를 알고 있으므로 장력을 측정하면 전체부피를 알 수 있다.

$$F_T + \rho_w (V_{bk} + V_{ct}) - (W_{bk} + W_{ct}) = 0 \tag{2.12a}$$

$$V_{bk} = \frac{W_{bk} + W_{ct} - F_T}{\rho_w} - V_{ct} \tag{2.12b}$$

여기서, F_T는 측정된 장력, W는 무게, ρ_w는 물의 밀도이다. 하첨자 ct는 코팅물질을 의미한다.

나. 입자부피

시료의 입자부피는 전형적으로 **그림 2.5**와 같은 측정기를 이용한다. 측정압력을 100 psi 이하의 저압에서 시험하므로 이상기체방정식을 적용하여 공극부피를 결정할 수 있으며 구체적인 방법은 다음과 같다.

① 시료실 1에 건조된 지층시료를 넣는다.

② 시료실 1의 압력을 P_1으로 유지한다.

③ 시료실 2의 압력을 P_2로 유지한다.

④ 중간밸브를 열어 양 시료실 평형압력을 읽는다.

⑤ 관계식에서 입자부피를 계산한다.

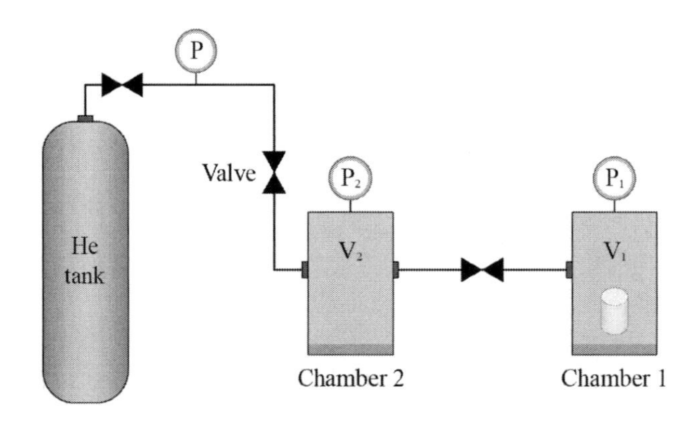

그림 2.5 입자부피를 측정하는 Gas Porosimeter 원리

중간밸브를 열기 전 시료실 1과 2에 이상기체상태방정식을 적용하면 식 (2.13a)와 (2.13b)가 된다. 밸브를 연 후 평형압력을 바탕으로 이상기체상태방정식을 적용하면 식 (2.13c)를 얻고 입자부피에 대하여 정리하면 식 (2.14)가 된다.

$$P_1(V_1 - V_{gr}) = n_1 RT \tag{2.13a}$$

$$P_2 V_2 = n_2 RT \tag{2.13b}$$

$$P_{eq}(V_1 + V_2 - V_{gr}) = (n_1 + n_2)RT = P_1(V_1 - V_{gr}) + P_2 V_2 \tag{2.13c}$$

$$V_{gr} = \frac{V_1(P_1 - P_{eq}) + V_2(P_2 - P_{eq})}{P_1 - P_{eq}} \tag{2.14}$$

여기서, P_{eq}는 평형압력, R은 가스상수이다. 하첨자 1, 2, eq는 시료실 1과 2 그리고 최종평형상태를 의미한다.

식 (2.14)에서 실험장치 시료실 부피는 이미 알고 있는 값이다. 이는 실험장비 매뉴얼에서 얻을 수 있으며 모르는 경우에도 크기를 알고 있는 불투수 샘플을 이용하여 계산할 수 있다. 이상기체상태방정식을 적용하므로 P_2의 압력은 100~70 psi를 추천한다.

또한 시료실 1의 압력을 동일값에서 여러 번 측정하거나 압력을 변화시키며 측정할 수 있다. 여러 번 측정하여 평균을 구하면 중심극한정리에 의해 신뢰할 수 있는 평균값을 얻을 수 있다. 식 (2.14)로 얻은 값은 연결되지 않은 공극부피를 포함하고 있다. 필요한 실험이 모두 완료되었다면 시료를 미립자로 갈아 앞에서 설명한 방법으로 총부피를 계산하면 순수한 입자부피를 얻을 수 있다.

다. 공극부피

공극부피는 유체를 공극에 포화시키고 무게변화를 이용하여 측정한다. 이를 위한 구체적인 방법은 다음과 같다.

① 시료를 준비하고 완전히 건조시킨다.

② 시료를 시료실에 넣고 진공으로 만든다.

③ 포화유체를 주입한다.

④ 일정한 압력을 가하고 충분히 기다린다.

⑤ 포화된 시료를 이용하여 공극부피를 계산한다.

충분히 포화된 시료는 포화 이전의 무게와 다음의 관계가 있고, 포화유체 밀도를 알고 있으므로 공극부피를 식 (2.15)로 얻는다. 유체는 서로 연결된 공극에만 포화될 수 있으므로 유효공극률이 측정된다.

$$W_{wt} = W_d + \rho_f V_p$$

$$V_p = \frac{W_{wt} - W_d}{\rho_f} \tag{2.15}$$

여기서, W_{wt}는 포화된 시료무게, W_d는 건조된 시료무게, ρ_f는 포화유체의 밀도이다.

만일 이물질 함량이 매우 적은 균질한 지층시료의 경우, 건조한 시료무게는 입자무게와 같으므로 만일 전체부피와 밀도를 안다면 식 (2.16)으로 입자부피를 알 수 있다. 이는 근삿값으로서 다른 방법으로 구한 값과 비교에 유용하다.

$$V_{gr} = V_{bk}\frac{\rho_{bk}}{\rho_{gr}} \tag{2.16}$$

2.2 투과율

1) 투과율 정의와 분류

(1) Dracy 실험

다공질 지층을 통한 유량계산은 석유생산량을 예측하고 그 양을 증대시키는 방안에도 유용하다. 프랑스 수리학자인 Henry Darcy는 1800년대 중반에 **그림 2.6**과 같은 실험을 통하여 여과되는 유량과 가해진 수두차에 대한 상관관계를 연구하여 식 (2.17)을 제안하였다. 식에서 알 수 있듯이 수두차와 여과용 모래컬럼의 단면적이 클수록, 모래컬럼의 길이가 짧을수록 여과되는 물의 양이 증가한다.

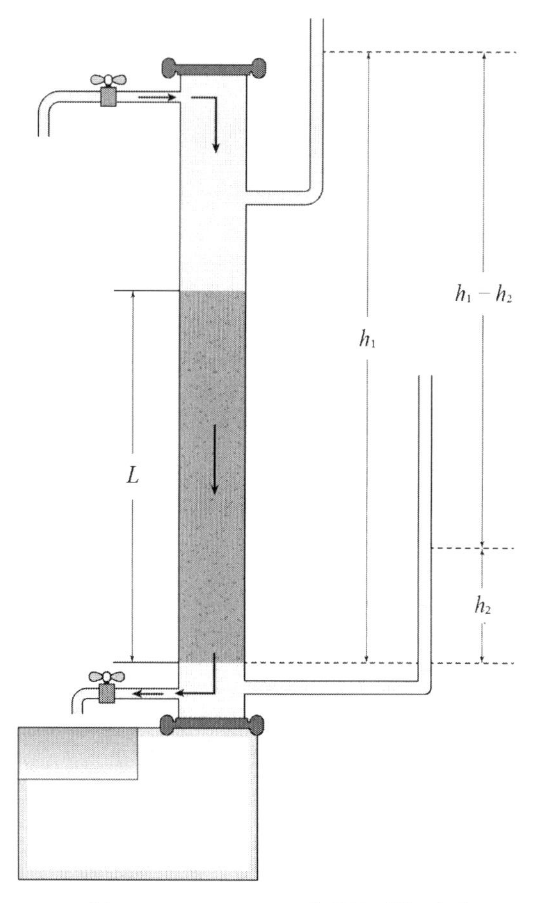

그림 2.6 Henry Darcy의 유동실험 장치

$$Q = KA\frac{dh}{dL} \quad (2.17)$$

여기서, Q는 유량, A는 모래컬럼의 단면적, $\frac{dh}{dL}$는 모래컬럼의 단위길이당 수두차, K는 비례상수이다. 식 (2.17)에서 비례상수 K는 속도 차원을 가지며 이를 수리전도도라 한다.

(2) Darcy 식

Darcy 실험에서 점성도 1 cp 물이 사용되었는데 수평으로 흐르는 유체에 대하여 일반화하면 식 (2.18)의 Darcy 식을 얻는다. **그림 2.7**과 같이 일정한 단면적을 가진 시료에 압력차를 주면, 유량은 압력차와 단면적에 비례하고 유체 점성도에는 반비례하는데 그 비례상수가 투과율(permeability)이다. 국내 석유공학 역사가 길지 않아서 아직 용어가 통일되지 못한 한계로 투과도, 유체투과율 등으로 불리고 있다. 또한 속도 차원이 아니라 면적 차원을 가지므로 투과율이 좀 더 적절하다고 할 수 있다.

$$Q = \frac{kA}{\mu}\frac{P_1 - P_2}{L} = -\frac{kA}{\mu}\frac{dP}{dL} \quad (2.18)$$

여기서, k는 투과율, μ는 점성도, A는 유동 단면적, $\frac{dP}{dL}$는 유동방향 압력구배이다.

식 (2.18)의 Darcy 식은 다음 가정을 만족할 때 성립한다.

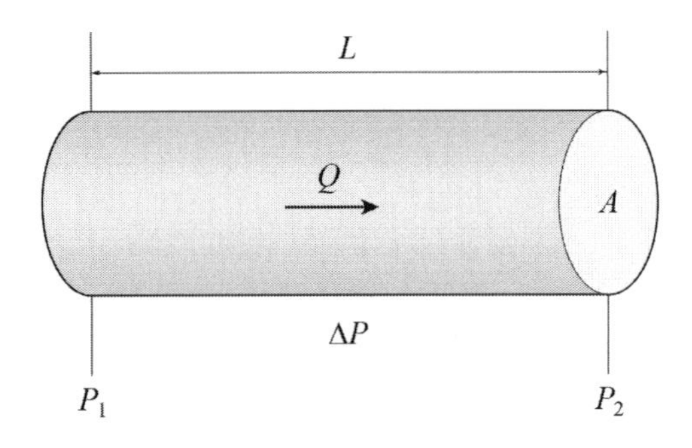

그림 2.7 다공질 지층을 통한 수평유동

- 비압축성 유체
- 층류 및 정상상태 유동
- 뉴턴 유체
- 지층과 유체와의 무반응
- 해당 유체로 100% 포화

비압축성 유체란 압력변화에 대한 밀도변화가 적어 이를 무시한다는 의미이다. 층류는 유동 층간에 섞임이 없이 인접한 층이 미끄러지듯이 흐르는 유동이다. 정상상태는 고정된 관측위치에서 시간에 따른 현상의 변화가 없다는 의미이다. 뉴턴 유체는 전단응력과 전단변형률의 관계가 선형적이며 그 기울기가 유체 점성도와 같다.

만일 지층과 유체가 반응하여 공극이 증감하는 경우 투과율도 변하므로 일정한 값을 가지지 않으며 결과적으로 유량도 변한다. 식 (2.18)로 표현된 경우는 단일 유체가 공극을 포화한 상태에서 유동하는 것으로 만일 서로 다른 유체가 같이 흐른다면 이에 맞게 투과율이 조정되어야 한다.

(3) 투과율 종류

투과율은 지층물성이며 유체 포화도에 따라 다음과 같이 분류한다.

- 절대투과율(k_a)
- 유효투과율(k_e)
- 상대투과율(k_r)

절대투과율은 해당 유체가 공극을 완전히 포화한 상태에서 흐를 때 지층 투과율이며, 유효투과율은 서로 다른 유체가 흐를 때 특정 유체에 대한 투과율이다. 유효투과율은 해당 유체의 포화도에 따라 변하며 포화도가 크면 그 값도 증가한다. 상대투과율은 식 (2.19a)와 같이 유효투과율과 절대투과율의 비로 0~1의 값을 가진다.

지층 코어샘플을 이용하여 각 포화도에 따른 상대투과율을 실험값으로 얻는다. 이 값을 얻으면 특정 포화도에서 해당 유체가 가지는 유효투과율을 식 (2.20a)로 구할 수 있다. 보다 자세한 내용은 포화도를 설명한 후 소개하고자 한다.

$$k_r = \frac{k_e}{k_a}, 0 \le k_r \le 1 \quad (2.19a)$$

$$k_e = k_a k_r \quad (2.20a)$$

여기서, k_a, k_e, k_r은 각각 절대, 유효, 상대투과율이다.

(4) 수력수두

수평방향으로 유동하는 유체는 식 (2.18)과 같이 압력차에 의해 유동한다. 만일 두 지점의 압력이 같으면 유체는 움직이지 않고 정지해 있다. 하지만 경사진 경우, 압력이 같아도 위치에 따른 수두차이로 유동이 일어날 수 있다. **그림 2.8**에서 양 끝단 압력이 대기압이면 유체는 아래 방향으로 흐른다. 하지만 하부 2지점에 충분한 압력을 가하면 유체는 위 방향으로 흐른다. 결국 1번과 2번 지점에서 수력수두 차이에 의해 유동방향이 결정된다.

그림 2.8과 같은 조건에서 Darcy 식은 식 (2.21)로 표현된다.

$$Q = -\frac{kA}{\mu}\frac{d\Phi}{dL}, \Phi = P + \rho g z \quad (2.21)$$

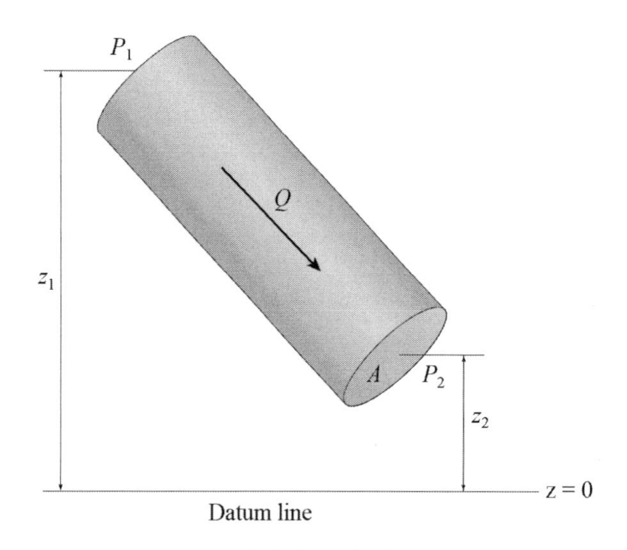

그림 2.8 압력과 수두에 따른 유체유동

여기서, Φ는 압력포텐셜, g는 중력가속도, z는 기준면으로부터 수직높이이다.

식 (2.21)의 압력포텐셜은 주어진 지점에서 압력과 기준점으로부터 수직높이에 의해 결정된다. 따라서 주어진 유체밀도와 사용하고자 하는 단위에 맞게 계산되어야 한다. 밀도가 g/cc로 주어지고 압력포텐셜을 atm으로 얻기 원하는 경우, 먼저 주어진 압력값을 단위변환을 통해 atm으로 변환하고 위치에 따른 수두를 식 (2.22a)와 같이 atm으로 변환해야 한다. 유체밀도가 ppg로 주어졌고 psi 압력포텐셜을 계산하기 위해서는 식 (2.22b)를 사용한다.

유체의 압력포텐셜 계산 :

$$\Phi = P + \rho g z = P(atm) + \rho\left(\frac{g}{cc}\right)980\left(\frac{cm}{s^2}\right)z(cm)\frac{atm}{1.0133 \times 10^6\, dyne/cm^2} \tag{2.22a}$$

$$\Phi = P + \rho g z = P(psi) + 0.052\,\rho\left(\frac{lb}{gal}\right)z(ft) \tag{2.22b}$$

만일 유체밀도가 lb/ft^{3}와 같이 다른 단위로 주어진 경우에도 단위변환을 거쳐 식 (2.22)를 사용하여 압력포텐셜을 얻을 수 있다. 구체적인 계산을 위해 독자들은 단위변환과 맞는 수식 사용에 유의하여야 한다.

2) Darcy 식과 응용

(1) 단위

식 (2.21)로 주어진 Darcy 식을 이용하여 유량을 예측하기 위해서는 각 변수의 단위를 알아야 한다. 우리가 임의로 단위를 사용한다면 원하는 결과를 얻을 수 없으며, **표 2.4**는 이를 정리한 것이다. **표 2.4**의 SI 단위들로 변수값을 식 (2.21)에 대입하면 cc/s의 유량을 얻는다. 만일 USA 단위들을 사용하면 단위변환계수인 1.127을 곱하여야 bbl/day 유량을 얻는다. 다시 말하면 식 (2.23a)와 **표 2.4**의 USA 단위를 사용하면 bbl/day 유량을 얻는다. 앞으로 배우게 될 용적계수로 나누면 식 (2.23b)와 같이 STB/day가 된다.

USA 단위에서 Darcy 식 :

$$Q\left(\frac{bbl}{day}\right) = -\frac{1.127kA}{\mu}\frac{d\Phi}{dL} \tag{2.23a}$$

$$Q\left(\frac{STB}{day}\right)=-\frac{1.127kA}{\mu B}\frac{d\Phi}{dL} \tag{2.23b}$$

여기서, B는 용적계수(rb/STB)로 저류층 조건과 표준조건에서 부피비이다.

다음과 같은 구체적인 단위변환을 통해 변환계수 1.127을 얻을 수 있다. 부록 II의 단위변환표를 사용하여 독자들도 한번 시도해보길 추천한다.

단위변환계수 1.127 계산 :

$$Q\left(\frac{bbl}{day}\frac{day}{24\,hr}\frac{hr}{60\times 60\,\sec}\frac{5.615\,ft^3}{bbl}\frac{30.48^3 cm^3}{ft^3}\right)$$

$$=\frac{k(darcy)A\left(ft^2\frac{30.48^2\,cm^2}{ft^2}\right)\Delta P\left(psi\frac{atm}{14.7\,psi}\right)}{\mu(cp)\,\Delta L\left(ft\frac{30.48\,cm}{ft}\right)}$$

(2) darcy의 의미

식 (2.21)로부터 1.0 darcy의 의미를 생각해 볼 수 있다. **표 2.4**에 주어진 단위를 바탕으로 하면, 단위길이당 1 atm 압력차가 주어질 때 1 cp의 점성도를 가진 유체가 1 cm^2 단면적을 통해 1 cm^3/s 유량으로 흐를 수 있게 하는 지층의 유체 통과능력이다. **표 2.5**에서 보는 것과 같이 대부분 저류층은 1 darcy 이하를 가져 현장에서는 1000분의 1인 md(milli-darcy)를 사용한다.

등가식으로 표시된 두 물성은 반드시 차원이 같아야 한다는 동일차원의 원리를 식 (2.21)에 적용하면 투과율 차원을 알 수 있다. 다음과 같이 구체적으로 계산하면 투과율은 [L^2]의 면적 차원을 갖는다. 식 (2.21)에 **표 2.4**의 단위를 대입하고 단위변환을 수행하면 1 darcy의 값이

표 2.4 SI 및 USA 단위체계에서 Darcy 식 단위

Variables	SI units	USA units
Rate, Q	cc/s	bbl/day
Permeability, k	darcy	darcy
Viscosity, μ	cp	cp
Length, L	cm	ft
Pressure potential, Φ	atm	psi
Conversion factor	1.0	1.127

표 2.5 투과율의 크기에 따른 분류

Permeability, md	Comments
500 이상	Excellent
100 ~ 500	Good
10 ~ 100	Fair
1 ~ 10	Poor
0.1 이하	Tight

9.87E−09 cm^2, 약 10^{-8} cm^2 이다. 이는 1 darcy 투과율을 보여주는 지층시료의 단면적인 1 cm^2 중, 실제로 유체가 흐를 수 있는 유효면적이 약 10^{-8} cm^2 정도로 매우 작다는 의미이다.

투과율 차원 :

$$[k] = \frac{[Q]}{\left[\frac{A}{\mu}\frac{dP}{dL}\right]} = \frac{L^3/t}{\frac{L^2}{M/Lt}\frac{ML/t^2}{L^2}\frac{1}{L}} = [L^2]$$

여기서, M은 질량, L은 길이, t는 시간 차원을 나타낸다.

1 darcy 값 :

$$k = \frac{Q\mu\Delta L}{A\Delta P} = \frac{\frac{cm^3}{s}\frac{1}{100}\frac{dyne \cdot \sec}{cm^2}cm}{cm^2 atm \frac{1.0133\times 10^6 dyne/cm^2}{atm}} = 9.869\times 10^{-9} cm^2$$

(3) 균열 투과율 계산

다공질 지층 속에 존재하는 연결된 균열은 큰 유동능력으로 인하여 유체유동에 매우 중요하다. 폭 1 cm, 높이 h cm 균열의 경우 식 (2.24a)의 투과율을 갖으며 이를 Buckingham 식이라 한다. 유동면적도 높이 h에 비례하므로 유량은 h의 3승에 비례하는 "3승 유동방정식"을 얻는다.

Buckingham 식 :

$$k = \frac{h^2}{12} \tag{2.24a}$$

여기서, k는 투과율로 단위는 cm^2, h는 1 cm 폭을 가진 균열의 높이(cm)이다. 한 가지 유의할 점은 식 (2.24a)로 주어진 투과율은 darcy가 아닌 cm^2로 주어진다는 것이다. 따라서 Darcy 식에 적용하기 위해서는 이를 반드시 darcy 단위로 변환해야 한다. 만일 폭 1 cm, 두께 1 mm 균열의 투과율을 식 (2.24a)로 계산하고 전환하면 84,440 darcy가 된다. **표 2.5**와 비교하면 이 값이 얼마나 큰지 상상할 수 있다.

균열이 반경 r cm인 원형형태로 존재하면, 식 (2.24b)의 투과율을 갖으며 이를 Poiseuille 식이라 한다. 위 사각균열의 경우와 같이, 주어진 투과율은 darcy가 아닌 cm^2로 주어진다. 반경 1 mm 원형동공의 경우 투과율을 식 (2.24b)로 계산하고 전환하면 126,660 darcy가 된다.

Poiseuille 식:

$$k = \frac{r^2}{8} \tag{2.24b}$$

여기서, k는 투과율로 단위는 cm^2, r은 원형균열 반경(cm)이다.

(4) 수직유동

정상상태 수평 선형유동의 경우 식 (2.18)을 이용하여 유량을 예측할 수 있다. 또한 높이로 인한 수두차가 없으므로 양 끝단에 주어진 압력차로 유동이 발생한다. 하지만 경사진 유동의 경우 양 끝단 압력차와 높이로 인한 수두를 고려해야 한다. **그림 2.9(a)**와 같이 물이 흐를 수 있는 모래컬럼을 생각해 보자. 정수를 위한 모래컬럼 위에 일정한 물높이에 따른 수두 h가 없어도 중력에 의해 유동이 아래로 유발된다.

아래로 유동하는 양을 식 (2.21)로 예상하기 위해서는 모래컬럼의 양단에서 유체포텐셜을 알아야 한다. 이를 계산하기 위한 첫 단계는 기준점을 선정하는 것으로 1번 위치를 높이 0인 기준으로 하자. 1번 지점의 압력은 대기압이고 높이로 인한 수두는 없어 포텐셜은 0이 된다. 2번 지점에서 압력은 수두 h로 인한 정수압이 있고 높이 L에 따른 위치 포텐셜이 있으므로 전체 포텐셜은 다음과 같다. 따라서 유량은 식 (2.25)로 계산된다.

$$\Phi_1 = 0 + 0 = 0$$

$$\Phi_2 = P_2 + \rho g L = \rho g h + \rho g L$$

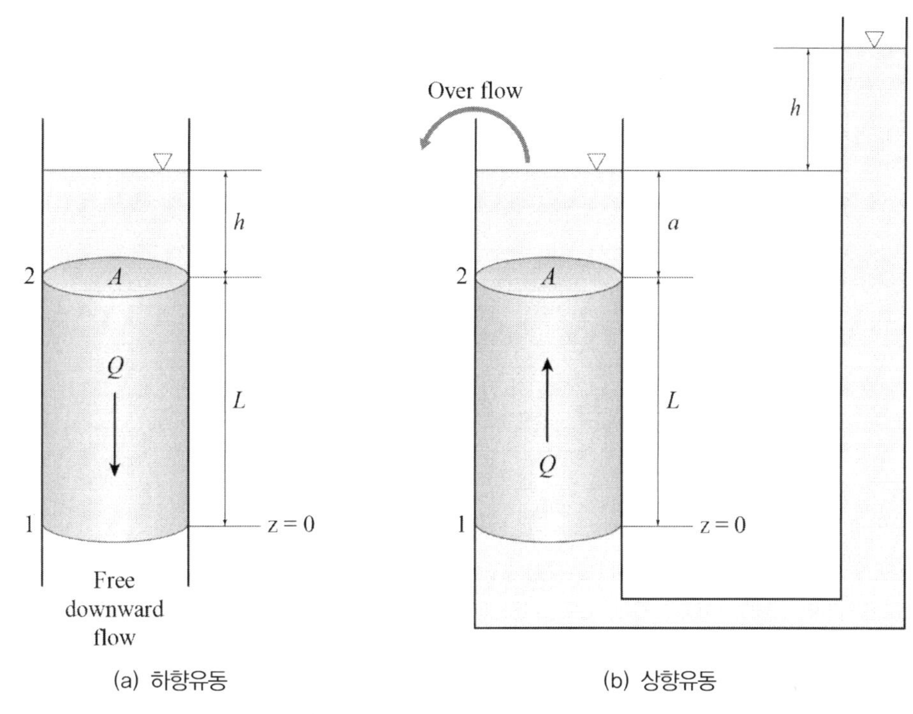

그림 2.9 수두 h를 가진 유체유동(모래컬럼 단면적 A, 길이 L, 투과율 k)

여러 번 강조한 대로, 우리가 원하는 결과를 얻기 위해서는 정의된 단위를 일관되게 사용해야 한다. 식 (2.25)에서 주어진 단위와 최종 유량단위에 맞게 변수값이 변환되어야 하며, 압력포텐셜을 계산하기 위해 식 (2.22)를 참고할 수 있다. 의사결정의 기본이 되는 정확한 공학적 계산의 중요성은 아무리 강조해도 지나치지 않다.

$$Q = \frac{kA}{\mu}\frac{\Delta\Phi}{\Delta L} = \frac{kA}{\mu}\frac{(\rho gh + \rho gL)}{L} \tag{2.25}$$

그림 2.9(b)에서 1번 지점이 더 높은 압력포텐셜을 가지므로 물은 위로 유동한다. 중력을 극복하고 유동하므로 동일 수두의 경우 유량은 하방유동에 비하여 줄어든다. **그림 2.9(a)**와 동일한 원리로 기준점을 설정하고 양 끝점에서 압력포텐셜을 계산하고 유량을 예측하면 다음과 같다.

$$\Phi_1 = P_1 + \rho gz = \rho g(L + a + h) + 0$$

$$\Phi_2 = P_2 + \rho gz = \rho ga + \rho gL$$

$$Q = \frac{kA}{\mu}\frac{\Delta\Phi}{\Delta L} = \frac{kA}{\mu}\frac{(\rho gh)}{L}$$

(5) 방사형 유동

두께가 일정한 원통형 저류층에서 유동은 **그림 2.10**과 같이 방사형 유동을 나타낸다. 일반적으로 저류층 두께에 비하여 반경이 크기 때문에 깊이 방향 변화를 무시할 수 있지만, 그 두께가 크거나 특성이 변화하는 경우 이를 고려해야 한다. 저류층의 바깥 경계부근과 유정에서 일정한 압력이 유지될 때, 정상상태의 유동은 식 (2.26)으로 표시된다.

정상상태 현장단위 Darcy 식:

$$Q = \frac{0.00708\,kh(P_e - P_w)}{\mu\ln(r_e/r_w)} \tag{2.26}$$

여기서, Q는 유량(bbls/day), k는 투과율(md), h는 두께(ft), μ는 점성도(cp), P_e는 바깥 경계 r_e에서의 압력(psi), P_w는 유정반경 r_w에서의 압력(psi)이다. 유정은 주로 현장단위에서

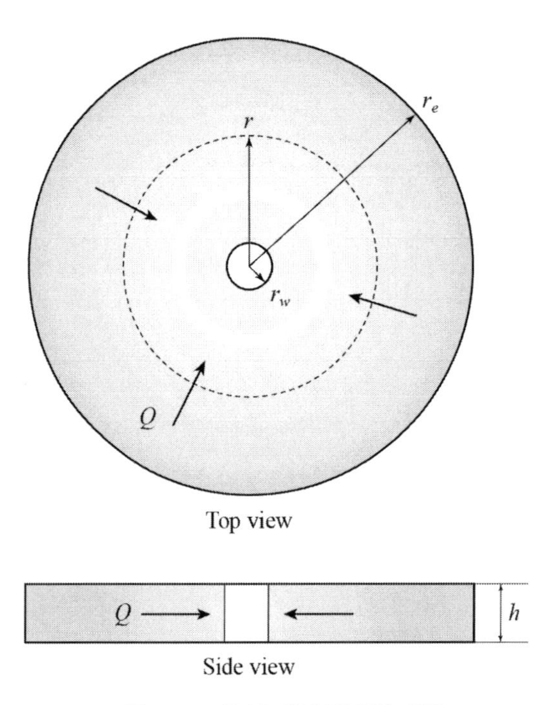

그림 2.10 저류층에서 방사형 유동

inch로 주어지지만 식 (2.26)에서 반경은 동일단위가 사용되어야 한다.

유량은 압력차와 면적에 비례하고 점성도에 반비례한다는 Darcy 식으로부터 식 (2.26)을 유도할 수 있다. 임의의 변경 r에서 원유가 유동할 수 있는 면적(=$2\pi rh$)과 반경에 따른 압력구배를 이용하여 Darcy 식을 쓰면 다음과 같다.

$$Q = \frac{k}{\mu} 2\pi rh \frac{dP}{dr}$$

유량과 저류층 물성은 일정하다고 가정하였으므로, 변수 r과 P에 따라 정리하고, 변수분리법으로 유정에서 저류층 경계면까지 적분하면 다음과 같다. 마지막 단계로 USA 단위로 변환하고 투과율을 md 단위로 하면 식 (2.26)이 된다.

$$Q = \frac{2\pi kh(P_e - P_w)}{\mu \ln(r_e/r_w)}$$

생산량이 일정한 정상상태의 경우, 임의의 반경 r에서 압력 $P(r)$을 나타내면 다음과 같다. 저류층 바깥 경계면에서 압력 P_e가 유정압력 P_w로 로그함수 형태로 감소한다. 이는 반경이 감소할수록 유체가 흐를 수 있는 단면적이 비례하여 감소하는 사실에서도 예상할 수 있다. 또한 유량과 점성도가 높으면 유동으로 인한 압력감소가 심하고, 저류층 투과율과 두께가 크면 동일 유량에 대하여 압력감소가 작게 발생한다.

$$P(r) = P_w + \frac{Q\mu}{2\pi kh} \ln(r/r_w)$$

(6) 다층구조에서의 평균투과율

다공질 지층에서 유체유동을 기술하는 Darcy 식이나 열전달 현상을 설명하는 Fourier 식의 개념은 동일하다. Fourier 식에서 단위시간당 전달되는 열량은 온도구배와 면적에 비례하고 그 비례상수가 열전도도이다. 따라서 이미 알고 있는 개념을 이용하여 다층구조에서 평균투과율을 계산할 수 있다.

가. 수직 다층구조

그림 2.11(a)는 수직적으로 쌓여 있는 여러 층들이 다른 두께와 투과율을 나타내는 예이다. 이와 같은 다층구조의 양단에 일정한 압력이 주어져 수평으로 유동하는 경우, 압력차는 일정하고 총유량은 각 층을 따라 흐르는 유량의 합과 같다. 전체유량을 식 (2.23)으로 표현할 때, 다층구조의 폭이 일정한 경우 평균투과율은 식 (2.27)과 같이 표현된다.

$$\bar{k} = \sum_j k_j h_j / \sum_j h_j \tag{2.27}$$

여기서, $\bar{k}$는 평균투과율, k_j와 h_j는 j-번째 층의 투과율과 두께이다. 총유량은 각 층에 Darcy 식을 적용하여 유량을 계산하고 이를 합하여 얻거나 식 (2.27)의 평균값을 사용하여 전체 유동 단면적을 기준으로 한 번에 계산할 수 있다는 의미이다.

식 (2.27)에서 알 수 있듯이, 투과율이 서로 다른 여러 층이 있을 때 특정 층의 투과율이 높으면 평균투과율도 높아지며 동일한 압력차가 주어질 때 대부분의 유동이 해당 층을 통하여 이루어진다. 즉 투과율이 높은 층은 유체가 지나가기 쉬운 길이 된다.

나. 수평 다층구조

그림 2.11(b) 같은 경우, 유량은 일정하지만 총압력손실은 각 구간에서의 압력손실의 합과 같다. 따라서 평균투과율은 식 (2.28)과 같다.

$$\bar{k} = \sum_j l_j / \sum_j \frac{l_j}{k_j} \tag{2.28}$$

여기서, $\bar{k}$는 평균투과율, k_j와 l_j는 j-번째 구간의 투과율과 길이이다. **그림 2.11(b)**와 같이 유체가 지나는 유동방향으로 투과율이 변화는 경우, 특정 구간에서 투과율이 크면, 해당 $1/k$ 값이 작아져서 총합에 미치는 영향이 미미하다. 하지만 투과율이 작은 경우, 그 역수는 매우 커져서 평균투과율을 감소시킨다. 극단적인 예로 만일 특정 구간에서 투과율이 0이면 평균투과율은 0이 되고 유체유동은 불가능해진다. 따라서 투과율이 작은 구간은 유체가 지나가는 데 가장

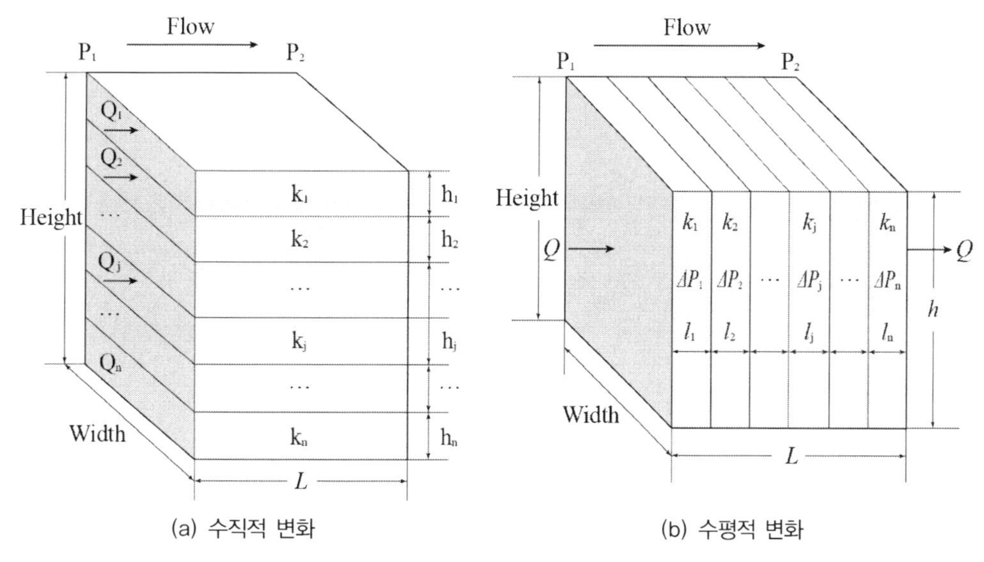

(a) 수직적 변화 (b) 수평적 변화

그림 2.11 선형 다층구조에서 수평유동

많은 시간을 요하는 임계구간이 된다.

다. 방사형 다층구조

그림 2.12와 같은 방사형 다층구조의 저류층에서 유체가 이동하는 경우에도 동일한 원리, 즉 유량은 일정하고 전체 압력손실은 각 구간의 압력손실의 합과 같다는 것을 이용하면 평균투과율은 식 (2.29)와 같다. 이 경우에도 식 (2.28)처럼 투과율이 낮은 특정 구간이 유동을 어렵게 하

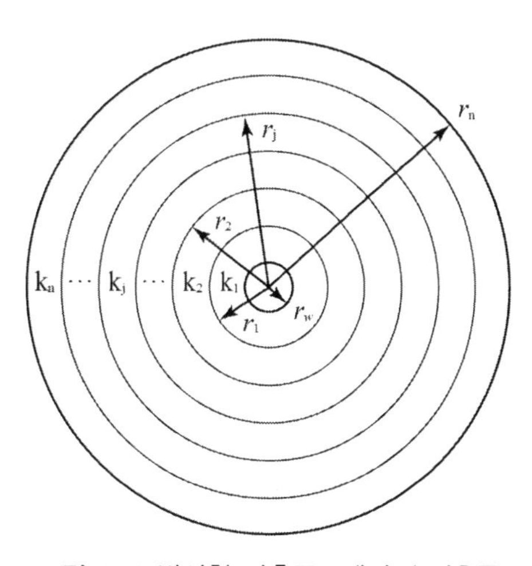

그림 2.12 방사형 다층구조에서 수평유동

며 해당 구간을 통과하기 위해 많은 압력손실이 발생한다.

$$\bar{k}= \ln(r_e/r_w)/\sum_j \frac{\ln(r_j/r_{j-1})}{k_j} \tag{2.29}$$

여기서, r은 반경이고 하첨자 j는 투과율이 변하는 구간을 의미하며 r_o는 유정반경이다.

(7) 약압축성 유동

이제까지는 비압축성 가정을 바탕으로 Darcy 식을 설명하였다. 비압축성이란 해당 유체를 압축할 수 없다는 것이 아니라 압력변화가 작거나 압력변화에 대한 부피변화가 적어 이를 무시하고 해당 현상을 모사한다는 의미이다. 저류층에서 유동하는 원유의 압축성을 고려하여 Darcy 식을 정립할 수 있다.

압축인자 식 (2.2a)에서 부피는 질량을 밀도로 나눈 것으로 이를 대입하여 정리하면 압력변화에 대한 밀도변화로 압축인자를 식 (2.2b)와 같이 정의할 수 있다.

$$c = \frac{1}{\rho}\frac{d\rho}{dP} \tag{2.2b}$$

변수분리법을 이용하여 유정압력에서 특정 압력으로 증감할 때 밀도변화를 나타내면 다음과 같다.

$$\rho_r = \rho_w^* e^{c(P-P_w)}$$

여기서, ρ_w^*는 유정압력 P_w에서의 밀도, ρ_r은 저류층 압력 P에서의 밀도이다.

질량보존식을 이용하여 압력 P_w인 유정에서 질량과 임의의 압력 P를 갖는 저류층에서 질량은 같으므로 유정에서 유량은 다음과 같이 표현할 수 있다.

$$Q = \frac{\rho_r}{\rho_w^*}Q_r = e^{c(P-P_w)}\frac{2\pi rhk}{\mu}\frac{dP}{dr}$$

변수분리법을 이용하여 반경 r과 압력 P 변수별로 정리하고 유정에서 임의의 거리 r까지 관계식을 정리하고 USA 단위로 전환하면 식 (2.30)을 얻는다. 식 (2.30)이 복잡해 보이지만 이를 근사하면 식 (2.26)이 된다. 원유 압축성은 1.0E-06 psi^{-1} 범위이고 저류층에서 압력차는 수백~수천 psi 내외이므로, 식 (2.30)의 지수 $c(P-P_w)$ 값은 1보다 매우 작다. 따라서 exp(x)를 작은 값 x에 대하여 근사하면 (1+x)가 되므로 식 (2.30)은 식 (2.26)이 된다.

약압축성 Darcy 식:

$$Q=\frac{0.00708\,kh}{\mu\ln(r/r_w)}\frac{1}{c}\left[e^{c(P-P_w)}-1\right] \tag{2.30}$$

여기서, Q는 유정에서의 유량(bbls/day), c는 압축인자(1/psi), k는 투과율(md), μ는 점성도(cp), P는 압력(psi)이다.

(8) 압축성 유동

가. 가스상태방정식

원유는 압력변화에 따른 밀도변화가 미미하므로 비압축성 가정으로 유량을 계산할 수도 있고 식 (2.30)을 사용하여 좀 더 정확히 모사할 수 있다. 하지만 천연가스는 압력변화에 대한 부피변화가 커서 이를 고려하여야 한다. 천연가스 거동을 설명하기 위해서는 다음 세 요소를 고려해야 한다.

- 압력
- 온도
- 조성

압력은 단위면적당 작용하는 힘으로 정의되며 또한 물질의 양이 얼마나 많은지를 의미한다. 동일한 크기를 가진 압축용기의 압력이 높다면 더 많은 가스가 들어있다는 뜻이다. 온도는 운동에너지 정도를 나타내고 조성은 구성분자의 크기를 나타낸다. 따라서 주어진 온도와 압력에서 구성분자의 거동을 알면, 그 거동을 예상할 수 있다.

이상기체는 차지하는 부피나 상호 간 인력 또는 반발력이 없으며 완전한 탄성거동을 한다는 가정하에 거동을 식 (2.31)의 상태방정식으로 표현할 수 있다. 하지만 실제 기체는 이와 다른 양상을 보이므로 이상기체 부피와의 차이를 고려하여 식 (2.32) 상태방정식을 사용한다.

$$PV = nRT \tag{2.31}$$

$$PV = ZnRT \tag{2.32}$$

여기서, P는 절대압력, V는 부피, n은 몰수, T는 절대온도, Z는 가스압축인자로 Z-인자라고 한다. R은 기체상수로 오직 한 값("universal gas constant")이지만 사용하는 단위체계에 따라, 다음과 같은 대표적인 값들이 있다. 국제단위나 미국식 단위를 사용하는 경우, 적절한 R값을 사용하여야 계산결과도 맞게 된다.

- R = 8.314 kPa m^3/kg-mole °K
- R = 10.73 psia ft^3/lb-mole °R
- R = 82.06 atm cm^3/g-mole °K

위에 주어진 가스상수를 사용하면 60 °F, 14.7 psia 표준조건에서 1 lb-mole 가스부피는

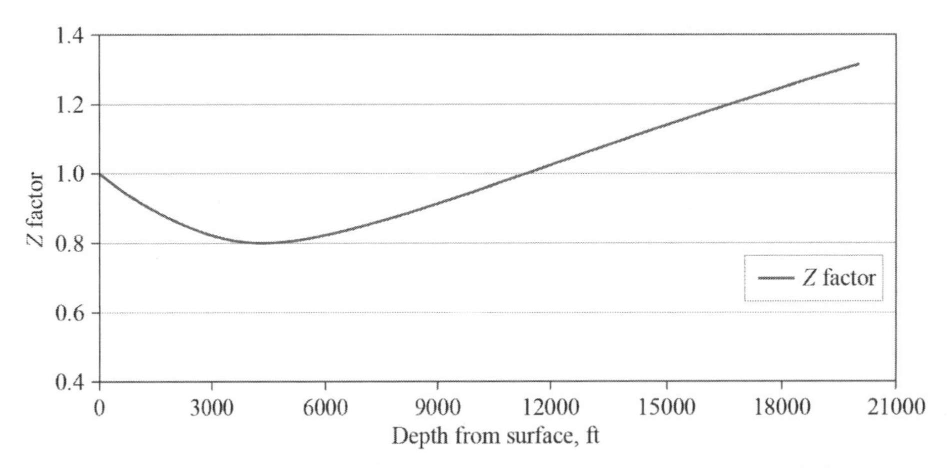

(가스비중 0.65, 지표면 온도 60 °F, 지열구배 1 °F/100 ft, 압력구배 0.447 psi/ft 가정함)

그림 2.13 깊이에 따른 Z-인자

379.4 ft^3 임을 알 수 있다. 또한 대응상태의 법칙(the law of corresponding status)에 따라, 임계압력과 임계온도를 이용한 환산압력과 환산온도를 이용하면 가스 종류에 상관없이 동일한 함수로 표현된 Z-인자를 얻는다. **그림 2.13**은 깊이에 따른 천연가스의 가스압축인자로 부록 V에 주어진 식을 사용하여 계산하였다.

나. 천연가스 거동방정식

그림 2.14에서 저류층 조건과 지상 표준조건에서 총몰수는 같으므로 다음과 같은 관계식을 얻을 수 있다.

$$nR = \left(\frac{PV}{ZT}\right)_r = \left(\frac{PV}{ZT}\right)_s$$

여기서, 하첨자 r, s는 각각 저류층과 표준상태 조건을 의미한다. 부피를 시간으로 나누면 유량이 되고 저류층에서 가스유량을 Darcy 식으로 표현하면 식 (2.33)과 같이 정리된다.

$$Q_s \frac{dr}{r} = \frac{2\pi kh}{\mu} \frac{T_s}{P_s} \frac{P}{ZT} dP \tag{2.33}$$

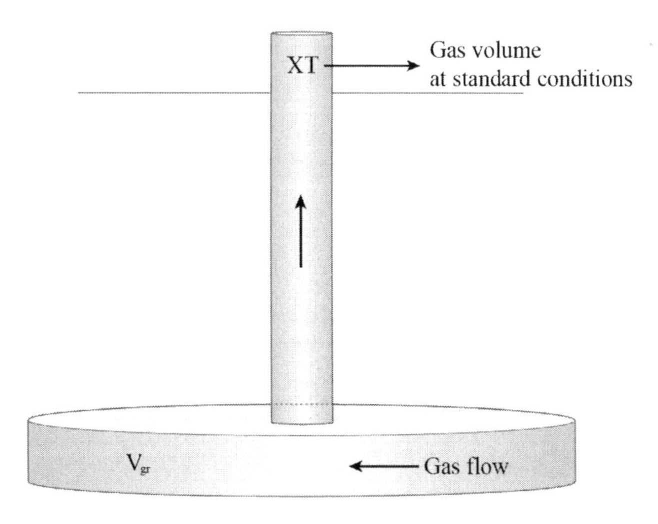

그림 2.14 저류층 조건과 표준조건에서의 가스

여기서, Q는 유량이고 저류층에 대한 하첨자는 생략하였다. 식 (2.33)에서 점성도와 Z-인자는 압력의 영향을 받으므로 변수분리법으로 바로 적분하여 관계식을 구할 수 없다. 따라서 식 (2.33)을 근사적으로 평가하는 방법과 새로운 함수를 정의하는 방법 두 가지가 있다.

먼저, 식 (2.33)을 근사적으로 평가하는 방법으로 유정과 저류층 바깥 경계면에서의 압력을 평균한 값을 이용하여 점성도와 Z-인자를 상수값으로 얻는다. 그러면 반경 r과 압력 P만 변수가 되므로 변수분리법으로 적분하여 정리하면 식 (2.34)를 얻는다.

$$Q_s = 703 \frac{kh}{\bar{\mu}} \frac{(P^2 - P_w^2)}{\bar{Z} T_r \ln(r/r_w)} \tag{2.34}$$

여기서, Q_s는 표준상태에서 유량으로 scf/day 단위를 갖고 점성도와 Z-인자는 $(P+P_w)/2$의 평균압력에서 얻은 값이다. 식 (2.34)는 저류층 압력이 2,000 psia보다 작을 때 적용할 수 있다.

식 (2.33)을 보다 정확히 표현하기 위하여 식 (2.35) 유사압력(pseudo-pressure) 함수, $P_p(P)$를 정의할 수 있다.

$$P_p(P) \equiv \int_{P_{ref}}^{P} \frac{2P}{\mu Z} dP \tag{2.35}$$

여기서, P_{ref}는 임의의 기준압력이다. 식 (2.35)의 함수값은 각 압력에 따라 주어진 점성도와 Z-인자 값을 이용하여 수치적분으로 계산한다. 식 (2.35)를 활용하면 식 (2.33)은 식 (2.36)과 같이 간단히 표현된다. 식 (2.36)은 압력에 따라 변화하는 점성도와 Z-인자를 고려한 식이지만, 계산을 위해서는 수치적분으로 $P_p(P)$값을 평가해야 한다.

$$Q_s = 703 \frac{kh}{T_r} \frac{[P_p(P) - P_p(P_w)]}{\ln(r/r_w)} \tag{2.36}$$

3) 표피인자와 생산성지수

(1) 표피인자

시추공을 굴진하는 동안에는 지층으로부터 유체가 유입되지 않도록(이를 킥(kick)이라 함), 일반적으로 시추공 압력을 지층 공극압보다 높게 유지한다. 이론적으로 시추공 압력은 지층 파쇄압보다는 낮고 공극압보다는 높아야 한다. 만일 그 범위를 벗어나면 지층이 파쇄되거나 킥을 유발하여 심각한 안전문제를 야기한다.

유체가 흐를 수 있는 투수층을 굴진하면 시추공 압력이 높으므로 시추액은 지층으로 침출되며 시추액에 첨가된 미립자들은 시추벽면에 쌓여 이수막(mud cake)을 형성한다. 거의 모든 암석층은 소량이라도 셰일성분을 가지고 있으므로 셰일은 침출되어 들어온 물과 반응하며 팽창한다. 팽창된 셰일은 시추공 주변의 공극을 메워 공극률도 줄이고 투과율을 크게 감소시킨다.

그림 2.15에서 만일 시추공 주변 지층이 손상되지 않았다면 점선으로 표시된 압력분포를 보일 것이지만, 실제로는 실선과 같이 더 큰 압력손실을 나타낸다. 이와 같이 지층손상으로 발생한 추가적 압력손실을 식 (2.37)과 같이 무차원으로 표시한 것을 표피인자(skin factor)라 하며 지층이 손상된 정도를 나타낸다. 식에서도 알 수 있듯이, 투과율이 낮아진 경우에는 양의 값을 나타내고 수압파쇄나 산처리로 향상된 경우에는 음의 값을 나타낸다.

$$s \equiv \frac{\Delta P_{skin}}{\dfrac{Q\mu}{2\pi kh}} \tag{2.37}$$

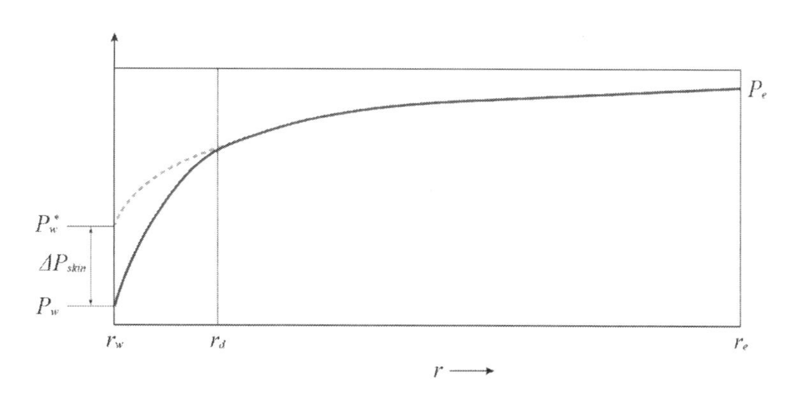

그림 2.15 투과율이 손상된 저류층에서 반경에 따른 압력분포(r_d: 손상된 범위 반경)

여기서, $\triangle P_{skin}$ 은 손상된 지층으로 인한 추가 압력손실이고 s 는 표피인자이다. **그림 2.15**를 보면 **그림 2.12**와 같이 방사형 방향으로 투과율이 다른 다층구조로 평균투과율을 계산하여 식 (2.26)에 대입하면 유량을 계산할 수 있는 것처럼 보인다. 하지만 손상된 반경을 평가할 수 있는 유정시험이나 검층법이 없어서 실무에서는 사용할 수 없다.

따라서 표피인자를 유정반경과 연관시키는 방법을 사용한다. 구체적으로 총압력손실은 다음과 같이 나누어 표현할 수 있고 이를 정리하면 식 (2.38)을 얻는다.

$$P-P_w=P-P_w^*+P_w^*-P_w=\frac{Q\mu\ln(r_e/r_w)}{2\pi kh}+\frac{Q\mu}{2\pi kh}s$$

$$=\frac{Q\mu}{2\pi kh}\left[\ln(r_e/r_w)+s\right]=\frac{Q\mu}{2\pi kh}\ln\left(r_e/r_we^{-s}\right)=\frac{Q\mu}{2\pi kh}\ln\left(r_e/r_w^*\right)$$

$$r_w^*=r_we^{-s} \tag{2.38}$$

여기서, P_w^* 는 지층손상이 없을 때 유정압력이다.

식 (2.38)은 표피인자를 고려한 새로운 유효반경으로 표피인자가 양이면 유정반경은 작아져서 더 많은 압력손실이 발생한다. 표피인자가 음인 경우, 투과율이 향상된 것으로 유정반경이 증가한 효과로 나타난다. 식 (2.38)을 사용하면 기존 Darcy 식을 변형하지 않고 유효반경을 계산하여 대입할 수 있다는 의미이다. 표피인자는 유정시험을 통해 알아낼 수 있다.

(2) 생산성지수

생산성지수(productivity index, PI)는 식 (2.39)로 정의되며 단위압력 감소에 따른 유량을 의미한다. PI가 높으면 작은 압력변화에도 많은 양이 생산되므로 석유공학자는 이를 높이는 조건을 찾고 이를 유지하여 생산을 효율적으로 관리해야 한다.

$$PI=\frac{Q}{\Delta P}=\frac{Q}{P_e-P_w}=\frac{7.08\ kh}{\mu B\ \ln\left(r_e/r_we^{-s}\right)}\left(\frac{STB/day}{\psi}\right) \tag{2.39}$$

PI를 높이는 기법은 매우 다양하며 식 (2.39)를 보면 다음과 같은 방법들을 사용할 수 있다.

- 유정 자극(well stimulation)
- 점성도 감소
- 유동면적 증대
- 주입유체 유동도 조절

가. 유정 자극

유정을 자극하는 방법은 크게 수압파쇄와 산처리가 있다. 인위적으로 유정압력을 높여 지층을 파쇄하여 균열을 발생시키면 Buckingham 식에서 알 수 있듯이 투과율이 급격히 향상된다. 생산을 위해 유정압력을 낮추면 생성된 균열이 다시 닫히므로 이를 방지하기 위해 모래와 같은 지지물(proppant)을 함께 파쇄된 균열 속으로 펌핑한다.

수압파쇄는 주로 투과율이 낮은 사암 저류층에서 많이 이루어지며 저류층 투과율에 따라 적절한 수압파쇄 길이를 결정하여야 한다. **그림 2.16**(a)와 같이 저류층의 투과율이 낮으면 유체 유동이 쉽지 않으므로 긴 수압파쇄가 필요하다. 시추공에서 멀리 떨어진 지점에서도 가까운 균열까지만 유동하면, 그 후에는 균열을 따라 큰 압력손실 없이 유정까지 흐를 수 있다.

만일 저류층 투과율이 높다면, 유체가 시추공 주위까지는 큰 압력손실 없이 유동한다. 이는 저류층 내에서 압력이 로그 형태로 나타나는 것과 유체가 흐를 수 있는 면적이 $2\pi rh$ 라는 것에서도 유추할 수 있다(**그림** 2.15). 따라서 대부분의 압력손실은 유동면적이 줄어드는 유정 주변에서 발생하므로, **그림** 2.16(b)와 같이 짧고 굵은 균열을 디자인할 수 있다.

산처리는 산(acid)을 주입하여 시추과정에서 지층 속으로 유입된 이물질과 지층을 녹여 유정 주변에서 투과율을 증대시키는 방법이다. 산처리는 산과의 반응이 용이한 탄산염암 저류층에서 주로 이루어진다. 수압파쇄에 비하여 산처리가 이루어지는 반경은 유정 주변으로 한정된다. 또한 산처리와 소규모의 수압파쇄를 결합한 acid-frac 방법이 적용되기도 한다.

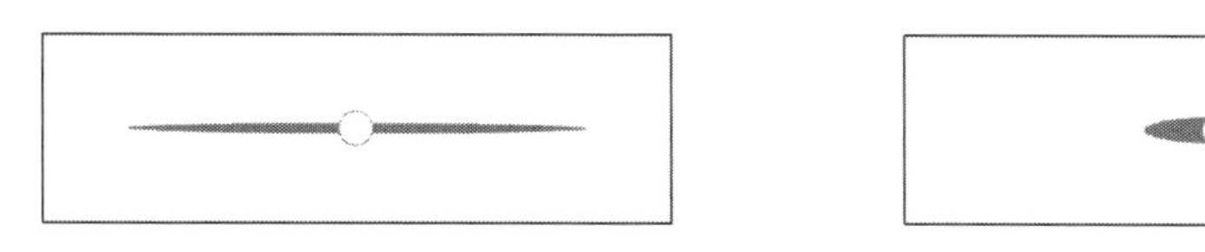

(a) 투과율이 낮은 경우　　(b) 투과율이 높은 경우

그림 2.16 저류층의 투과율에 따른 수압파쇄 길이

나. 점성도 감소

원유 점성도는 온도에 따라 현저히 감소하는 특징이 있다. 특히 중질유의 경우, 주어진 저류층 조건에서는 높은 점성도로 인하여 상업적 생산이 불가능하지만 저류층에 열을 가하면 점성도가 낮아져 생산이 가능하게 된다.

Steam flooding은 증기를 주입하는 주입정과 원유를 생산하는 생산정이 일정한 패턴으로 배치된다. 주입정을 통해 고온 증기를 주입하면 증기가 원유를 가열하므로 점성도가 낮아져 생산정으로 유동한다. Steam soaking은 생산정에 증기를 주입하여 원유온도를 높이는 기간(soaking)을 거친 후 같은 유정에서 생산한다. 대부분 2~4주 증기를 주입하고 8~24개월 생산하는데 시간이 지남에 따라 생산효율은 떨어진다.

SAGD는 캐나다에 대규모로 부존되어 있는 오일샌드를 생산하는 기법이다. 오일샌드가 심도 60 m 이내 천부에 존재하면 노천채굴을 통해 오일샌드 전체를 채굴한 후 열수를 이용한 부유법으로 원유를 분리한다. 심도가 깊은 경우, 오일샌드 저류층 하부에 생산정을 먼저 시추하고 5 m 상부에 증기를 주입할 주입정을 시추한다. 주입된 증기에 의해 점성도가 낮아진 원유는 중력에 의해 아래쪽으로 흘러내린다. 하부 생산정에 모인 원유는 펌핑장치를 통해 지상으로 생산된다.

다. 유동면적 증대

PI를 향상시키는 다른 방법으로 원유가 흐를 수 있는 면적을 증가시키는 것이다. 수직 유정의 경우, 저류층 하부 일부분만 완결하는 것이 아니라 전 구간을 완결하면 그만큼 유동면적이 넓어진다. 이때 원유생산으로 인해 하부에 위치한 물이나 상부에 있는 가스가 너무 빠른 속도로 생산되지 않도록 유의하여야 한다. 이는 저류층 물성 분포를 파악하는 저류층모델링과 수치해석 민감도분석으로 그 영향을 파악할 수 있다.

유동면적을 증가시키는 대표적인 방법 중의 하나가 수평시추이다. 수평시추를 이용하면, 저류층의 두께로만 한정되던 유동면적이 저류층을 관통하는 전체길이로 넓어질 수 있다. 따라서 수직유정과 비교하여, 동일한 압력차가 주어지면 더 많은 생산량을 얻을 수 있다. 동일한 생산량을 얻기 위해서는 적은 압력차이를 유지해도 되므로, 물이나 가스가 생산정으로 이동하는 현상(coning)을 줄일 수 있다. 시추와 유정완결 기술의 발전으로 수평시추를 이용한 생산과 저류층 관리가 일반화되어 있다.

라. 주입유체 유동도 조절

마지막으로 물이나 증기 같은 주입물질을 주입정으로 주입할 때, 주입물질이 원유를 효과적으로 밀어낼 수 있게 하는 첨가물을 섞어 보내면, 주입물질이 선택적으로 빠르게 유동하는 것을 방지하여 효율을 증가시킬 수 있다. 중합체를 이용하여 주입되는 물의 점성도를 증가시키면 주입된 물이 원유를 효과적으로 밀어내며 압력도 유지한다. 결과적으로 단위압력 감소에 따른 생산량이 증가한다.

4) 투과율 측정

(1) 물을 이용한 절대투과율 측정

단상으로 유동하는 유량을 예측하기 위해서는 절대투과율을 알아야 하고 다상으로 유동하는 경우, 각 유체의 유량을 계산하기 위해서는 상대투과율이 필요하다. 상대투과율 측정은 다음에 설명하고 여기서는 먼저 절대투과율을 측정하는 방법을 설명한다.

수평 선형유동에 대한 Darcy 식에서 유량을 단면적으로 나누어 평균속도로 나타내면 식 (2.40)과 같다. 따라서 **그림 2.17(a)**와 같이 시료를 설치하고 양단에 일정한 압력차를 가한 조건에서 유량을 바탕으로 속도를 얻을 수 있다. 가해준 압력차를 변화시키며 실험값을 얻어 속도와 압력구배를 그리면, 물의 점성도는 1이므로 기울기가 바로 절대투과율이 된다.

이와 같은 시험을 위해서는 몇 가지 유의사항이 있다. 먼저 투과율 측정을 위한 실험장치가 잘 준비되어야 한다. 또한 시료를 설치하는 장비(core holder)는 시료 외부를 잘 밀폐하여 주입하는 물이 시료를 통하여 유동하도록 하여야 한다. 만약 밀폐가 부실한 경우, 유량이 실제보다 크게 관측되므로 투과율이 높은 결과를 초래한다. 지층시료의 압축성이 낮긴 하지만 투과율은 외압에 영향을 받으므로 시료의 밀폐압력은 일반적으로 저류층 압력으로 하여, 저류층 조건에서 투과율을 측정한다.

압력차에 따른 유량을 측정할 경우, 적절한 조건을 이용하여 여러 번 시험하여야 한다. 시료 양단에 주어진 압력차가 과도한 경우, 층류유동이라는 Darcy 식의 가정에 위배되기 때문에 **그림 2.17(b)**와 같이 선형성 경향을 벗어날 수 있다.

$$\frac{Q}{A} = \frac{k}{\mu}\frac{P_1 - P_2}{L} \tag{2.40}$$

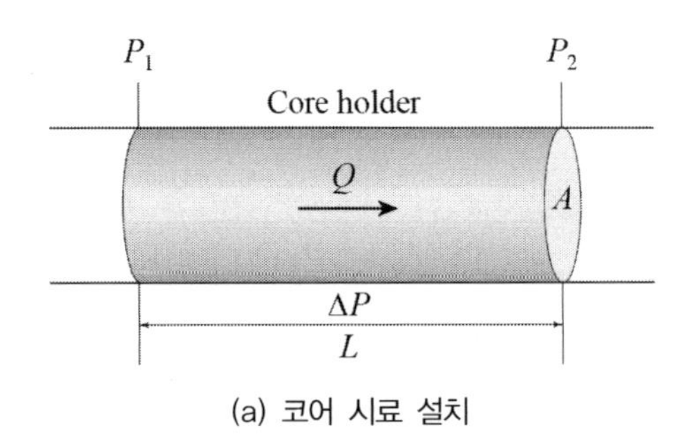

(a) 코어 시료 설치

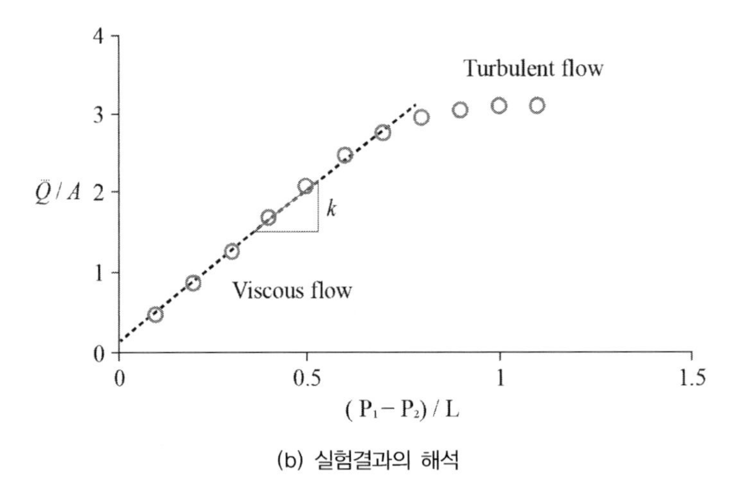

(b) 실험결과의 해석

그림 2.17 선형유동을 이용한 절대투과율 측정(A: 시료단면적, L: 시료 길이)

(2) 기체를 이용한 측정

주입유체로 물을 이용하는 것보다 공기를 이용하면 양단의 압력유지와 관리가 편리하여 많이 사용된다. 압축성 유체의 방사성 유동을 나타내는 식 (2.34)를 압력이 낮은 선형유동에 적용하면 다음과 같은 과정을 거쳐 식 (2.41)을 얻는다. 따라서 동일한 원리로 식 (2.41)의 측정값을 그래프로 그리면 그 기울기에서 절대투과율을 얻을 수 있다(**그림 2.18(a)**).

$$P_2Q_2 = PQ = P\frac{kA}{\mu}\frac{dP}{dL}$$

$$Q_2 = \frac{kA}{\mu L}\frac{\left(P_1^2 - P_2^2\right)}{2P_2}$$

$$\frac{Q_2P_2}{A} = \frac{k}{\mu}\frac{\left(P_1^2 - P_2^2\right)}{2L} \tag{2.41}$$

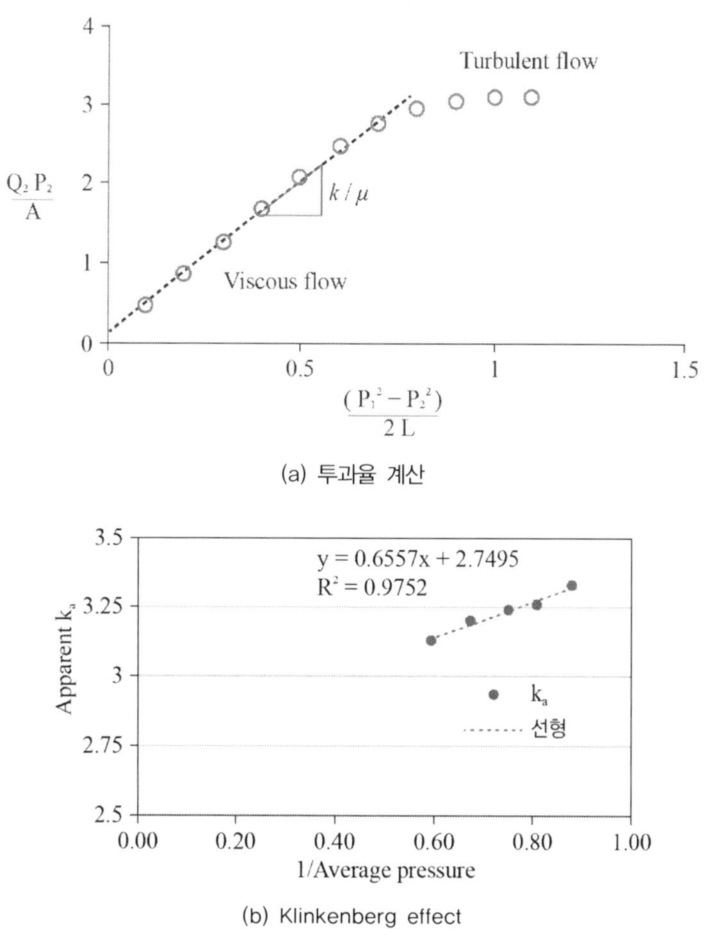

그림 2.18 기체를 이용한 절대투과율 측정과 Klinkenberg 효과

여기서, 하첨자 1, 2는 각각 입력부와 출력부를 의미한다.

(3) 투과율 측정에 영향을 미치는 인자

투과율 측정값에 영향을 미치는 인자는 다음과 같다. Darcy 식의 기본가정에서 알 수 있듯이, 유동하는 유체와 지층시료가 반응하여 침전이 일어나든지 지층 구성성분 일부가 용해되면, 투과율은 변하고 참값을 얻지 못한다. 또한 시료를 감싸고 있는 외압에도 영향을 받으며 기체를 사용하는 경우, 양단에 가해진 압력에도 영향을 받는다. 따라서 실험 매뉴얼에 유의하여 여러 번 측정하는 것이 필요하다.

- 지층시료와 사용된 유체와의 반응
- 실험조건
- 기체의 구름현상

가. Klinkenberg 효과

식 (2.41)을 이용하여 투과율을 측정할 때 사용하는 기체와 설정한 압력에 따라 겉보기 투과율이 다른 특징을 보이는데, 이를 Klinkenberg 효과라 한다. 이를 수식으로 정리하면 식 (2.42)와 같다. 구체적으로 다음과 같은 특징을 보인다.

- 물을 사용하였을 때보다 기체를 사용하면 더 큰 투과율을 얻음
- 사용한 기체의 분자량이 낮을수록 더 큰 투과율을 얻음
- 양단에 가해준 압력이 낮을수록 더 큰 투과율을 얻음

$$k_g = k_L\left(1 + \frac{a}{\overline{P}}\right) \tag{2.42}$$

여기서, k_g는 기체를 사용하였을 때 측정되는 겉보기 투과율, k_L은 물을 사용하였을 때 투과율, $\overline{P}$ 는 시료의 양단에 가해진 압력의 평균, a는 상수이다. 이와 같은 현상은 기체가 유동할 때 고체면과의 접착조건을 만족하지 않고 구름현상이 있기 때문이다. 상수 a는 시료의 공극크기와 사용된 기체가 공극 사이를 연속적으로 충돌하며 이동하는 경로(이를 평균자유이동경로, mean free path라 함)에 따라 달라진다. 일반적으로 평균자유이동경로는 기체분자의 크기와 운동량에 따라 달라진다.

나. 절대투과율 계산

결론적으로 기체를 사용하여 투과율을 측정하는 경우, 식 (2.42)에 따라 겉보기 측정값과 $1/\overline{P}$을 그래프로 그려, 압력이 무한대가 되는 값, 다시 말해 **그림 2.18(b)**에서 겉보기 측정값의 절편이 시료의 투과율 참값이 된다. 즉 k_L이 우리가 찾는 절대투과율이다.

2.3 포화도

1) 포화도 정의

포화도는 공극 속에 함유된 각 유체의 부피비를 의미하며 석유공학과 관련된 원유, 지층수(또는 물), 가스에 대하여 식 (2.43)과 같이 정의한다. 가스의 경우에도 동일하게 정의하지만 계산은 세 값의 합이 1.0이 되는 원리를 이용한다.

$$S_o \equiv \frac{V_o}{V_p} \tag{2.43a}$$

$$S_w \equiv \frac{V_w}{V_p} \tag{2.43b}$$

$$S_g \equiv \frac{V_g}{V_p} = 1 - S_o - S_w \tag{2.43c}$$

여기서, S는 포화도, V는 부피이다. 하첨자 o, w, g는 원유, 물, 가스를 의미한다.

2) 포화도 계산

(1) 검층자료를 이용한 계산

포화도를 측정하는 방법은 크게 검층자료를 활용하여 간접적으로 계산하는 방법과 지층시료를 이용하여 실험실에서 직접 측정하는 방법이 있다. 석유사업을 하는 회사는 관심 있는 저류층 전 구간에 대하여 정보를 주는 검층에서 포화도를 얻는 것이 필요하다. 그리하면 저류층 깊이에 따라, 천연가스, 원유, 지층수 부존 구간을 결정할 수 있다.

이미 설명한 검층기법을 통하여 관심 지층의 공극률을 얻었다면, 비저항검층 자료를 이용하여 물 포화도를 얻을 수 있다. 물 포화도는 Archie 식으로 계산된다. 구체적으로, 지층의 비저항 측정치는 식 (2.44)의 관계가 있다. 이는 경험식으로 지층 비저항에 비례하고 물 포화도의 n승에 반비례한다는 것이다.

Archie 식:

$$R_t = \frac{R_o}{S_w^n} \tag{2.44}$$

$$R_o = F_R \times R_w$$

여기서, R_t는 비저항검층 측정값이고 n은 포화도 지수, F_R은 지층 비저항인자이다. R_o는 비저항값이 R_w인 지층수로 100% 포화되었을 때 지층의 비저항값이다. R_o는 당연히 R_w에 비례하고 그 비례상수가 F_R이며 공극률과 다음 관계가 있다.

$$F_R = \frac{a}{\phi^m}$$

여기서, a는 상수이고 m은 시멘트 지수이다. 식 (2.44)에서 필요한 모든 정보를 얻었으므로, 물 포화도에 대한 식으로 정리하면 식 (2.45a)의 일반식이 된다. 보다 정확한 분석을 위해서는 각 지층의 특성을 고려하여 n, m, a 값이 결정되어야 한다. 하지만 많은 경우 지수 n과 m은 1.7~2.3 값을 가지며 상수 a는 0.8~1.2 값을 가진다. 따라서 다른 정보가 없을 때는 일반적으로 지수는 2, 상수는 1을 사용하여 식 (2.45b)를 이용한다. 물 포화도를 구하면, 원유 포화도를 구할 수 있다.

$$S_w = \sqrt[n]{\frac{R_o}{R_t}} = \sqrt[n]{\frac{F_R\ R_w}{R_t}} = \sqrt[n]{\frac{a}{\phi^m}\frac{R_w}{R_t}} \tag{2.45a}$$

$$S_w = \sqrt{\frac{1}{\phi^2}\frac{R_w}{R_t}} \tag{2.45b}$$

식 (2.45b)를 사용할 때 각 자료를 어디에서 구하는지 다시 한번 강조할 필요가 있다. 지층수의 비저항값 R_w는 지층수 표본을 얻어 실험실에서 분석하면 알 수 있다. 또한 자연전위검층자료를 사용하면 도표화된 기존정보를 바탕으로 구할 수 있다. 공극률은 음파검층이나 밀도검층으로 얻고 R_t는 비저항검층 측정치이다. 참고로, 지수 n과 m은 Archie 식을 표현하기 위해 여기서만 사용된 기호이다.

(2) 실험실에서 측정

포화도를 실험실에서 측정하는 방법으로 열을 이용한 증류법과 용매를 이용한 추출법이 있다. 하지만 실험실에서 얻는 포화도는 여러 한계에 의해 오류의 가능성이 있다. 시추과정에서 회수된 코어는 채취, 보관, 수송 등 여러 단계를 거치므로 각각의 단계마다 견실성을 확보하기 어려운 한계가 있다. 그 결과 저류층 조건에서 각 유체 포화도가 실험실에서 측정된 포화도와 오차가 있을 수 있다.

시추공 압력은 지층보다 과압인 상태에서 작업이 이루어지므로 지층코어가 채취되는 동안에 시추액의 영향으로 초기포화도가 변화될 수 있다. 구체적으로 물 포화도는 증가하고 원유 포화도는 감소할 수 있다. 또한 시료 속에 있는 가스는 압력변화에 민감하며 또 유출될 수 있어 다른 유체 포화도에도 영향을 미친다.

가. 증류법

증류법(**그림 2.19(a)**)은 지층시료에 열을 가하여 물, 원유, 가스를 추출한 뒤 이를 냉각하여 부피를 측정한다. 시료에 포함된 모든 유체를 효율적으로 분리하기 위해 시료를 갈아서 잘게 부수어 시료통에 넣는다. 높은 온도범위(1000 ~ 1100 °F)를 사용하므로 온도를 단계적으로 올리며 회수되는 물의 양을 측정한다. 시간에 따라 회수되는 물의 양을 그래프로 그려 안정화되는 값을 얻으면 된다.

이 방법은 측정결과에 오류가 있을 수 있어 교정곡선을 이용하여 보정하여야 한다. 지층시료 공극에 있는 지층수가 모두 배출된 후에도 계속 열을 가하면 암석에 포함된 결정수도 빠져나올 수 있다. 또한 원유의 경우, 원유가 분해되거나 코크스화되어 시료내부를 코팅할 수 있다. 이런 경우 회수되는 원유부피가 줄어들어 포화도를 감소시키며 다른 유체의 포화도를 증가시킨다.

나. 용매 추출법

그림 2.19(b)와 같이 증기용매를 이용하여 물과 원유를 추출하는 경우, 수증기 형태로 나온 물과 원유를 다시 응축시켜 눈금이 있는 시험관에 모은다. 밀도차에 의해 시험관의 하부에 모이는 물부피를 측정하고 원유부피는 질량변화를 이용하여 계산한다. 시료 공극부피를 알고 있으

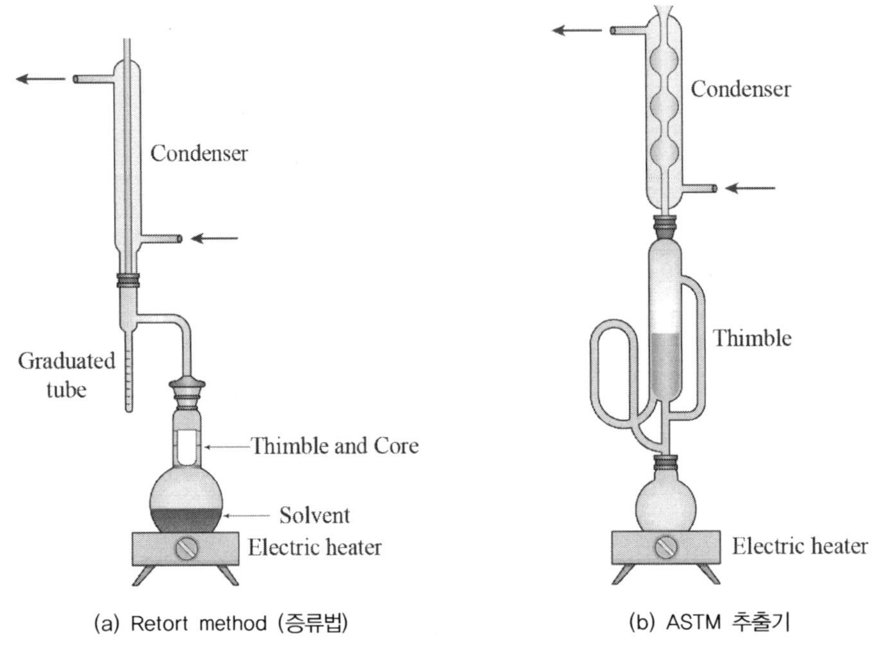

(a) Retort method (증류법) (b) ASTM 추출기

그림 2.19 포화도를 측정하는 대표적인 기법

므로, 물부피를 알면 식 (2.43b)를 이용하여 물 포화도를 얻을 수 있다.

원유 포화도의 경우, 실험 전후로 시료무게를 측정하고 앞서 얻은 물무게를 빼면 원유무게를 알게 된다. 따라서 무게를 밀도로 나누면 부피를 얻고 포화도를 계산할 수 있다. 이를 구체적으로 표현하면 식 (2.46)이 된다.

$$S_o = \frac{W_t - W_d - W_w}{V_p \rho_o} \tag{2.46}$$

여기서, W_t은 시험 시작 전 총 시료무게, W_d는 실험 후 건조된 시료무게, W_w는 회수된 물 무게이다.

3) 상대투과율

(1) 저류층의 포화도 변화

지금까지 소개한 Darcy 식은 원유나 물이 100% 포화된 단상유동이다. 따라서 투과율 정보는 모두 절대투과율을 의미한다. 하지만 원유와 지층수가 같이 흐르는 경우, 각 유체가 얼마의 투과율을 가지는지 알아야 해당 유량을 예측할 수 있다. 그러므로 유효투과율을 측정할 수 있는 기능을 갖춘 실험실(SCAL)에서 각 유체의 포화도 범위에서 유량과 압력을 측정하고 상대투과율을 계산한다.

저류층에서 원유가 이동하여 물을 밀어내며 축적된 후 생산되는 과정에 각 유체의 포화도 변화를 보자. 포화도에는 다음과 같은 다양한 경우가 있다.

- 임계포화도(critical saturation, S_c)
- 감소불가 물 포화도(irreducible water saturation, S_{wir})
- 잔류 원유 포화도(residual oil saturation, S_{or})
- 초기포화도(initial saturation, S_i)
- 원시 물 포화도(connate water saturation, S_{wc})

가. 배수와 배유 과정

물로 100% 포화된 지층으로 원유가 이동하기 위해서는 최소한의 포화도가 필요하며 이를 임계포화도라 한다. 포화도가 그 이상이면 원유는 유동하기 시작하여 기존에 있던 물을 밀어내고 저류층을 채우며 포화도가 증가할수록 유효투과율도 증가한다. 이를 상대투과율로 표현한 것이 **그림 2.20**에 점선으로 표시된 배수(drainage)이다.

배수과정 동안에는 물 포화도가 감소하므로 물의 유효투과율은 감소하고 원유는 반대현상을 보인다. 지층을 구성하는 입자는 매우 작고 모세관압은 공극크기에 반비례하기 때문에, 원유가 계속 유입되는 경우에도 물 포화도는 일정한 값 이하로 감소하지 않는다. 이를 더 이상 줄일 수 없다는 의미로 S_{wir}로 표시한다. 배수과정으로 원유가 해당 저류층을 채우게 되면, 더 이상 축적되지 못하고 **그림 1.4**처럼 누출되게 된다.

원유 저류층에서 생산이 시작되면 원유와 인접한 지층수나 주입한 물이 유입되는데 이를 배유(imbibition)라 한다. 배유과정에서는 물의 포화도가 증가하므로 유효투과율도 증가하지만 원유는 반대과정을 겪는다. 이를 상대투과율로 나타낸 것이 **그림 2.20**에 실선으로 표시된 배유이다.

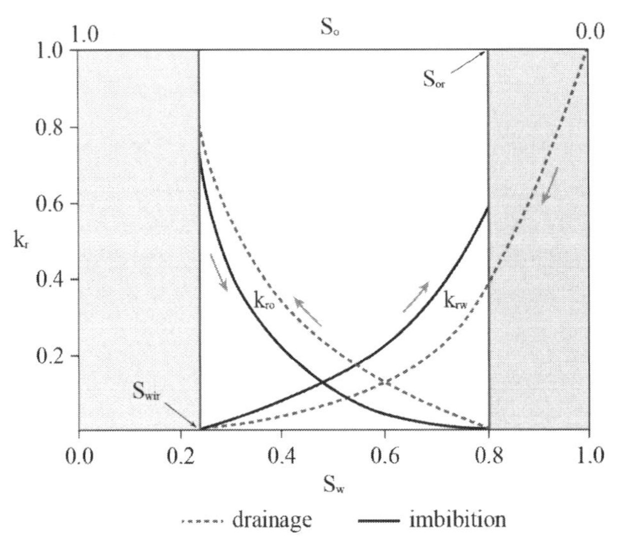

그림 2.20 포화도 변화에 따른 상대투과율 변화

나. 상대투과율 이력현상

그림 2.20의 상대투과율 곡선에서 몇 가지 유의할 사항이 있다. 먼저, 배수와 배유 과정은 서로 반대되는 현상이지만 각 경우 동일한 포화도에서 상대투과율 값이 다르다. 이를 이력현상(hysteresis)이라 하며 해당 과정에 맞게 상대투과율 자료가 사용되어야 한다. 또한 동일 포화도에서 물의 상대투과율은 배유과정 때가 배수과정 때보다 더 높다. 원유의 경우에는 배수과정일 때가 더 높다. 이는 밀려나가는 유체보다 적극적으로 밀어내는 유체의 이동성이 좋은 것에 기인한다.

비록 물이 계속하여 유입되어 원유를 밀어내더라도, 원유와 섞이지 않는 물로는 더 이상 원유 포화도를 줄일 수 없다. 이와 같이 지층에 남아 있는 원유의 포화도를 S_{or}이라 한다. 따라서 원유생산 과정에서 물 포화도는 이론적으로 초기포화도에서 $(1 - S_{or})$ 범위까지 변할 수 있지만 $(1 - S_{or})$에 가까워질수록 생산효율은 급격히 감소한다.

원유 저류층의 초기 물 포화도(S_{wi})를 원시 물 포화도(S_{wc})라고 한다. 오랜 기간 자연적으로 축적된 원유로 인하여 초기 물 포화도는 더 이상 감소할 수 없는 최솟값, 즉 S_{wir}를 가지는 경우가 많다. 언급한 세 값은 같은 경우도 많아 혼용되지만 반드시 같은 것은 아니므로 본래의 의미에 유의하며 사용해야 한다.

(2) 상대투과율 표현

가. 절대투과율 사용

상대투과율은 이미 설명한 대로 특정 포화도에서 유효투과율을 절대투과율로 나눈 식 (2.19a)로 정의된다. 식 (2.19a)와 같이 포화도 100%일 때 유효투과율, 즉 절대투과율로 정규화 하면 이제까지 설명한 내용과도 부합한다.

저류층에서 원유를 생산할 때, 물 포화도가 이론적으로 변할 수 있는 범위에서 상대투과율을 그리면 **그림 2.21(a)**와 같다. **그림 2.21(a)**에서 물 포화도가 100%가 되면 상대투과율은 1.0의 값을 갖고 그 외에서는 1.0보다 작은 값을 가진다. 유효투과율은 (2.19a)의 정의에 따라, 식 (2.20a)로 계산된다.

$$k_r \equiv \frac{k_e}{k_a},\ 0 \le k_r \le 1 \tag{2.19a}$$

$$k_e = k_a k_r \tag{2.20a}$$

여기서, k_a는 포화도 100%일 때 절대투과율, k_e는 주어진 포화도에서 유효투과율이다.

나. 원유 포화도 $S_o = 1 - S_{wc}$일 때 유효투과율 사용

식 (2.19a)에 따른 상대투과율 정의는 개념적으로 우수하지만 실무에서 사용하는 데 어려움

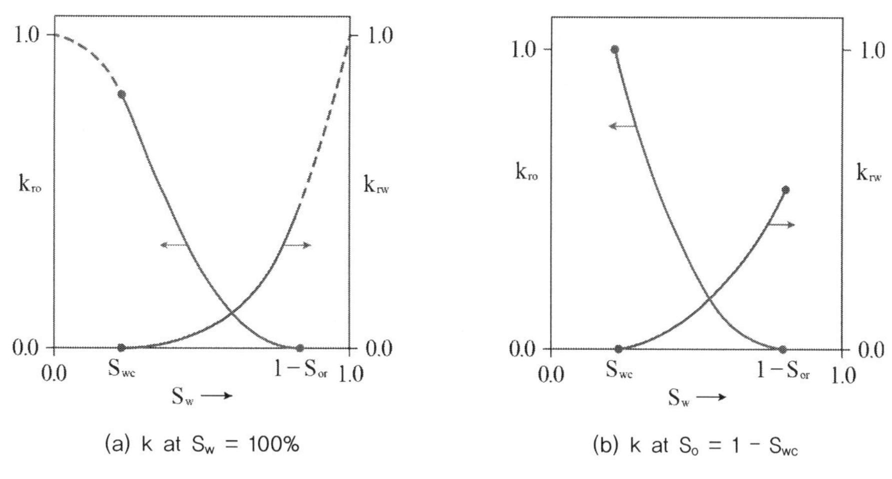

(a) k at S_w = 100%　　(b) k at $S_o = 1 - S_{wc}$

그림 2.21 절대투과율 값에 따른 상대투과율 표현법

이 있다. 저류층에서 얻은 지층시료는 원유와 물로 포화되어 있고 물은 원시 포화도를 가지고 있다. 우리가 절대투과율을 얻기 위해서는 물과 원유 중 하나의 유체로 100% 포화시켜야 되는데, 이는 위에서 설명한 이유로 매우 어렵다.

이를 극복하는 방법 중의 하나가, 원유 포화도가 $(1-S_{wc})$인 값에서 얻은 유효투과율을 기지로 이용하여 상대투과율을 정의하는 것이다. 이를 수식으로 나타내면 식 (2.19b)가 되고 물 포화도의 변화에 따라 그래프로 그리면 **그림 2.21(b)**가 된다. 여기서 유의할 점은 S_{wc}에서 원유의 상대투과율이 항상 1.0으로 표현된다는 것이다. 주어진 포화도에서 원유나 물의 유효투과율은 식 (2.20b)를 이용하여 구한다.

$$k_r^* \equiv \frac{k_e}{k_{ocw}},\ 0 \le k_r^* \le 1 \tag{2.19b}$$

$$k_e = k_{ocw} k_r^* \tag{2.20b}$$

여기서, k_{ocw}는 원유 포화도가 $(1-S_{wc})$일 때 측정한 유효투과율이다.

다. 상대투과율 자료의 해석

이미 언급한 대로, **그림 2.21(a)**를 보면 S_{wc}에서 원유의 상대투과율이 1.0이 아니므로 이는 식 (2.19a)를 이용하여 상대투과율을 정의한 것이다. **그림 2.21(b)**의 경우 그 값이 1.0이므로, 다른 설명이 없어도 식 (2.19b)로 상대투과율을 정의한 것을 알 수 있다. **그림 2.21(b)**와 같은 자료는 수치모델링에서 자주 사용되므로 유의하여야 한다.

만약에 **그림 2.21(b)**와 같은 자료에서 물 포화도 $(1-S_{or})$에서 상대투과율이 1.0으로 표기되어 있다면 이는 해당 포화도에 얻은 유효투과율로 정규화되었음을 의미한다. 중요한 요점은 포화도가 변할 수 있는 양단 중에서 상대투과율이 1.0이면 이는 상응하는 유효투과율로 정규화되었다는 것이다.

숫자를 들어 구체적으로 설명하면 다음과 같다. 물 포화도 100%에서 얻은 투과율이 200 md이고, S_{wc}가 25%이면, $(1-S_{wc})$인 S_o 75%에서 얻은 투과율이 170 md라고 가정하자. 식 (2.19a)는 200 md를 이용하여 정규화하였기 때문에 식 (2.20a)를 이용하여 유효투과율을 계산해야 정규화 이전의 참값을 얻게 된다. 동일한 원리로 170 md를 이용하여 정규한 경우에는 식

(2.20b)를 사용해야 한다.

유효투과율을 얻었으면 다상 선형유동을 표현하는 Darcy 식은 다음과 같이 표현된다. 기존 식과 같은 형태이지만 유효투과율로 표현되었고 이는 정규화된 자료에 맞게 계산되어야 한다.

$$Q = -\frac{k_e A}{\mu}\frac{d\Phi}{dL}, \ \Phi = P + \rho g z$$

(3) 상대투과율에 영향을 미치는 인자

상대투과율은 다음과 같은 다양한 인자들의 영향을 받는다.

- 포화도
- 대체되는 유체 이력
- 공극 크기와 분포
- 지층 친수성

상대투과율은 기본적으로 포화도의 함수이기 때문에 **그림** 2.21과 같이 포화도에 가장 큰 영향을 받는다. 포화도가 높으면 유효투과율이 커지기 때문에 상대투과율도 증가한다. 동일한 포화도에서도 그 과정이 배수인지 배유인지에 따라 값이 달라지는 이력현상을 보인다. 또한 공극이 작을수록 모세관압은 크기 때문에 S_{wir} 도 증가해 상대투과율을 변화시킨다. 물과 같이 지층에 대하여 친수성이 강한 경우, 공극이 작은 부근에 머물려는 경향 때문에 투과율이 감소한다. 따라서 상대투과율도 감소한다.

(4) 상대투과율 측정

가. 정상상태 기법

상대투과율을 측정하는 방법은 크게 정상상태와 비정상상태 유동을 이용하는 두 기법이 있다. 정상상태 유동을 이용하는 경우, 시료의 한쪽 입구에서 물과 원유를 동시에 주입하고 출구에서 유량과 압력이 정상상태로 안정화되면 각 유량과 양단의 압력을 기록한다. 주입되는 두 유체의 비율을 변화시키며 측정과정을 반복한다. 기록된 유량과 압력차를 이용하면 Darcy 식에서 유효투과율을 계산할 수 있다.

보다 구체적인 과정은 다음과 같다. 먼저 해당 시료에 원유(대부분 실험을 위해 사용되는 합성 원유)만 주입하여 원유로 포화시키면 물 포화도는 S_{wir} 로 감소한다. S_{wir} 의 값이 S_{wc} 와 비슷한 경우가 많아 서로 혼용되어 사용되며, 상대투과율 그래프에서는 관례적으로 S_{wc} 로 표시된다.

물이 거의 유동하지 않는 정상상태가 되면 원유유량과 압력차 정보를 기록한다. 다음 단계로 물 주입량을 증가시키고 유동이 정상상태가 되면 각 유량과 압력차를 기록하고 물 주입량을 더 증가시켜 실험을 반복한다. 주입하는 물의 양을 일정한 수준까지 증가시켜 실험을 반복한 후, 원유 잔류 포화도에서 유효투과율을 얻기 위해 오직 물만 주입하고 원유유량이 없는 정상상태에서 측정값을 기록한다. 이는 상대투과율 그래프의 끝점 정보를 알려주는 중요한 실험자료이다.

이 방법은 주어진 포화도에서 Darcy 식에 의한 유효투과율을 측정하므로 가장 신뢰할 수 있는 결과를 제공한다. 하지만 측정하는 매 단계에서 정상상태가 되기까지 몇 시간에서 며칠까지도 소요되는 한계가 있다. 또한 시료의 양단에서 나타날 수 있는 모세관압의 영향을 제거해야 정확한 결과를 얻을 수 있다.

나. 비정상상태 기법

비정상상태 기법은 포화도가 일정한 정상상태가 아닌 조건에서 측정되므로 이론적 배경이 좀 더 복잡하다. 원유를 계속 주입하여 물 포화도가 S_{wir} 조건에서 원유로 포화된 시료의 유효투과율을 측정한다. 앞서 설명한 대로 이 값을 상대투과율을 계산하기 위한 기저값으로 많이 사용한다.

다음으로 일정량의 물을 주입하여 배출되는 원유와 물의 양 그리고 양단의 압력차를 일정한 시간간격으로 기록한다. 시간에 따라 물 포화도는 점차 증가하고 원유 포화도는 감소하여 마지막에는 물만 생산된다. 이와 같이 물이 원유를 밀어내는 1차원 현상을 가장 잘 설명한 것이 부록 III의 Buckley-Leverett 식이며 이를 이용하여 상대투과율을 계산한다. 구체적인 계산과정은 부록 III에 설명되어 있다.

비정상상태 기법은 시간을 절약할 수 있다는 큰 장점이 있지만, 정상상태에서 계산한 것이 아니므로 반복실험에서 동일 값을 얻지 못하는 한계가 있다. 또한 1차원 원유-물 유동을 모사한 이론식은 투과율과 공극률이 일정한 균질지층을 가정하지만 실제 시료는 불균질하여 적용한 이론식의 한계가 있다.

또한 넓은 물 포화도 범위에서 상대투과율을 얻기 위하여 저류층 원유보다 점성도가 높은 합성원유를 사용한다. 이는 저류층 유체 점성도와 다르므로 저류층 수치모델링에 상대투과율을 사용할 때 물돌파가 일어나는 조건의 물 포화도 정보를 이용해 상대투과율 자료를 반드시 보정하여야 한다(Jo et al., 2024).

(5) 상대투과율 정보

가. 저류층 압력이 기포압보다 높을 경우

저류층에서 원유유동을 모델링하기 위해서는 상대투과율 정보가 필요하다. 만일 저류층 압력이 기포압보다 높다면 가스는 모두 원유 속에 용해되어 원유와 지층수(또는 주입한 물)만 유동하므로 이들에 대한 **표 2.6**과 같은 상대투과율 정보가 필요하다. 감소불가 물 포화도는 22%이고 잔류 원유 포화도는 20%이다.

표 2.6 원유와 물의 상대투과율

S_w	k_{rw}	k_{ro}
0.22	0.0	0.800
0.30	0.07	0.400
0.40	0.15	0.125
0.50	0.24	0.065
0.60	0.33	0.031
0.80	0.65	0.000

나. 저류층 압력이 기포압보다 낮은 경우

저류층 초기압력은 기포압보다 높았지만 생산으로 인한 압력이 기포압보다 낮아지면 용해되어 있던 가스가 원유에서 분리되어 자유상으로 존재한다. 저류층 압력이 감소하면 더 많은 가스가 방출되므로 임계포화도를 초과하면 가스도 유동한다. 따라서 저류층에서는 원유, 가스, 물이 각 유효투과율에 따라 유동한다.

위와 같은 경우 3상 상대투과율을 관례적으로 간단히 표현한다. 먼저 원유와 물의 상대투과율은 **표 2.6**과 같이 제공하고 액체 포화도(S_l)에 따른 원유와 가스의 상대투과율을 **표 2.7**과 같이 나타낸다. **표 2.7**에서 물 포화도는 S_{wc} 조건이고 원유의 3상 상대투과율은 상관관계식을 이용하여 예측한다(Delshad and Pope, 1989). 가스는 유동성이 좋아 잔류 포화도가 0이며 물만 존재하는 액체 포화도 22%에서 최대 상대투과율을 보인다.

표 2.7 액체 포화도에 따른 원유와 가스의 상대투과율

S_l	k_{rg}	k_{ro}
0.22	0.80	0.00
0.30	0.65	0.00
0.40	0.50	0.00
0.50	0.35	0.00
0.60	0.21	0.00
0.70	0.13	0.02
0.80	0.10	0.10
0.90	0.05	0.33
0.96	0.02	0.60
1.00	0.00	1.00

(여기서, S_l은 오일과 S_{wc} 물 포화도의 합)

다. 가스전에서 응축물이 생성되지 않는 경우

가스전의 경우 가스 구성성분과 저류층 조건에 따라, 가스를 생산하는 동안 저류층 내에서 응축물이 발생하지 않을 수 있다. 이런 경우에는 저류층에서 가스와 물만 유동하므로 **표 2.8**과 같이 물과 가스의 상대투과율 정보만 필요하다. 감소불가 물 포화도는 25%이고 잔류 가스 포화도는 0%이다.

표 2.8 물과 가스의 상대유체투과율

S_w	k_{rw}	k_{rg}
0.25	0.00	0.92
0.30	0.03	0.40
0.40	0.09	0.13
0.50	0.17	0.05
0.60	0.29	0.02
0.80	0.58	0.00
0.90	0.78	0.00
1.00	1.00	0.00

라. 가스전에서 응축물이 생성되는 경우

가스를 구성하는 성분 중에 무거운 성분이 많거나 저류층의 온도와 압력 변화에 따라 저류층에서 응축물이 생성될 수 있다. 이런 경우 저류층에서 각 유체는 해당 유효투과율에 따라 유동한다. 이론적으로는 **표 2.9**와 같이 상세한 상대투과율 정보가 필요하지만 이를 실험적으로 얻기 어렵다. **표 2.9**에서 감소불가 물 포화도는 22%이고 가스 포화도가 40%를 초과하면 원유는 유동하지 않는다.

따라서 원유-물, 원유-가스 상대투과율 정보를 이용하여 3상에서 원유의 상대투과율을 계산한다. 제안된 많은 상관관계식 중에서 비교적 계산이 쉬운 것이 식 (2.47)의 Stone I 모델이다.

표 2.9 저류층에 3상 유체가 존재할 때 원유 상대투과율

S_g/S_w	0.22	0.27	0.32	0.37	0.42	0.47	0.52	0.57	0.72	0.77	0.78
0.00	1.000	0.625	0.345	0.207	0.113	0.083	0.053	0.023	0.002	0.001	0
0.05	0.555	0.337	0.210	0.110	0.078	0.047	0.021	0.004	0.001	0	
0.10	0.330	0.212	0.106	0.074	0.042	0.019	0.003	0.002	0		
0.15	0.215	0.103	0.069	0.036	0.017	0.003	0.002	0.001	0		
0.20	0.100	0.065	0.031	0.015	0.002	0.002	0.001	0			
0.25	0.060	0.025	0.014	0.002	0.001	0.001	0				
0.30	0.020	0.012	0.001	0.001	0.001	0					
0.35	0.010	0.001	0.001	0.001	0						
0.40	0	0	0	0							

Stone I 모델 :

$$k_{ro} = \frac{\overline{S}_o k_{row} k_{rog}}{k_{rocw}\left(1-\overline{S}_w\right)\left(1-\overline{S}_g\right)} \tag{2.47}$$

여기서, $\overline{S}_o = \dfrac{S_o - S_{or}}{1-S_{wr}-S_{or}-S_{gr}}$, $\overline{S}_w = \dfrac{S_w - S_{wr}}{1-S_{wr}-S_{or}-S_{gr}}$,

$$\overline{S}_g = \frac{S_g - S_{gr}}{1-S_{wr}-S_{or}-S_{gr}}$$

여기서, k_{row}, k_{rog}는 각각 원유-물, 원유-가스 상대투과율에서 얻은 원유의 2상 상대투과율, k_{rocw}는 잔류 물 포화도에서 측정한 원유의 상대투과율이다. S_{wr}, S_{or}, S_{gr}은 각각 물, 원유, 가스의 잔류 포화도이다.

연구문제

1 표 2.2의 입자배열에 따른 공극률을 구체적으로 계산하라.

2 석회암층에서 음파검층 결과 68.88 $\mu\sec/ft$를 얻었다. 이때 공극은 지층수로 채워져 있다고 가정하고 공극률을 평가하라. 측정된 공극률의 유효 또는 총 공극률 여부를 설명하라.

3 밀도가 1 g/cc인 지층수로 포화된 공극률이 20%인 사암층을 밀도검층할 때 예상되는 검층값과 단위를 명시하라.

4 길이가 35 cm, 반경이 10 cm인 건조한 시료를 완전히 갈아 입자부피 8345 cm^3를 얻었다. 이 시료의 공극률을 계산하고 유효공극률인지 총공극률인지 이유를 설명하라.

5 시료부피가 23 cm^3이고 완전히 건조된 조건에서 무게가 30 g이다. 서로 연결된 공극부피가 5 cc이고 연결되지 않은 공극부피가 1 cc일 때 다음을 계산하라.

(1) 유효 및 총 공극률

(2) 시료밀도와 입자밀도

6 다음의 각 사암층에 대하여 주어진 검층자료를 이용하여 물 포화도를 평가하라. 지층수의 비저항은 0.02 ohm-m이다.

Layer	Depth(from - to), ft	Density log reading, g/cc	Resistivity reading, ohm-m
I	10214 - 10226	2.22	6.7
II	10226 - 10238	2.36	2.9
III	10276 - 10302	2.22	0.4
IV	10308 - 10316	2.23	0.4

7 선형 수평유동의 Darcy 식에 대하여 다음 물음에 답하라.

(1) 1 darcy의 의미를 SI 단위에서 설명하라.

(2) 1 darcy의 의미를 USA 단위에서 기술하라.

(3) 투과율의 차원을 보여라.

(4) 1 darcy가 몇 cm^2인지 계산하라.

(5) USA 단위계에서 사용되는 변환계수 1.127을 유도하라.

8 다음에 주어진 자료를 사용하여 물음에 답하라.

> 투과율 30 md, 단면적 1.5 ft^2, 길이 10 ft, 압력차 25 psi, 유체 점성도 1 cp

(1) 주어진 단위를 SI로 변경한 후, Darcy 식으로 유량(cc/s)을 계산하라.

(2) 계산된 (1)번 결과를 단위변환을 통해 bbls/day로 전환하라.

(3) 주어진 Darcy 식을 이용하여 USA 단위로 유량(bbls/day)을 계산하라.

(4) 문제 (2)와 (3)의 결과를 비교하라.

9 다음에 주어진 자료를 사용하여 하방으로 유동하는 정수시스템을 설계하고자 한다. 시간당 2 bbls의 정수량을 얻기 위해 필요한 모래컬럼 위 물의 높이를 제안하라.

> 모래컬럼 길이 10 ft, 투과율 200 md, 단면적 150 ft^2

10 물로 포화된 시료를 수직과 30°로 기울여 놓았다. 다음 자료를 이용하여 시료에서 물이 다 흘러나오는 데 필요한 시간(hrs)을 계산하라.

> 시료 길이 20 ft, 시료 직경 6 inch, 투과율 150 md, 공극률 18%

11 단위길이 1 cm인 정육면체에 1 mm 간극의 균일한 균열이 2개 있다. 균열은 등간격으로 존재한다. 각 경우 압력차는 15 psi이고 정육면체 매질의 투과율은 2 md이다. 수평유동을 가정하고 다음 물음에 답하라.

(1) 균열이 없는 조건에서 유량을 cc/s로 계산하라.

(2) 유동방향이 균열 방향과 같을 때 유량을 cc/s로 평가하라.

(3) 유동방향이 균열 방향과 수직일 때 유량을 cc/s로 예상하라.

12 직경이 1 cm인 원기둥 시료에 직경 1 mm 원형 균열이 있다. 압력차는 15 psi이고 시료 매질의 투과율은 2 md이다. 수평유동을 가정하고 다음 물음에 답하라.

(1) 균열이 없는 조건에서 유량을 cc/s로 계산하라.

(2) 균열이 있을 때 유량을 cc/s로 평가하라.

13 다음에 주어진 자료를 사용하여 정상상태 방사형 유동에 대하여 물음에 답하라.

투과율 50 md, 두께 40 ft, 유체 점성도 2.5 cp

유정 반경 3 inch, 저류층 반경 2000 ft

유정압력 500 psig, 저류층 바깥 경계 압력 3000 psig

(1) 원유유량을 bbls/day로 계산하라.

(2) 유정에서 저류층 바깥 경계까지의 압력을 계산하고 그래프로 그려라.

14 다음에 주어진 자료를 사용하여, 정상상태 방사형 유동에 대하여 물음에 답하라. 각 문제는 독립적인 조건으로 가정하라.

투과율 50 md, 두께 60 ft, 유체 점성도 1.8 cp

유정 반경 3 inch, 저류층 반경 2000 ft

유정압력 500 psig, 저류층 바깥 경계 압력 2500 psig

(1) 원유유량을 bbls/day로 계산하라.

(2) 유정 주변의 손상으로 유정에서 20 ft까지 투과율이 2 md로 감소하였을 때, 유량을 bbls/day로 계산하라.

(3) 문제 (2)에서 표피인자를 평가하라.

(4) 만일 저류층의 반경 1500에서 2000 ft 구간의 투과율이 5 darcy로 증가하였을 때, 유량을 bbls/day로 계산하라.

15 문제 2.14의 자료를 사용하여 다음 물음에 답하라. 각 문제는 독립적인 조건으로 가정하라.

(1) 원유의 압축인자가 4.0E-06 psi^{-1}일 때 유량을 bbls/day로 계산하라. 압축인자를 고려하지 않았을 경우와 비교하여 유량의 변화 %를 평가하라.

(2) 표피인자가 +3인 경우 유량을 계산하라.

(3) 표피인자가 -3인 경우 유량을 예상하라.

16 손상된 저류층 반경이 r_d, 투과율이 k_d일 때, 표피인자 s가 다음의 관계가 있음을 유도하라(Hawkins formula). 여기서, k는 손상되지 않은 투과율, r_w는 유정반경이다.

$$s = \left(\frac{k}{k_d} - 1\right)\ln(r_d/r_w)$$

17 두 유정 A, B는 수평거리 1500 ft 거리에 있고 심도는 각각 2000 ft, 2700 ft이다. 유정 바닥에서의 압력이 각각 930 psig, 1000 psig일 때, 두 유정 간 선형유동의 경우 평균 속도를 ft/day로 계산하라. 다음의 추가적인 정보를 이용하라.

원유 밀도 60 lb/ft^3, 점성도 1.05 cp, 투과율 500 md

18 원유 저류층의 투과율은 20 md인데 유정 주변의 성공적인 산처리를 통해 250 md로 증가되었다. 생산량을 두 배로 늘리기 위해 산처리가 필요한 반경은 몇 ft인가? 아래의 자료를 이용하여 계산하라.

저류층 외경 1000 ft, 유정 반경 3 inch, 저류층 두께 40 ft, 점성도 1.6 cp

19 다음의 자료를 이용하여 방사형 유동에서 가스의 유량을 MMscf/day로 예상하라.

면적 320 acres, 깊이 4500 ft, 지표면 온도 70 °F, 지열구배 1.1 °F/100 ft
저류층 두께 120 ft, 투과율 20 md, 가스 점성도 0.08 cp, 가스 Z-인자 0.95
유정 반경 6 inch, 유정압력 500 psig, 저류층 압력구배 0.48 psi/ft

20 가스를 사용하여 시료의 겉보기 투과율이 다음과 같이 측정되었다. 이 시료의 투과율 참값을 예상하라. 여기서, P_1은 시료의 입력부 압력, P_2는 출력부 압력, k_{app}는 가스유동으로 계산한 겉보기 투과율이다.

P_1, atm	P_2, atm	Q, cc/s	k_{app}, md
1.24	1	0.07	3.2
1.29	1	0.09	3.33
1.49	1	0.15	3.26
1.68	1	0.24	3.24
2.0	1	0.39	3.2
2.39	1	0.60	3.13

21 천연가스의 생산량이 1.0 MMscf/day일 때, tons/day로 전환하라. (Hint: 천연가스 주성분인 메탄과 에탄의 비율을 90%:10%로 하여 분자량을 계산하고 이상기체상태방정식을 활용함)

22 검층자료를 이용하여 물 포화도를 계산할 수 있는 Archie 식을 설명하라. 필요한 정보를 어떻게 얻는지 구체적으로 제시하라.

23 그림 2.21을 사용하여 물 포화도 50%일 때, 원유의 유효투과율을 계산하라. 다음 정보를 사용하라.

> 물 포화도 100%일 때 투과율 200 md
>
> 원유 포화도 $S_o = 1 - S_{wc}$ 일 때, 원유의 유효투과율 160 md

Chapter 3

저류층 내 유체분포

저류층 내 유체분포

3.1 계면장력과 모세관압

1) 계면장력

(1) 친수성

고체면 위에 유체방울을 떨어뜨리면 고체면과 유체의 특성에 따라 **그림 3.1**과 같이 서로 다른 모습을 보인다. 친수성이란 유체가 고체표면을 선택적으로 접촉하는 정도를 의미하며 접촉각으로 표현된다. **그림 3.2**는 물과 원유가 일정한 각을 이루며 고체표면을 접촉하고 있는 모습을 보여준다. 이와 같은 조건에서 더 무거운 액체를 통하여 측정한 각을 접촉각이라 하며 이를 이용하여 친수성의 정도를 다음과 같이 나타낸다. 접촉각(θ)이 90°보다 작은 경우에는 물이 그 반대인 경우보다 원유가 더 선택적으로 고체표면과 접한다.

(a) 물 (b) 수은

그림 3.1 친수성에 따른 고체면 위의 유체입자 모양

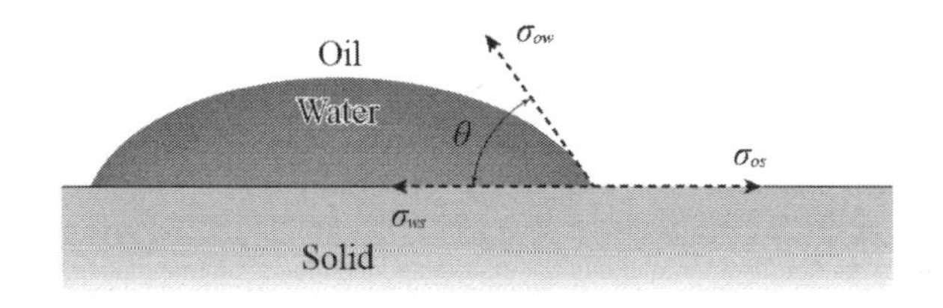

그림 3.2 접촉각에 따른 친수성과 접착력(σ는 계면장력)

- $\theta < 90°$: 물이 표면을 선택적으로 접함(친수성)
- $\theta > 90°$: 원유가 표면을 선택적으로 접함(비친수성 또는 친유성)
- $\theta = 90°$: 같은 친수성을 가짐

(2) 계면장력

작은 동전 위에 물방울을 떨어뜨리면 금방 넘칠 것 같지만 상당히 많은 양을 추가하여도 물이 일정한 모양을 유지하며 흘러내리지 않는 것을 관찰할 수 있다. 이는 물분자가 서로 끌어당겨 표면적을 작게 하려는 성질 때문이다. 이와 같이 액체가 공기와 접한 상태에서 액체표면에 작용하는 힘을 표면장력이라 한다. 표면장력은 단위길이당 힘으로 정의되고 물은 20 °C에서 72.8 dynes/cm, 접촉각 0°를 갖는다. 서로 다른 두 액체가 접한 경우에 나타나는 힘을 계면장력이라 한다.

그림 3.2에서 각 표면에 작용하는 힘의 평형을 이용하면, 더 무거운 물이 고체표면을 선택적으로 적시는 접착력의 정도를 식 (3.1)로 표현할 수 있다.

$$T_A = \sigma_{os} - \sigma_{ws} = \sigma_{ow}\cos\theta \tag{3.1}$$

여기서, T_A는 접착력, σ_{os}는 고체와 원유의 계면장력, σ_{ws}는 고체와 물의 계면장력, σ_{ow}는 물과 원유의 계면장력, θ는 더 무거운 물을 지나도록 측정한 접촉각이다. 식 (3.1)에서 알 수 있듯이, 접착력이 양이면 일반적으로 더 무거운 유체가 고체표면을 선택적으로 적신다는 것이며 접촉각도 90°보다 작다.

2) 모세관압

(1) 모세관압의 정의

그림 3.3과 같이 반경이 작은 관을 물에 꽂으면 모세관현상에 의해 친수성 유체인 물이 일정한 높이까지 상승한다. 그 높이는 모세관 표면을 적시는 접착력과 중력이 평형을 이루는 지점으로 결정된다. 수직방향으로 힘의 평형을 이용하면, 수직높이 h는 식 (3.2)로 계산된다.

$$h = \frac{2\sigma \cos\theta}{\rho_w g r} \tag{3.2}$$

여기서, h는 모세관에서 물이 상승하는 수직높이, σ는 표면장력, ρ_w는 물의 밀도, g는 중력가속도, r은 모세관 반경이다.

모세관현상이 있을 때, 모세관압은 두 유체의 경계면에서 비친수성 유체와 친수성 유체의 압력차이인 식 (3.3)으로 정의된다.

$$P_{cap} \equiv P_{nwt} - P_{wt} \tag{3.3}$$

여기서, P_{cap}는 모세관압, P_{nwt}는 비친수성 유체의 압력, P_{wt}는 친수성 유체의 압력이다.

그림 3.3(a)와 같이 물과 공기가 접하고 있다고 가정하면, 물이 친수성이고 자유수면인 물표면에서 압력은 같으므로 공기밀도를 무시하면 모세관압은 식 (3.4a)로 계산된다. 물과 원유가 접하

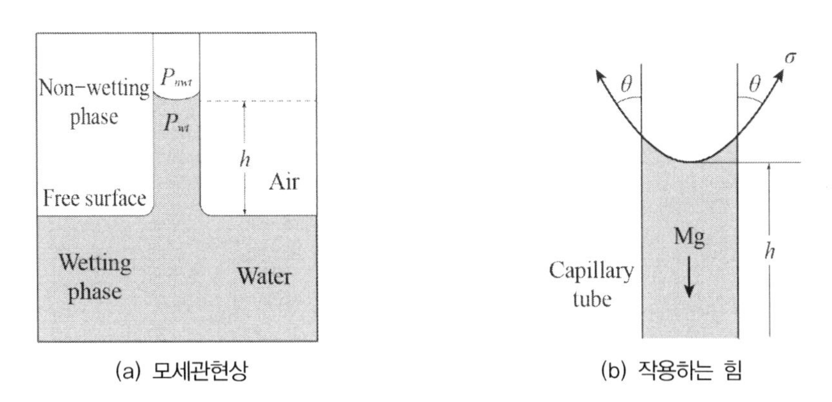

(a) 모세관현상 (b) 작용하는 힘

그림 3.3 모세관현상과 물 상승 높이(모세관 반경 r)

고 있을 때는 일반적으로 원유가 비친수성이며 동일한 원리로 모세관압은 식 (3.4b)로 계산된다.

$$P_{cap} = \rho_w g h \tag{3.4a}$$

$$P_{cap} = (\rho_w - \rho_o) g h \tag{3.4b}$$

여기서, 하첨자 o, w는 각각 원유와 물을 의미한다.

(2) 원유의 이동 원리

다공질 지층 공극의 일부를 개념적으로 간단히 나타내면 **그림 3.4**와 같다. 지층입자와 입자 사이의 빈 공간인 공극의 크기를 간단히 반경 r_1, r_2로 표현하였다. 원유가 일정량만큼 축적되어 수직높이가 h_o인 조건이다. 이때, 1번 지점에서의 모세관압을 2번 지점에서의 모세관압 관계식으로 표현하면 식 (3.5)와 같다.

$$P_{cap1} = P_{o1} - P_{w1} = P_{cap2} + (\rho_w - \rho_o) g h_o \tag{3.5}$$

식 (3.5)에서 수직성분 힘을 생각하면, 오른쪽 항목의 합이 왼쪽보다 큰 경우 원유는 상향으로 이동하게 된다. 이를 위한 조건을 공극반경과 계면장력으로 나타내면 식 (3.6)이 된다.

$$h_o > \frac{2\sigma \cos\theta}{(\rho_w - \rho_o) g} \left(\frac{1}{r_1} - \frac{1}{r_2} \right) \tag{3.6}$$

그림 3.4에서 원유방울이 걸려 있는 r_1이 r_2보다 크거나 같으면 원유방울은 우리가 예상할 수 있듯이 부력에 의해 위로 이동한다. 만일 r_1이 더 작으면 이를 극복할 수 있는 충분한 부력이 필요하므로 결국 더 많은 원유입자들이 모여 수직길이가 증가해야 한다.

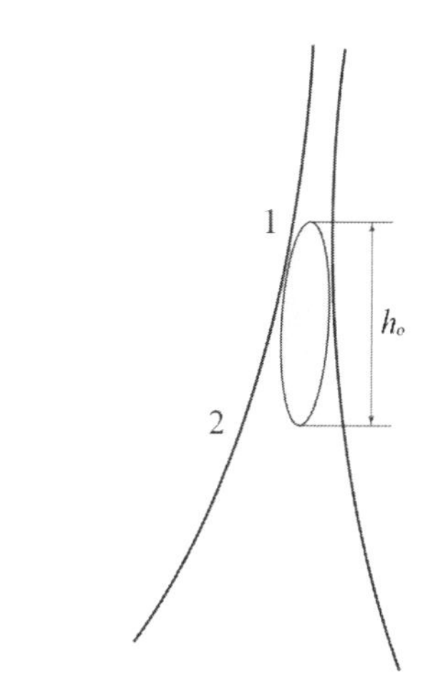

그림 3.4 공극을 통한 원유의 이동 개념

(3) 모세관압에 영향을 미치는 인자

일반적인 관유동에서는 관의 내경이 상대적으로 크기 때문에 모세관압 영향이 거의 없다. 하지만 미세한 공극을 통해 유체가 유동하는 경우 모세관압을 고려해야 한다. 모세관압은 저류층에서 수직높이에 따른 물 포화도 분포에 중요한 영향을 미치며 다음과 같은 다양한 인자들의 영향을 받는다.

- 포화도
- 공극크기
- 계면장력
- 유체밀도
- 배수와 배유 유동형태

모세관압에 영향을 미치는 인자들은 위에서 언급한 대로 매우 다양하나 주어진 특정 지층의 경우 일부 조건은 변화하지 않는다. 따라서 실제적으로 모세관압에 가장 큰 영향을 미치는 것은 물 포화도이다. 원유가 저류층으로 이동되어 축적되는 배수과정에서 친수성인 물은 포화도가 낮아질수록 작은 공극 속에 머물게 되므로 이를 밀어내기 위해서는 더 많은 에너지가 필요하게 된다. 결국 물 포화도를 S_{wir} 미만으로 낮출 수 없다.

식 (3.2)와 식 (3.4a)를 이용하면 모세관압은 식 (3.7)로 표현할 수 있으며 모세관압은 공극크기에 반비례하고 계면장력에는 비례한다. 또한 접하고 있는 두 유체의 밀도차가 클수록 모세관압은 크게 나타난다.

$$P_{cap} = \frac{2\sigma\cos\theta}{r} \tag{3.7}$$

그림 3.5는 배수나 배유 과정에서 관찰되는 이력현상을 보여준다. 물로 포화된 시료를 원유로 밀어내기 위해서 최소한의 압력이 필요한데 이를 displacement pressure라 한다. 원유를 계속 주입하면 시료 내 물 포화도가 감소하는 배수가 일어난다. 하지만 물 포화도가 S_{wc}로 접근하면서 모세관압은 급격히 상승하여 더 이상 물 포화도를 줄일 수 없다.

물 포화도가 S_{wc}인 조건에서 다시 물을 주입하면 원유를 밀어내는 배유가 일어난다. S_w가 증가하며 모세관압도 감소하지만 원유는 잔류 포화도를 남기므로 물 포화도는 $(1-S_{or})$로 접근하며 모세관압은 0으로 수렴한다. **그림 3.5**는 이와 같은 전형적인 모습을 보여준다. 언급한 두 과정에서 동일한 물 포화도 변화가 이루어지지 않으므로 모세관압도 변하게 된다.

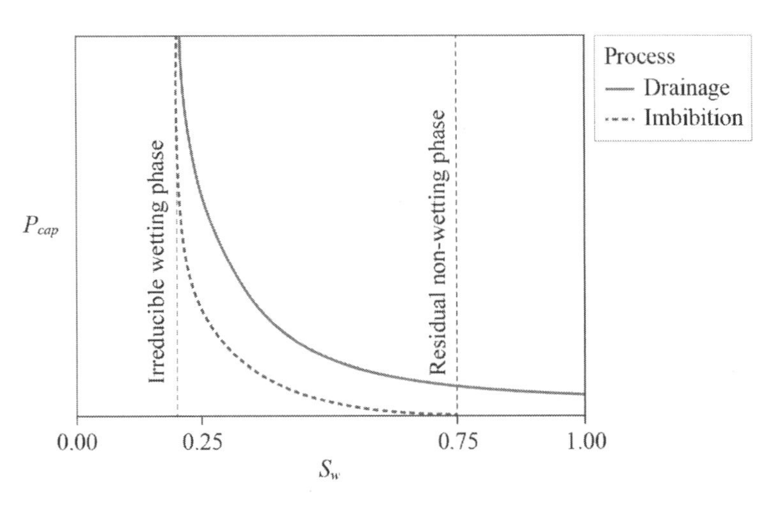

그림 3.5 배수와 배유 과정에 따른 모세관압

3.2 포화도와 모세관압

1) 포화도 전이구간

(1) 저류층에서 포화도 분포

그림 3.6은 천연가스와 원유가 같이 존재하는 저류층의 전형적인 모습으로 천연가스와 원유의 경계면을 GOC, 원유와 물의 경계면을 OWC라 한다. **그림 3.6**에서 해당 경계면을 하나의 수평선으로 표시하고 원유 및 천연가스는 초기포화도로 존재한다. 이동되어 온 석유(즉, 천연가스와 원유)는 모세관압의 영향으로 이미 존재하고 있던 지층수를 다 밀어내지 못하므로 석유가 존재하는 구간에도 지층수는 S_{wc} 포화도로 존재한다.

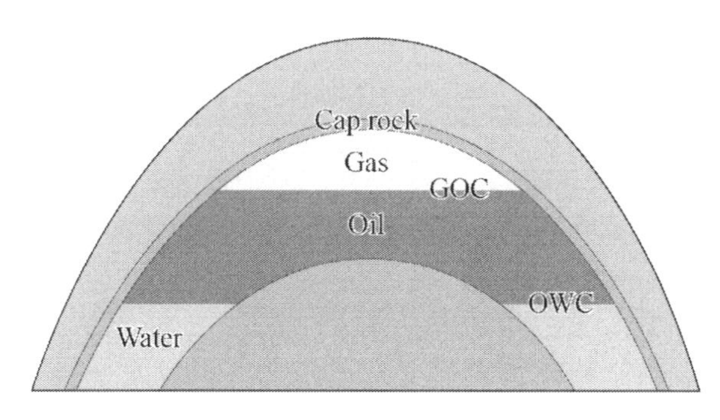

그림 3.6 저류층에서 천연가스-원유-물의 분포

그림 3.6의 OWC를 좀 더 자세히 보면 물 포화도가 100% 물층의 자유수면에서 상부로 이동할수록 그 값이 줄어들어 S_{wc}가 되는 전이구간이 존재한다. 이는 **그림 3.7**과 같이 지층의 공극 크기가 서로 다르기 때문이다. 공극이 크면 모세관압이 작기 때문에 물이 모세관현상으로 올라

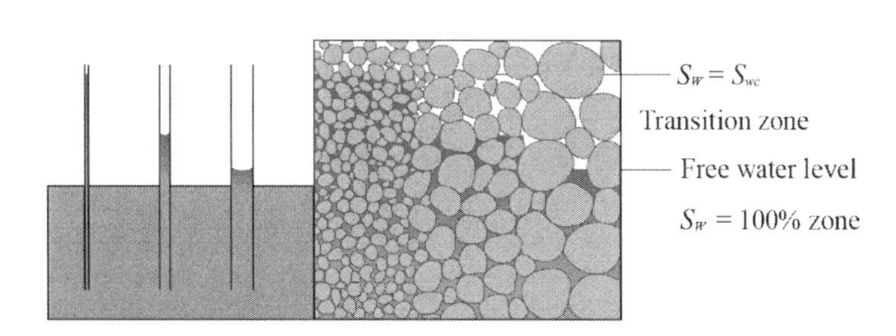

그림 3.7 공극크기에 따른 포화도 전이구간

오는 높이도 제한된다. 따라서 작은 공극으로 인한 모세관현상이 끝나는 수직높이까지 물 포화도가 S_{wc}보다 높은 전이구간을 형성하며 각 포화도에 따른 유효투과율을 갖는다.

(2) 저류층에서 포화도 높이

실험실에서 측정한 모세관압 자료를 이용하면 저류층에서 전이구간의 높이를 예상할 수 있다. 실험실에서는 물과 공기를 이용하여 모세관압을 측정하기 때문에 식 (3.8)로 주어진다. 저류층에는 물과 원유가 공존하므로 모세관압이 식 (3.9)로 표현된다. 만약 실험실의 온도와 압력을 저류층 조건과 같게 유지하면, 식 (3.8)과 (3.9)에서 식 (3.10)의 관계를 알 수 있다.

$$P_{capLab} = \frac{2\sigma_{wg}\cos\theta_{wg}}{r} \tag{3.8}$$

$$P_{capr} = \frac{2\sigma_{wo}\cos\theta_{wo}}{r} \tag{3.9}$$

$$P_{capr} = \frac{\sigma_{wo}\cos\theta_{wo}}{\sigma_{wg}\cos\theta_{wg}} P_{capLab} \tag{3.10}$$

여기서, 하첨자 o, g, w는 원유, 가스, 물을 의미하며 하첨자 Lab, r은 각각 실험실과 저류층 조건을 의미한다.

식 (3.10)은 실험실에서 얻은 모세관압과 저류층 조건에서 모세관압의 관계로 식 (3.4b)를 이용하면 특정 물 포화도를 나타내는 전이구간 높이를 식 (3.11)로 예상할 수 있다.

$$h = \frac{P_{capr}}{(\rho_w - \rho_o)g} \tag{3.11}$$

여기서, h는 주어진 물 포화도 수직높이이다.

표 3.1은 실험실에서 측정한 물 포화도에 따른 모세관압이다. 저류층에서 물–원유의 계면장력이 24 dynes/cm라면, 식 (3.10)으로 저류층에서 모세관압을 계산하면 **그림 3.8**과 같다. 모세관압이 계산되었으므로 저류층에서 물과 원유의 밀도 68 lb/ft^3, 53 lb/ft^{3}을 이용하면 포화도에 따른 전이구간 높이를 **그림 3.9**와 같이 얻을 수 있다.

표 3.1 가스를 이용하여 실험실에서 측정한 모세관압(표면장력 70 dynes/cm, 접촉각 0°)

S_w, %	P_{capLab}, psi
30	72
31	63
32	45
34	36
35	27
37	18
41	9
50	4
60	3
70	3
80	3

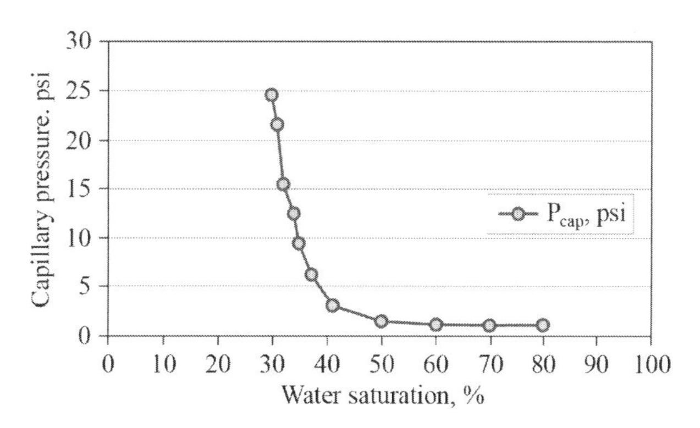

그림 3.8 저류층에서 모세관압(계면장력 24 dynes/cm)

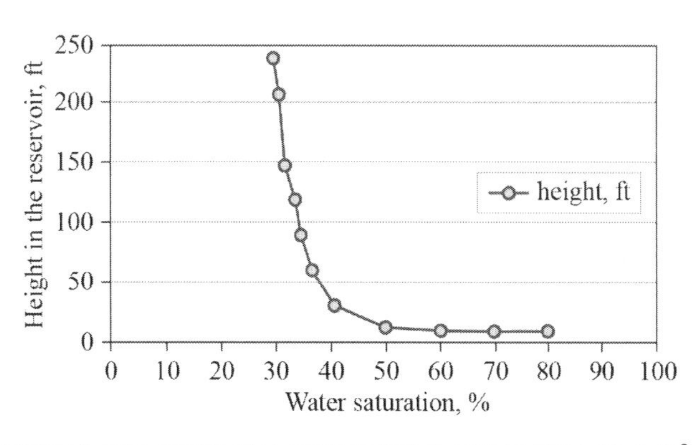

그림 3.9 포화도에 따른 저류층에서 전이구간(물과 원유의 밀도 68 lb/ft^3, 53 lb/ft^3)

2) 평균 모세관압

(1) J 함수 정의

모세관압은 포화도뿐만 아니라 다양한 요소에 영향을 받으므로 동일한 저류층에서 얻은 시료의 모세관압이 공극률과 투과율에 따라 서로 다른 값을 보여준다. 따라서 저류층의 모든 구간에 적용할 수 있는 평균 모세관압을 얻을 필요가 있는데 이를 위해 제안된 것이 $J(S_w)$ 함수이다.

Leverett(1941)는 포화도에 따른 모세관압을 식 (3.12)와 같은 무차원 식으로 제안하였다. 투과율이 면적 차원을 가지므로 식은 무차원임을 알 수 있다.

$$J(S_w) = \frac{P_{cap}(S_w)}{\sigma \cos\theta} \sqrt{\frac{k}{\phi}} \tag{3.12}$$

(2) 평균 모세관의 계산

그림 3.10(a)는 저류층 지층시료에서 얻은 모세관압 자료인 **표** 3.2의 모세관압이다. 깊이에 따라 공극률과 투과율이 다르므로 포화도에 따라 서로 다른 값을 나타낸다. 이들을 활용하여 모세관압이 없는 다른 깊이에 있는 층에 적용하기 위해서는 알려진 두 정보를 평균하는 것이 필요하다. 이는 주어진 정보를 가장 합리적으로 이용하는 측면에서도 유효하다. J 함수를 이용하여 평균 모세관압을 계산하는 과정은 다음과 같다.

- 주어진 각 포화도를 S_{wc} 를 이용하여 정규화하고 각 모세관압에 대하여 J 함수를 계산한다
- 각 J 함수를 평균하여 평균값 $\overline{J}(S_w^*)$를 구한다.
- 원하는 포화도에서 S_w^* 와 $\overline{J}(S_w^*)$를 계산한다.
- 적용하고자 하는 층의 투과율과 공극률을 이용하여 모세관압을 예상한다.

보다 구체적인 과정은 다음과 같다. **표** 3.2에 주어진 두 코어의 모세관압을 물 포화도에 따라 그리면 **그림** 3.10(a)와 같다. 동일한 저류층에서 얻었지만 포화도에 따라 값도 다르고 S_{wc} 도 다르며 형태도 다르다. 이를 무차원화 J 함수로 나타내면 **그림** 3.10(b)와 같고 **그림** 3.10(a)에서 비슷해 보이던 모세관압이 투과율과 공극률까지 고려하였을 때 다른 모습을 보인다.

표 3.2 코어자료에서 얻은 모세관압(물과 원유의 계면장력 24 dynes/cm, 접촉각 0°)

Core 1		Core 2	
Permeability 6 md Porosity 18%		Permeability 130 md Porosity 21%	
S_w	P_{cap}, psi	S_w	P_{cap}, psi
1.00	0.44	1.00	0.87
0.88	0.58	0.86	1.16
0.70	1.02	0.72	1.45
0.58	1.60	0.60	1.74
0.40	2.76	0.48	2.90
0.25	5.22	0.40	4.21
0.19	8.12	0.34	5.51
0.18	11.32	0.32	7.40
		0.30	9.72
		0.29	11.75

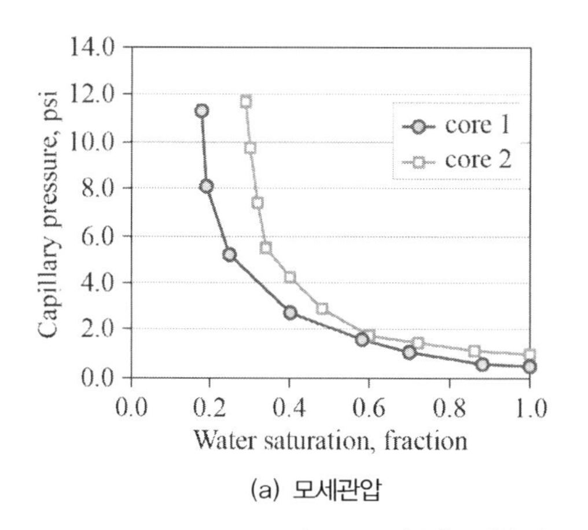

(a) 모세관압

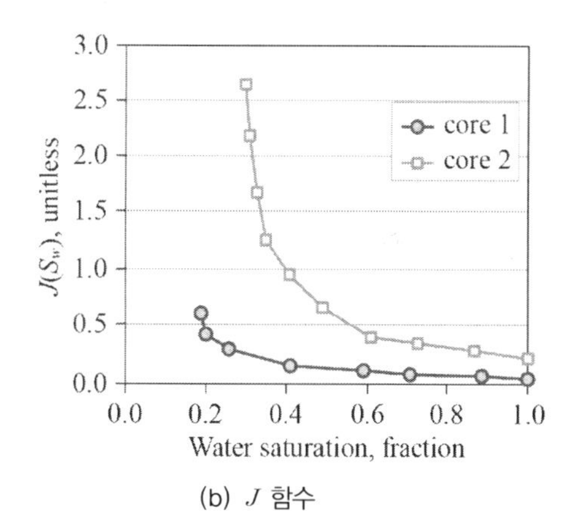

(b) J 함수

그림 3.10 저류층 지층시료에서 얻은 두 모세관압과 J 함수

공극률과 투과율에 따른 변화를 고려하기 위하여 식 (3.13)의 정규화된 물 포화도를 사용하면 S_{wc}에 상관없이 그 범위가 0에서 1의 값을 가진다.

$$S_w^* = \frac{S_w - S_{wc}}{1 - S_{wc}} \tag{3.13}$$

여기서, S_w^* 는 정규화된 물 포화도이다. 식 (3.13)의 포화도를 이용하여 $J(S_w^*)$를 계산하면 **그림 3.11(a)**와 같다. 한 가지 꼭 유의하여야 할 것이 있다. 여기서, 압력은 psi, 계면장력은 dynes/cm, 투과율은 md 등 서로 다른 단위가 사용되었으므로 이들을 다음과 같이 일관성 있게 단위변환하는 것이 필요하다.

$$J(S_w) = \frac{psi}{dynes/cm}\sqrt{md\frac{darcy}{1000\,md}\frac{9.87E-09\,cm^2}{darcy}}\frac{1.013E+06\,dynes/cm^2}{atm}\frac{atm}{14.7\,psi}$$

각 시료에서 얻은 실험치는 비록 서로 다른 물 포화도 범위를 보였지만 정규화된 이후는 동일한 범위를 보이므로 변환된 J 함수의 평균값, $\bar{J}(S_w^*)$를 구하면 **그림 3.11(b)**와 같다. 여기서 유의사항은 주어진 J 함수값의 추세선이 아니라 원하는 포화도에서 각 J 함수의 값을 얻고 이들의 산술평균을 계산하는 것이다. 이렇게 하여야 포화도 경계값에서 J 함수값이 잘 반영된다.

$\bar{J}(S_w^*)$ 값을 얻었으므로 이를 이용하면 원하는 임의의 물 포화도에서 모세관압을 식 (3.14)로 얻을 수 있다. 구체적으로 투과율 100 md, 공극률 20%인 지층의 모세관압 정보가 없어도 **그림 3.11(b)**의 평균 J 함수를 이용하면, **그림 3.12**와 같이 모세관압을 예상할 수 있다. 이것이 J 함수

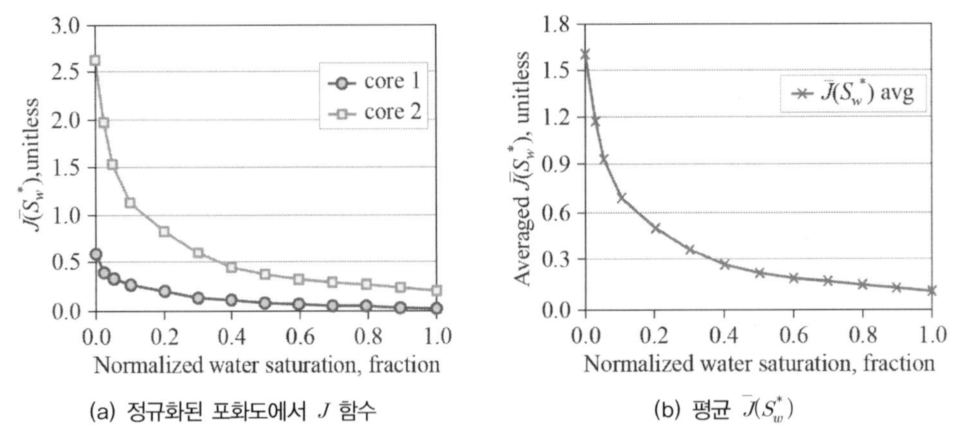

(a) 정규화된 포화도에서 J 함수 (b) 평균 $\bar{J}(S_w^*)$

그림 3.11 정규화 물 포화도에 따른 J 함수

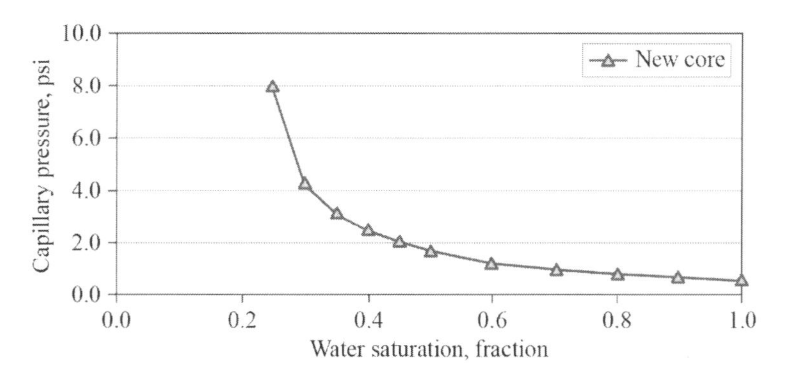

그림 3.12 J 함수를 이용한 새로운 코어의 모세관압(투과율 100 md, 공극률 20%)

의 중요한 응용 중의 하나이므로 독자들은 구체적인 방법을 숙지하여야 한다. 여기서는 오직 두 쌍의 모세관압 자료를 이용하여 평균값을 계산하였지만 다수의 자료가 있을 때에도 동일한 원리로 계산한다.

$$P_{cap}(S_w) = \overline{J}(S_w^*)\frac{\sigma\cos\theta}{\sqrt{k/\phi}} \tag{3.14}$$

주어진 코어자료의 모세관압을 이용하여 식 (3.14)의 모세관압을 얻는 것이 궁극적인 목적 중의 하나이다. 그 계산과정에서 위에서 구체적으로 보여준 단위변환과 그 역변환이 사용된다. 따라서 압력은 psi, 계면장력은 dynes/cm, 투과율은 md 등을 그대로 사용해도 결과적으로 **그림 3.12**를 얻는다. 이는 unitless는 아니지만 dimensionless 조건이 일관되게 사용된 변환과 역변환의 결과이다.

하지만 **그림 3.10(b)**, **그림 3.11**은 위에서 언급한 단위를 직접 사용한 경우와 단위변환 상수만큼 차이가 있다. 만일 **그림 3.11**이 또 다른 계산에 활용된다면 의도하지 않은 계산오류를 야기하게 되므로 반드시 일관된 단위변환을 사용하는 것이 필요하다.

연구문제

1 식 (3.2)와 식(3.4b)를 유도하라.

2 물 포화도 100%인 지하수면이 지하 1,000 ft에 위치하고 있다. 물의 표면장력은 28 dynes/cm, 밀도는 8.6 ppg일 때, 공극의 평균간극이 0.001 mm라면 지하수가 존재하지 않는 심도는 얼마인가?

3 표 3.1 자료를 이용하여 물 포화도 35~45%일 때, 저류층에서 전이구간 높이를 계산하라. 포화도를 35%에서 1%씩 증가시켜라.

4 코어자료 1의 물 포화도가 58%일 때, 표 3.2 자료를 이용하여 다음 물음에 답하라.

(1) $J(S_w)$, $J(S_w^*)$를 계산하라.

(2) $J(S_w^*)$를 평균값으로 가정하고 투과율 100 md, 공극률 20%인 코어의 모세관압을 예상하라.

5 표 3.3 코어자료를 이용하여 다음 물음에 답하라.

(1) 두 모세관압을 포화도에 따라 함께 나타내라.

(2) $J(S_w)$를 계산하고 함께 그려라.

(3) $J(S_w^*)$를 평가하고 그래프에 그려라.

(4) 평균 $J(S_w^*)$를 그래프로 보여라.

(5) 투과율 80 md, 공극률 22%, 임계 물 포화도 25%인 지층에 대한 모세관압을 예상하고 그래프로 그려라.

표 3.3 코어자료에서 얻은 모세관압(물과 원유의 계면장력 24 dynes/cm, 접촉각 0°)

Core 1		Core 3	
Permeability 6 md Porosity 18%		Permeability 250 md Porosity 23%	
S_w	P_{cap}, psi	S_w	P_{cap}, psi
1.00	0.44	1.00	0.44
0.88	0.58	0.84	0.58
0.70	1.02	0.68	1.02
0.58	1.60	0.45	2.32
0.40	2.76	0.34	3.92
0.25	5.22	0.27	5.59
0.19	8.12	0.23	7.83
0.18	11.32	0.21	7.40
		0.20	11.02

Chapter 4

유정시험

유정시험

4.1 일정 유량 생산시험

1) 유정 유동압력

(1) 저류층 거동

그림 4.1과 같이 넓이에 비하여 두께가 작은 원통형 저류층의 경우, 두께의 영향을 무시하면 거리와 방향에 따라 서로 다른 압력거동은 극좌표로 표현된다. 하지만 저류층 투과율도 일정하다고 가정하면, 저류층 압력은 반경과 시간의 함수이다. 따라서 우리는 유정시험을 통해 시간에 따라 측정되는 유정압력의 변화를 바탕으로 투과율과 표피인자를 얻고자 한다.

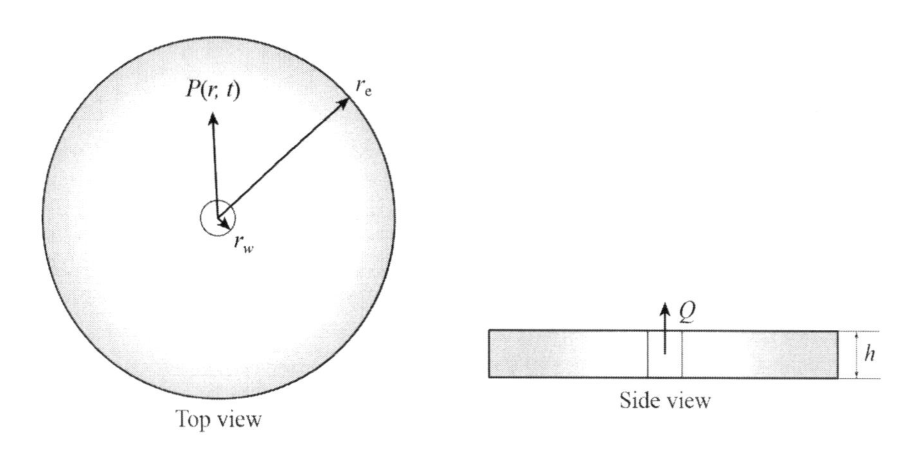

그림 4.1 극좌표계에서 유동(균질한 저류층)

초기압력이 P_i로 주어졌을 때, 유정에서 일정한 유량으로 원유를 생산하면 유정 유동압력은 점차 감소한다. 또한 그 영향이 저류층 내부로 전파되면서 압력감소가 저류층 바깥 경계면으로 확산되는데, 시간에 따른 압력거동은 다음과 같이 나타날 수 있다.

- 천이상태(transient)
- 후기 천이상태(late transient)
- 유사정상상태(pseudo-steady state)
- 정상상태(steady state)

유정에서 일정한 유량으로 생산할 때(**그림 4.2(a)**), 시간에 따른 유정 유동압력은 **그림 4.2(b)**와 같이 감소한다. 유정의 압력감소는 저류층 내부로 전파되는데, 저류층 바깥 경계면이 생산으로 인한 영향을 받지 않는 동안을 천이상태라 한다. 이런 경우, 유정 유동압력은 바깥 경계면의 영향이 나타나지 않기 때문에 무한 저류층이라 한다. 천이상태는 압력감소 경향이 저류층 경계면에 도달할 때까지 이어진다(**그림 4.3**).

만일 저류층이 원형이고 유정이 중심에 있으며 외부와는 단절되어 있다면, 천이상태 후 저류층 전 구간에서 일정한 압력감소 경향을 보인다. 외부에서 추가적으로 압력을 제공하지 않기 때문에, **그림 4.3**과 같이 유정에서의 압력감소량이 다른 위치에서의 압력감소량과 같게 나타난다. 구체적으로 압력경향은 같으면서 절댓값은 계속 감소한다. 이런 경우를 유사정상상태라 한다. 만일 **그림 4.2(a)**의 유량을 유지할 수 있는 최소압력 이하로 유정압력이 내려가면, 이 경향

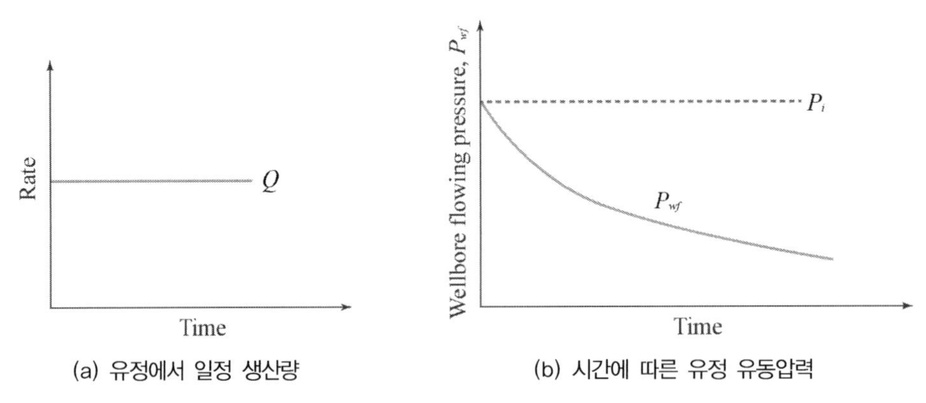

(a) 유정에서 일정 생산량 (b) 시간에 따른 유정 유동압력

그림 4.2 극좌표계 저류층에서 거동

이 유지되지 못한다.

만일 유정이 저류층 중간에 위치하지 않거나 모양이 원형이 아니면 유정 유동압력은 서로 다른 시기에 저류층 바깥 경계면의 영향을 받는다. 따라서 가까운 경계면의 영향을 먼저 받고 먼 경계면의 영향은 나중에 나타난다. 이와 같이 서로 다른 거리의 경계면이 혼합된 경우가 후기 천이상태이며 이 단계를 지나면 유사정상상태 거동을 보인다.

정상상태는 고정된 위치에서 시간에 따라 압력의 변화가 없다. 유정에서 일정량이 생산되고 있는데도 더 이상 압력이 감소하지 않게 하려면 이를 보상할 수 있어야 한다. 따라서 정상상태가 되기 위해서는 저류층 경계면에서 압력을 일정하게 지지해 주는 대수층이 존재하든지 아니면 인위적으로 물을 주입하여 압력을 유지하여야 한다. 정상상태에서는 Darcy 식을 적용하여 필요한 정보를 얻을 수 있다.

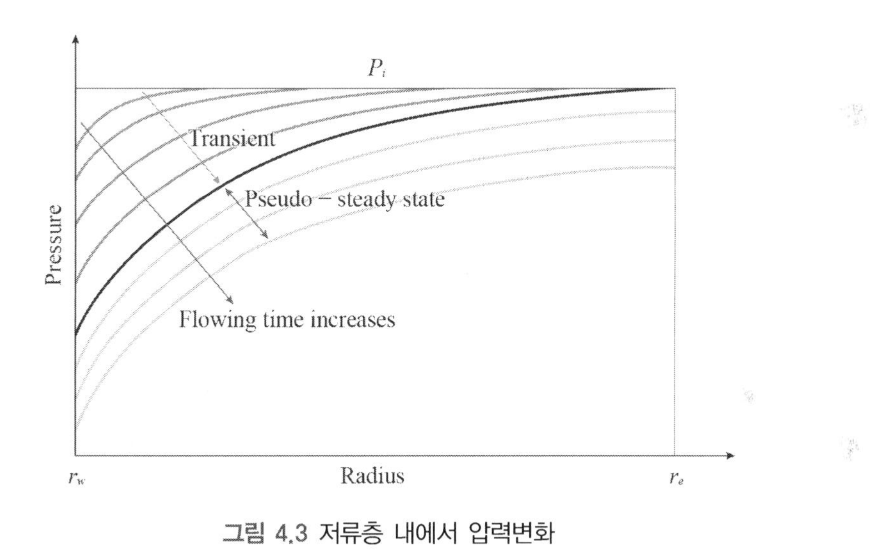

그림 4.3 저류층 내에서 압력변화

(2) 유정 유동압력

그림 4.2에서 유정 유동압력은 부록 IV의 이론해를 이용하면 알 수 있다. 식 (IV.15)는 천이유동을 나타내는 일반식이므로 무차원 표피인자를 포함하여 식 (4.1)로 표현할 수 있다. 유정에서 유동압력은 r_D = 1인 경우이므로, 식 (4.1)에서 식 (4.2a)로 표현된다.

$$P_D(r_D, t_D) = \frac{1}{2}E_i(\eta) + s = \frac{P_i - P(r,t)}{P_{ch}} \tag{4.1}$$

여기서, $\eta = \frac{r_D^2}{4t_D}$, $P_{ch} = \frac{Q\mu B}{2\pi kh}$

$$P_{wf}(1, t_D) = P_i - \frac{1}{2} P_{ch} \left[E_i(\eta) + 2s \right] \tag{4.2a}$$

여기서, P_{wf}는 유정에서 측정되는 유동압력, s는 표피인자이다.

그림 4.4에서 볼 수 있듯이 $E_i(\eta)$ 함수는 η가 0.01보다 작을 때 식 (4.3)으로 근사되므로 이를 적용하면 식 (4.2a)는 식 (4.2b)로 표현된다.

$$E_i(\eta) \approx -\ln(1.781\eta) \tag{4.3}$$

$$P_{wf} = P_i - \frac{1}{2} P_{ch} \left[-\ln\left(1.781 \frac{r_w^2}{4\alpha t}\right) + 2s \right] \tag{4.2b}$$

식 (4.2b)를 유정시험을 위한 현장단위로 변경하고 자연로그를 상용로그로 변환하면 식 (4.4)가 된다. 식 (4.4)는 일정한 유량으로 생산할 때, 천이상태에서 측정되는 유정압력을 이용하여 지층의 투과율을 알 수 있는 최종식이다. 따라서 다음에 제시된 단위에 유의하여 정확한

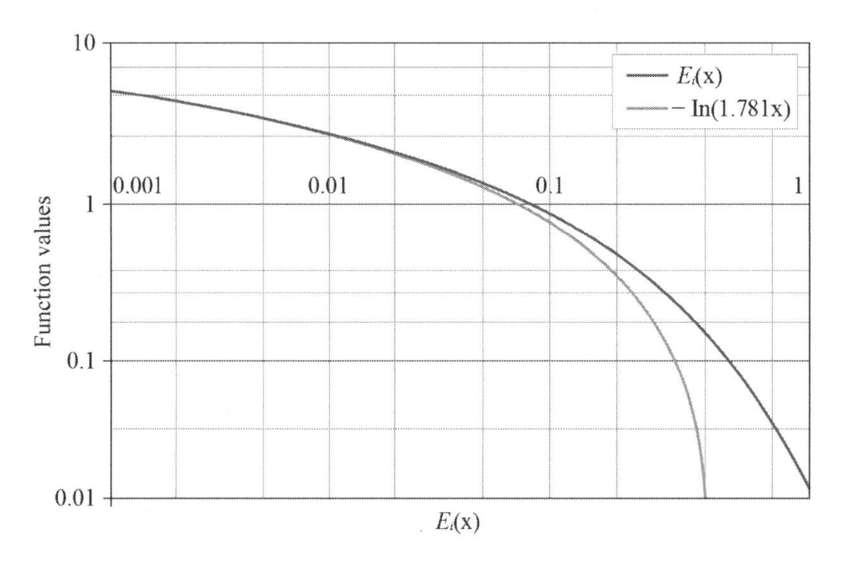

그림 4.4 $E_i(x)$함수와 $-\ln(1.781x)$의 비교

계산이 이루어져야 한다.

일정 유량 유정시험을 위한 최종식 :

$$P_{wf} = P_i - m\left[\log(t) + \log\left(\alpha/r_w^2\right) - 3.23 + 0.8686s\right] \tag{4.4}$$

$$m = \frac{162.6\,Q\mu B}{kh} \tag{4.5}$$

여기서, $\alpha = \dfrac{k}{\phi\mu c}$

여기서, P_i는 저류층 초기압력(psi), P_{wf}는 유정 유동압력(psi), t는 유동시간(hr), Q는 유량(STB/day), ϕ는 공극률(fraction), μ는 점성도(cp), B는 원유 용적계수(rb/STB), k는 투과율(md), h는 저류층 두께(ft), c는 원유와 지층의 총 압축계수(1/psi), r_w는 유정반경(ft), s는 표피인자(무차원)이다. 다시 한번 이들 단위에 유의하기 바란다.

유정시험에서 수분 이내의 짧은 시간 동안 생산하고 다시 폐쇄하면, 저류층 초기압력으로 안정화되므로 그 값을 측정할 수 있다. 다시 일정한 유량으로 생산하고 시간에 따른 유정의 유동압력을 측정한다. 식 (4.4)에서 P_{wf}는 $\log(t)$와 선형관계에 있으므로, P_{wf}를 상용로그 스케일 시간으로 그리면 직선식을 얻고 그 기울기인 식 (4.5)에서 투과율을 얻을 수 있다.

식 (4.4)로 표현되는 직선식에서 유동시간 $t = 1$일 때, P_{wf} 값을 이용하면 $\log(t)$ 항목이 제거되므로 표피인자를 식 (4.6)으로 구할 수 있다. 다시 한번 강조하지만 $P_{wf,1hr}$는 천이구간을 나타내는 자료를 근사한 직선식에서 반드시 얻어야 한다.

$$s = 1.151\left[\frac{P_i - P_{wf,1hr}}{m} - \log\left(\alpha/r_w^2\right) + 3.23\right] \tag{4.6}$$

2) 생산시험

(1) 생산시험 자료 검토

다음에 주어진 조건을 바탕으로 유동 생산시험(drawdown test)을 하여 **표 4.1**의 유정 유동압력을 얻었다고 가정하자. **표 4.1**과 다음에 주어진 정보를 활용하여 저류층 투과율과 표피인자를 얻고자 한다.

표 4.1 일정 유량 생산시험 자료

Time, hrs	P_{wf}, psia	Time, hrs	P_{wf}, psia
0	4412	35.80	3544
0.12	3812	43.00	3537
1.94	3699	51.50	3532
2.79	3653	61.80	3526
4.01	3636	74.20	3521
4.82	3616	89.10	3515
5.78	3607	107.00	3509
6.94	3600	128.00	3503
8.32	3593	154.00	3497
9.99	3586	185.00	3490
14.40	3573	222.00	3481
17.30	3567	266.00	3472
20.70	3561	319.00	3460
24.90	3555	383.00	3446
29.80	3549	460.00	3429

일정 생산유량(Q) 200 STB/day, 저류층의 두께(h) 60 ft, 유정반경(r_w) 0.3 ft
공극률(ϕ) 0.08, 원유의 점성도(μ_o) 1.4 cp, 원유용적계수(B_o) 1.12 rb/STB
지층과 원유의 총압축계수(c) 15E-06 psi^{-1}, 저류층 초기압력 4412 psia

유정시험 자료가 주어지면 장비의 오작동이나 부드럽지 못한 시험 실시로 측정값에 특이값들이 있는지 점검하는 것이 필요하고 이를 위한 가장 효율적인 방법 중의 하나가 그래프로 그려보는 것이다. 주어진 **표 4.1**의 유정 유동압력을 선형 및 반로그 시간으로 그리면 각각 **그림 4.5(a), 4.5(b)**와 같다. 시간에 따른 압력변화를 보면, 초기압력이 유정시험이 시작되며 크게 감소하는 것 외에는 특이사항이 없어 보인다.

(2) 천이구간 선정

식 (4.4)를 이용하여 저류층의 투과율을 평가하는 것이 목적이므로 **그림 4.5(b)**에 나타난 압

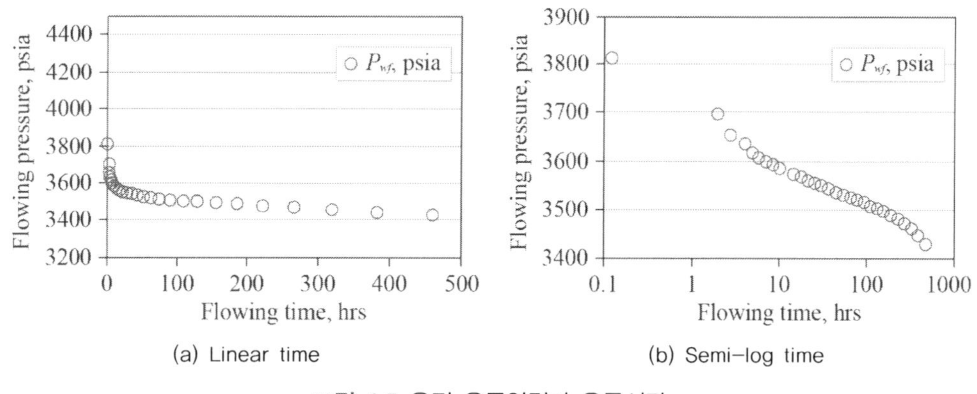

(a) Linear time (b) Semi-log time

그림 4.5 유정 유동압력과 유동시간

력감소 경향을 분석하는 것이 필요하다. 이미 설명한 대로 유정에서 유동이 천이상태이면 **그림 4.5(b)**에서 식 (4.4)와 같은 선형경향을 보인다. 하지만 우리는 부록 IV에 제시된 이론해에 대한 깊은 이해 없이 유정압력이 가장 "선형적"으로 보이는 구간을 선택하려는 경향이 있다. 선형 구간을 선택하는 두 가지 중요한 기준은 다음과 같다.

- 유동시험 전반부에서 우선적으로 천이구간을 선정
- 압력변화 기울기를 확인

첫째로 천이구간을 나타내는 부분은 이론적으로 유동시험 전반부에서 형성된다. 저류층 크기가 작거나 유동시간이 길어지면 저류층 바깥 경계면의 영향을 받게 되므로 가능한 유동시간이 길지 않은 초반부 자료에 유의하여 천이유동 구간을 선정한다. 요즘에는 대부분 유정바닥에서 압력을 측정하지만 지상에서 측정하는 경우에는 유동이 안정화된 후 천이거동을 보이는 구간을 선정해야 한다.

둘째로 시간에 따른 유동압력 변화를 검토한다. 천이구간 유동압력을 나타내는 식 (4.4)를 $\log(t)$에 대하여 미분하면 상수가 된다. 다른 의미로 유정 유동압력의 $\log(t)$ 미분값이 일정하면, 이는 천이유동을 의미한다. 유동압력이 감소하므로 기울기의 절댓값을 나타내면 **그림 4.6**과 같다. 이를 보면 약 10~150시간 사이에 $dP_{wf}/d\log(t)$의 값이 상대적으로 일정함을 알 수 있다.

그림 4.5와 **4.6**을 종합하면, 유동시험 초기에는 불안정한 모습을 보이다가 안정화된 후 천이유동을 나타낸다. 시간이 더 지나면 저류층 바깥 경계면의 영향이 나타나므로 후기천이 또는 유

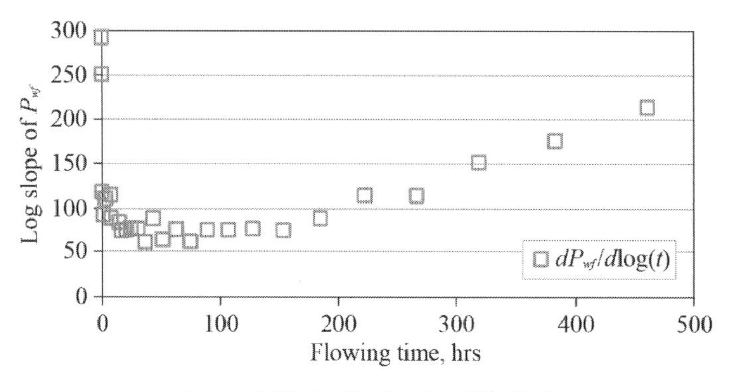

그림 4.6 유정 유동압력의 $\log(t)$ 변화율

사정상상태를 보인다. 언급한 두 선택기준과 **그림 4.6**을 바탕으로 천이유동을 나타내는 구간을 14.4~154 hrs로 선택하였다.

(3) 투과율과 표피인자 계산

일부 교재에서는 천이구간 선택기준을 전혀 강조하지 않지만 올바른 유정시험 해석을 위해서 필요하다. 구체적으로 P_{wf}와 $\log(t)$의 그래프에서 변화율이 일정하지 않은 조건인데 선형성을 보이는 구간을 선택하지 않도록 조심해야 한다. 특히 상용 프로그램을 사용하여 유정시험 자료를 분석할 때 반드시 유의하여야 한다.

천이유동 기간을 맞게 선정하고 분석한 **그림 4.7**을 보면(또는 주어진 추세선을 참고하면), 유정의 유동압력이 다음 수식으로 주어진다.

$$P_{wf} = -73.3\log(t) + 3657$$

주어진 식에서 기울기가 73.3이다. 만일 **그림 4.7**과 같이 반로그 용지에 값을 직접 표시하는 경우에도 동일한 원리로 선형구간을 선정한다. 선정된 선형구간을 지나는 추세선을 직접 긋고 상용로그 단위구간에 해당하는 압력차를 읽으면 기울기가 된다. 이는 로그 단위구간이 10배 차이가 나고 상용로그 기울기 계산에서 1이 되기 때문이다. 추세선을 직접 함수로 구하지 않아도, 필요한 정보는 기울기이므로 이 방법이 유용하다.

기울기를 얻었으므로 다음과 같이 식 (4.5)에서 투과율은 11.6 md이다. 또한 식 (4.6)을 이용

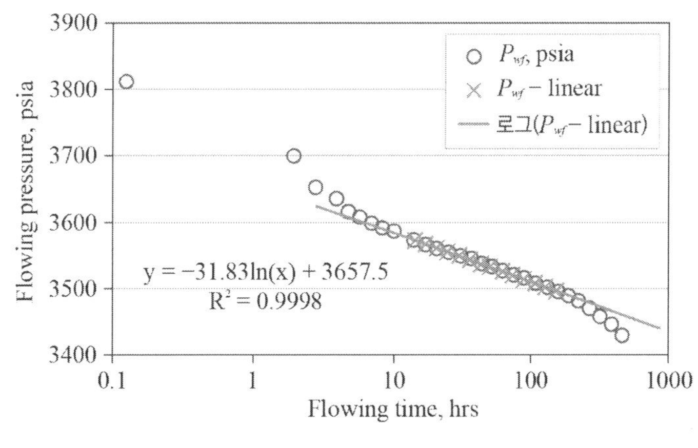

그림 4.7 유정 유동압력의 해석

하면 표피인자는 6.5가 된다.

$$k=\frac{162.6Q\mu B}{mh}=\frac{162.6\times 200\times 1.4\times 1.12}{73.3\times 60}=11.6$$

$$s=1.151\left[\frac{4412-3657}{73.3}-\log\left(\frac{11.6/(0.08\times 1.4\times 15E-06)}{0.3^2}\right)+3.23\right]=6.5$$

표피인자를 계산하기 위해 시간 1 hr일 때, 천이거동이 직선으로 나타나는 현상을 이용한다. 하지만 실제 측정되는 초기 시험자료는 유동시험 조건과 운영에 따라 안정화되지 않아 **그림 4.5(b)**와 같이 직선 경향을 나타내지 않을 수도 있다. 따라서 반드시 **그림 4.7**의 직선에서 그 값을 읽어야 하고 수식으로 주어진 경우 추세선의 절편이 된다.

유정시험에서 얻은 투과율은 현재 저류층 조건에서 원유 유량을 이용하여 계산하였으므로 초기 물 포화도에서 원유의 평균 유효투과율이다. 또한 표피인자는 유정 부근에서 투과율이 변화된 정도, 즉 손상되거나 향상된 정도를 파악하는 지표로 활용된다.

4.2 유정 폐쇄시험

1) 유정 폐쇄압력

(1) 저류층 거동

유전의 개발초기에 이루어지는 유정시험은 일정한 유량으로 생산하는 방법과 유정을 폐쇄하는 방법(shutin test)이 있다. **그림 4.8**은 일정한 유량으로 생산하다가 유정을 폐쇄하였을 때의 전형적인 모습이다. **그림 4.8(a)**는 시간에 대한 유량을 보여주며 t까지 생산하다가 그 후 유정폐쇄로 유량이 0이 됨을 보여준다.

그림 4.8(b)는 이에 대응하는 유정압력이다. 처음에는 생산시험과 같은 경향으로 유동압력이 감소하다가 유정이 폐쇄되면 압력이 회복된다. 관례적으로 유동시간을 t, 폐쇄시간을 Δt로 표현하므로 유정시험 시작부터 시간은 $(t+\Delta t)$가 된다.

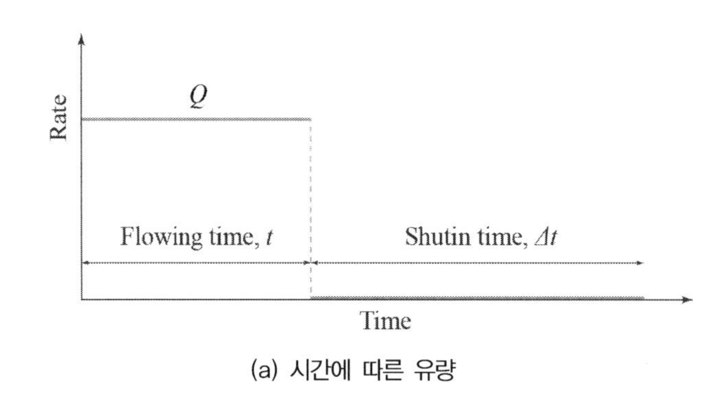

(a) 시간에 따른 유량

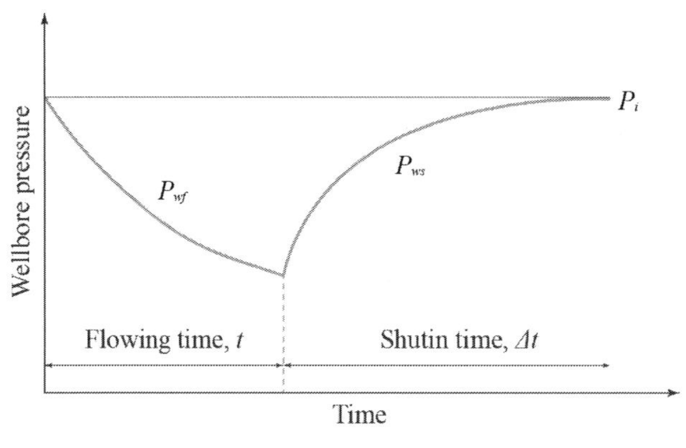

(b) 유정에서의 압력변화

그림 4.8 유정 폐쇄시험 개요

(2) 유정 폐쇄압력

그림 4.8(a)에서 일정한 유량으로 생산하는 경우는 이미 설명한 유동시험과 동일하다. 따라서 이때 관측되는 압력을 이용하면 저류층 투과율과 표피인자를 얻을 수 있다. 또한 유동시험 초기에는 저류층 크기에 상관없이 천이상태를 유지할 확률도 높아 수식의 가정과도 맞다. 그러므로 추가적인 폐쇄 없이 생산시험을 선호하는 경우도 많다. 유정폐쇄 시험의 경우 일정 유량을 유지하는 방법이 가장 간단하다고 할 수 있으며 전통적으로 많이 시행하였다.

그림 4.8과 같이 폐쇄시험이 이루어진 경우, 유정에서 압력을 얻기 위해서는 중첩의 원리를 이용한다. 구체적으로 일정한 시간 t까지 생산하다가 폐쇄한 경우(**그림** 4.8(a))는 **그림** 4.9와 같이 일정한 유량으로 계속 생산하는 조건에 시간 t부터 같은 유량으로 주입하는 것과 같다. 이와 같은 중첩의 원리를 이용하면 이미 거동을 알고 있는 현상을 활용할 수 있다.

중첩의 원리를 이용하면, 저류층의 임의의 지점에서 시간에 따른 무차원 압력은 식 (4.7)로 얻을 수 있다. 천이상태에서 얻은 이론해를 근사하면, 유정에서 폐쇄압력은 식 (4.8)과 같다.

$$P_D(r_D, t_D) = P_D(t_D + \Delta t_D) - P_D(\Delta t_D) \tag{4.7}$$

유정 폐쇄시험을 위한 최종식:

$$P_{ws} = P_i - m \log\left(\frac{t + \Delta t}{\Delta t}\right) \tag{4.8}$$

여기서, $m = \dfrac{162.6 Q\mu B}{kh}$

여기서, P_{ws}는 유정의 폐쇄압력이고, t는 폐쇄 전 유동시간, Δt는 폐쇄시간이다.

유동시험과 동일하게 관측된 유정 폐쇄압력을 선형 스케일로 시간변수$\left(\dfrac{t+\Delta t}{\Delta t}\right)$를 로그 스케일로 그려 경향을 분석한다. 유정시험 동안 천이상태가 유지되었다면 그 경향은 직선으로 나타나고, 기울기를 이용하면 저류층 투과율을 얻을 수 있다. 또한 표피인자는 식 (4.9)를 이용하여 근사적으로 평가할 수 있다.

$$s = 1.151\left[\frac{P_{ws,1hr} - P_{wf}}{m} - \log(\alpha/r_w^2) + 3.23\right] \tag{4.9}$$

여기서, $P_{ws,1hr}$는 유정이 폐쇄된 지 1시간 후 압력을 식 (4.8)로 표현되는 직선식에서 읽은 값이다. 따라서 이를 항상 유의하고 바른 값을 읽어야 한다.

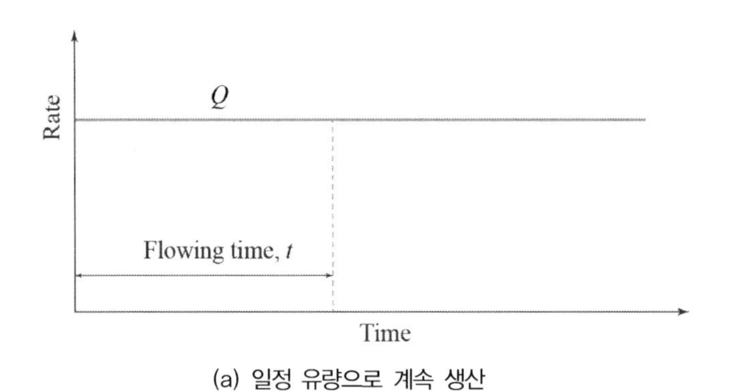

(a) 일정 유량으로 계속 생산

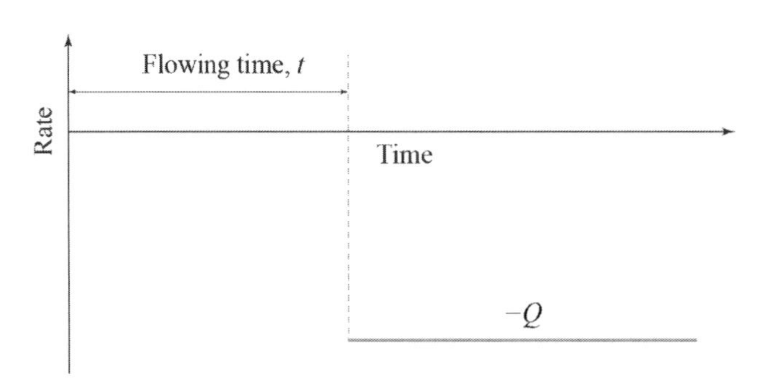

(b) 시간 t부터 동일 유량으로 주입

그림 4.9 유정 폐쇄시험 압력을 해석하기 위한 중첩원리

2) 폐쇄시험

폐쇄시험은 일정시간 생산 후 유정을 폐쇄하고 유정압력이 상승하는 경향을 바탕으로 한다. 저류층 크기에 비하여 생산시간이 길지 않은 경우, 유정의 유동 및 폐쇄기간 동안 천이거동을 보인다고 가정할 수 있다. 따라서 식 (4.8)과 (4.9)를 이용하여 저류층 투과율과 표피인자를 얻을 수 있다. 하지만 실제 유정시험에서는 언급한 가정들이 만족되지 않을 수 있어 이를 점검하는 습관을 가져야 한다.

(1) 폐쇄시험 자료 검토

다음에 주어진 조건을 바탕으로 유정 폐쇄시험을 하여 **표 4.2**의 유정압력을 얻었다고 가정하자. 추가적인 조건은 다음과 같다.

일정 생산유량(Q) 2500 STB/day, 유효 생산시간 33.6 hrs
폐쇄 전 유동압력 2970 psia, 저류층의 두께(h) 30 ft, 유정반경(r_w) 0.3 ft
공극률(ϕ) 0.25, 원유의 점성도(μ_o) 1.0 cp, 원유용적계수(B_o) 1.28 rb/STB
지층과 원유의 총압축계수(c) 16E−06 psi^{-1}, 저류층 초기압력 3460 psia

표 4.2 유정 폐쇄시험 자료

Δt, hrs	P_{ws}, psia	Δt, hrs	P_{ws}, psia
0.050	3284.1	9.050	3401.2
0.117	3310.6	10.050	3403.6
0.183	3321.9	11.050	3405.7
0.250	3329.1	12.050	3408.0
0.317	3333.6	13.117	3410.0
0.383	3337.1	14.050	3411.6
0.450	3340.3	15.050	3413.3
0.650	3347.5	16.050	3414.9
0.850	3352.8	17.050	3416.3
1.050	3357.1	18.050	3417.6
1.250	3360.6	20.050	3420.1
1.517	3364.2	21.050	3421.2
2.050	3370.0	22.050	3422.3
2.517	3374.1	23.050	3423.3
3.050	3377.9	24.050	3424.2
4.050	3383.8	25.050	3425.1
5.050	3388.8	26.050	3426.0
6.050	3392.4	27.050	3426.8
7.050	3395.4	28.050	3427.6
8.050	3398.5	29.000	3428.3

주어진 자료에 의하면, 유정을 폐쇄하기 전에 사용된 일정 유량은 2500 STB/day이고 유동

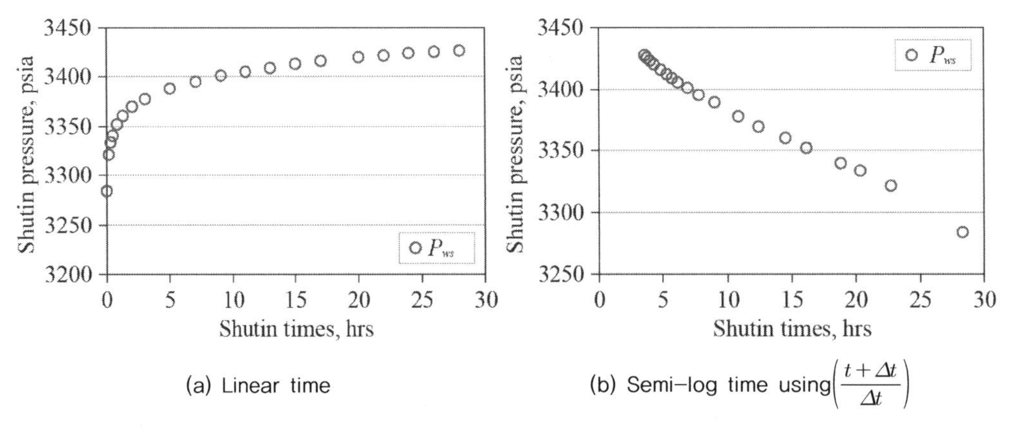

(a) Linear time (b) Semi-log time using $\left(\frac{t+\Delta t}{\Delta t}\right)$

그림 4.10 유정 폐쇄압력

시험 동안 누적생산량을 이 유량으로 나눈 유효 생산시간이 33.6 hrs이다. 유동시간 동안 유량이 달라질 수 있지만, 비교적 긴 시간 동안 일정 유량으로 생산한 마지막 유량을 이용하여 계산한 "유효 유동시간"을 관례적으로 사용하며 다른 가중평균보다 잘 맞는 것으로 알려져 있다.

유동시험의 경우와 마찬가지로 유정폐쇄에 따라 점차 증가하는 유정 폐쇄압력(P_{ws})을 선형좌표에 그리면 **그림 4.10(a)**와 같다. 유정을 폐쇄하면 초기에는 압력이 빠르게 상승하지만 이후에는 상승률이 둔화된다. 만일 오랫동안 유정을 폐쇄하면 저류층 초기압력에 도달하며 그 시간은 저류층 투과율과 크기에 따라 달라진다.

(2) 천이구간 선정

식 (4.8)을 이용하기 위하여 유정 폐쇄압력과 $\left(\frac{t+\Delta t}{\Delta t}\right)$로 그리면 **그림 4.10(b)**와 같다. **그림 4.10(b)**를 Horner plot, $\left(\frac{t+\Delta t}{\Delta t}\right)$를 Horner time이라 한다. 한 가지 유의할 것은 폐쇄시간 Δt가 분모에 사용되어 Δt가 작은 초기자료가 그래프의 오른쪽에 표시된다는 것이다. 구체적으로 **그림 4.10(b)**에서 좌측으로 갈수록 Δt가 큰 값을 나타낸다. 유동시험에서 설명한 대로 폐쇄시험에서도 선형관계를 나타내는 구간을 잘 선정하여 분석하여야 한다.

그림 4.10(b)를 보면, 전반적으로 선형관계에 있는 것 같기도 하고, 또 폐쇄시험 초기나 말기에도 선형관계에 있는 것처럼 보인다. 따라서 우리가 사용해야 하는 바른 선형관계 자료를 선택하는 것은 매우 중요하다. 식 (4.8)에서 $dP_{ws}/d\log\left(\frac{t+\Delta t}{\Delta t}\right)$를 구하면 상수가 되며, 이를 구체

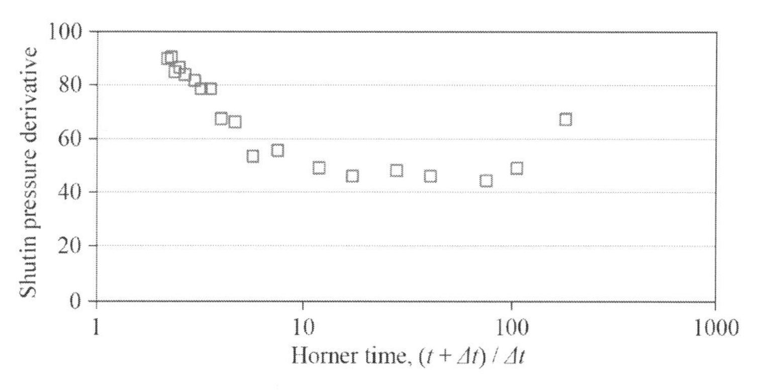

그림 4.11 유정 유동압력의 $(t+\Delta t)/\Delta t$ 변화율

적으로 계산하면 **그림 4.11**과 같다. **그림 4.11**에서 기울기가 일정한 값을 보이는 것은 우측 2번째에서 7번째 값이다. 따라서 이들 값만 이용하여 선형관계를 분석해야 한다.

(3) 투과율과 표피인자 계산

유정의 폐쇄압력이 천이유동을 나타내는 구간을 바르게 선정하고 분석한 **그림 4.12**를 보면 (또는 주어진 추세선을 참고하면), 폐쇄압력은 다음과 같이 표현된다.

$$P_{ws} = -46.28\log\left(\frac{t+\Delta t}{\Delta t}\right) + 3427$$

선형구간의 기울기를 얻었으므로 식 (4.5)를 이용하면 다음과 같이 투과율 375 md를 얻는다.

$$k = \frac{162.6Q\mu B}{mh} = \frac{162.6 \times 2500 \times 1.0 \times 1.28}{46.28 \times 30} = 375$$

유동시험의 경우 수식이 $\log(t)$로 표현되므로, t = 1을 대입하면 그 항이 소거된다. 하지만 폐쇄시험에서는 폐쇄 후 Δt = 1인 값을 구하므로, 위에서 얻은 추세선에서 유효 유동시간(t)과 Δt를 이용하여 다음과 같이 계산해야 한다. **그림 4.12**의 추세선에서 읽을 수도 있다. 표피인자를 계산할 수 있는 모든 값을 알고 있으므로 구체적으로 계산하면 2.94를 얻는다.

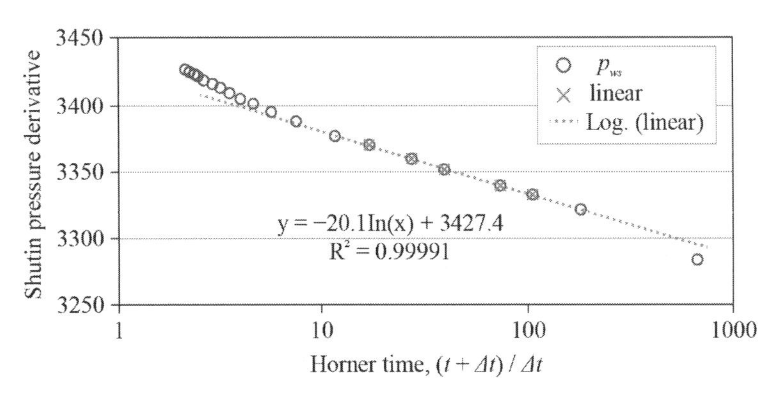

그림 4.12 유정 폐쇄압력의 해석

$$P_{ws,1hr} = -46.28\log\left(\frac{33.6+1}{1}\right) + 3427 = 3356$$

$$s = 1.151\left[\frac{3356-2970}{73.3} - \log\left(\frac{\dfrac{375}{(0.25\times1.0\times16E-06)}}{0.3^2}\right) + 3.23\right] = 2.94$$

지금까지 설명한 유정시험 이론은 물성이 일정한 저류층에서 확산방정식의 이론해를 근거로 한다. 따라서 유정시험을 통해 얻은 천이상태 압력과 이에 대응되는 시간이 선형을 나타내는 구간을 잘 선택해야 한다. 유동시험과 폐쇄시험 모두 시간에 따른 해당 압력의 변화율이 일정한지 점검하여야 한다. 만일 천이유동을 나타내는 구간을 잘못 선택하면 이어지는 모든 계산이 틀리게 되고 이를 기반한 개발계획도 타당하지 못하다.

따라서 가능하면 유동시험을 통하여 얻는 유정시험 초기자료를 활용하는 것이 필요하다. 폐쇄시험을 하는 경우에도 유동시험 부분을 별도로 분석하여 결과를 비교하는 것을 추천한다. 특히 폐쇄시험을 하는 경우, 다른 원인에 의해 나타나는 시험 후반기의 선형경향을 선택하지 않도록 유의하여야 한다.

유정시험은 목적에 따라 종류와 해석 기법이 매우 다양하다. 또 저류층 유체가 원유인지 가스인지에 따라 다르며 균열을 가진 경우 거동도 다르게 나타난다. 지금까지 설명한 내용은 유정시험의 가장 기본적인 내용으로 심화학습을 위한 기초를 제공한다. 또 대부분의 실무에서는 수치해를 바탕으로 관측된 자료를 최적으로 매칭하는 상용 프로그램을 사용하는 데 효율적인 사용을 위한 근거가 될 것이다.

Petroleum Engineering

연구문제

1 다공질 매질의 유체 유동을 설명하는 확산방정식을 다음 좌표계에서 구체적으로 나타내라. 압력 P의 독립변수를 명시하라.

(1) 1차원 직교좌표계

(2) 2차원 직교좌표계

(3) 3차원 직교좌표계

(4) 극좌표계

(5) 원통좌표계

2 부록 IV에서 경계치 문제를 이론적으로 풀기 위해 사용한 무차원 변수 r_D, P_D, t_D가 무차원임을 보여라.

3 식 (4.2b)에서 식 (4.4)를 유도하고 단위변환을 구체적으로 보여라.

4 식 (4.2b)에서 식 (4.6)을 유도하라.

5 중첩의 원리를 적용하여 식 (4.8)을 유도하고 단위변환을 보여라.

6 표 4.1의 생산시험 자료와 주어진 정보를 이용하여 저류층 투과율과 표피인자를 예상하라. 천이거동을 보이는 선형관계 구간을 어떻게 결정하였는지 근거를 제시하라.

7 표 4.2의 폐쇄시험 값과 주어진 정보를 이용하여 저류층 투과율과 표피인자를 평가하라. 천이거동을 보이는 시험자료를 어떻게 결정하였는지 설명하라.

8 (대학원 수준) 유정 폐쇄시험에서 표피인자를 계산하는 식 (4.9)를 유도하라.

Chapter 5

저류층 유체의 물성

저류층 유체의 물성

5.1 상거동

1) 단일 물질

(1) 상의 정의

저류층에 존재하는 석유, 즉 원유와 천연가스는 생산으로 압력이 감소하면 상변화를 동반하며 다양한 거동을 보인다. 따라서 이를 이해하고 저류층을 관리하여 생산을 최적화하기 위해서는 압력과 온도 그리고 조성에 따른 상변화를 이해해야 한다.

열역학에서 상(phase)은 시스템의 다른 부분과 명확한 경계로 구분되는 균질한 한 부분으로 정의된다. 물과 얼음이 섞여 있는 경우, 액체인 물과 고체인 얼음이 서로 다른 상으로 명확히 구별된다. 각 물질의 상거동은 온도, 압력, 조성에 따라 다르게 나타나며 탄화수소 혼합물인 석유도 매우 다양한 상거동을 보인다.

(2) 단일 물질 상거동

그림 5.1은 물과 같은 단일 물질의 온도와 압력에 대한 전형적인 상거동을 보여준다. 압력이 일정한 조건에서 온도가 낮으면 고체가 되고, 열을 가하면 온도가 상승하며 특정 온도에서 고체 물질은 녹기 시작한다. 추가적으로 열을 가하여도 온도는 변하지 않고 액체로 상변화를 계속한다. 이때는 고체와 액체가 2상으로 존재한다.

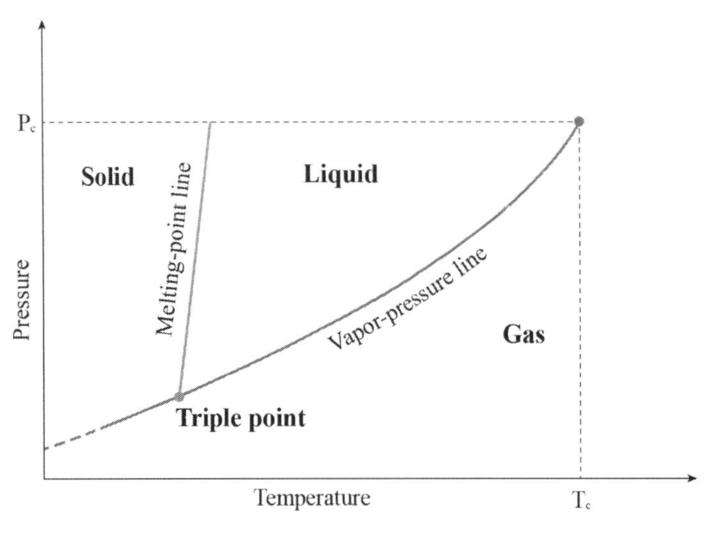

그림 5.1 단일 물질 상거동

모두 액체로 변화된 후 열을 가하면 온도는 증가하고 끓는점에서 기체로 변한다. 이때에 가해준 열은 상변화를 위해 소모되고 액체와 기체가 2상으로 존재하며 온도는 일정하게 유지된다.

일정한 압력에서 온도를 변화시키면 2상으로 존재하는 구간이 있는데 특정 압력 이상에서는 이런 현상을 볼 수 없다. 해당 물질이 2상으로 존재할 수 있는 최대압력을 임계압력이라 한다. **그림 5.1**에서 압력을 올리면 기체상의 물질이 액화되는데 특정 온도 이상이 되면 액화가 불가능하게 된다. 이와 같이 액화가 가능한 최대온도를 임계온도라 한다.

2) 두 물질 혼합물

두 물질이 혼합되어 있는 경우의 상거동은 각 구성성분이 다르기 때문에 온도와 압력에 따른 상거동이 단일 물질과 다르다. 구체적으로 **그림 5.1**에서는 2상이 존재하는 구간이 각 온도와 압력에 따라 한 조건으로 주어지기 때문에 기포압이 하나의 선으로 표현된다.

하지만 두 물질이 혼합되어 있는 경우, **그림 5.2**와 같이 2상이 존재할 수 있는 조건이 영역(phase envelope)으로 주어지며 그 모양은 구성물질에 영향을 받는다. 또한 임계온도와 임계압력 이상에서 2상이 존재한다. 2상이 존재할 수 있는 최대온도와 압력을 각각 최대임계온도(cricondentherm), 최대임계압력(cricondenbar)이라 한다.

따라서 단일 물질에 사용한 임계온도와 압력에 대한 정의를 혼합물에서는 사용할 수 없다. 임

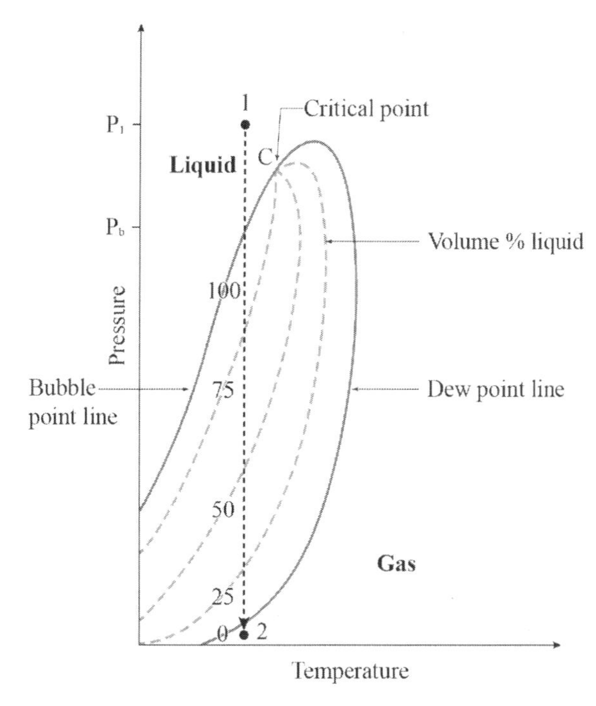

그림 5.2 두 물질 혼합물의 상거동

계점에 대한 보다 엄격한 정의는 액체와 기체의 성질이 같아져서 서로 구분할 수 없는 상태의 조건이며, 이때 온도와 압력이 임계온도와 임계압력이다. 임계상태에서 해당 물질의 밀도는 액체상의 밀도와 유사하지만 점성도는 기체상과 비슷하다.

그림 5.2에서 1번 조건에서 점선을 따라 압력이 감소하면 액상으로 존재하는 혼합물은 기포점에서 처음으로 기포가 생기고, 압력이 계속 낮아지면 기체상 비율이 증가하다가 모두 기체가 된다. 기체상태에서 압력을 점차 높이면 이슬점에서 액체상의 방울이 생기기 시작하여 비율이 증가한다.

5.2 석유의 물성

1) 원유와 가스 물성

석유공학에서 관심이 있는 저류층 유체의 물성은 다음과 같으며 이들은 실험실에서 측정하거나 상관관계식을 이용하여 계산한다.

- 기포압(bubble point pressure), P_b
- 용해가스비(solution gas-oil ratio), R_s
- 용적계수(formation volume factor), B
- 총 용적계수(total formation volume factor), B_t
- 압축인자(compressibility factor), c
- 점성도(viscosity), μ

(1) 기포압

압력감소에 따른 혼합물의 상변화에서 설명한 대로 기포압은 원유에서 처음으로 기포가 방출되는 압력이다. 이 압력 이하에서는 용해되어 있던 가스가 분리되며 위에 언급된 원유물성이 변화한다. 따라서 저류층 유체샘플을 이용한 압력-부피-온도(PVT) 분석에서 그 값이 정확히 파악되어야 한다.

(2) 용해가스비

석유는 탄화수소 혼합물이기 때문에 액체인 원유 속에도 일정량의 가스가 포함되어 있다. 이와 같이 주어진 압력에서 원유 속에 녹아 있는 가스를 "용해가스"라 하고 그 부피비를 "용해가스비"라 하며 scf/STB 단위를 갖는다. **그림 5.3(a)**와 같이 저류층 초기압력이 기포압보다 높을 때는 저류층에서 자유상으로 존재하는 가스가 없다. 만일 추가적으로 가스를 공급하더라도 더 녹아들어 단상을 형성하므로 "불포화(unsaturated)" 상태에 있다.

따라서 용해가스는 원유 속에 포함되어 생산되며 지표면 부근에서 압력이 기포압보다 낮아지면 원유에서 분리되기 시작한다. 결과적으로 원유 1 STB당 R_s scf 가스가 생산된다. 압력에 따른 용해가스비는 **그림 5.4(a)**와 같은 모습을 보인다. 기포압 이상에서는 일정한 값을 가지며 압력이 감소할수록 줄어들어 표준상태에서는 0을 갖는다.

그림 5.3(b)와 같이 저류층 초기압력이 기포압보다 낮을 때는 자유상 가스와 원유가 같이 존재하여 "포화(saturated)" 상태이며, 이들은 해당 유효투과율에 따라 유동한다. 지상에서 관찰되는 가스는 자유상으로 유동한 가스와 원유에 용해되어 생산되다 방출된 가스의 총합이다. 가스원유비는 원유 1 STB 생산에 따른 총 가스량의 비로 식 (5.1)로 정의된다.

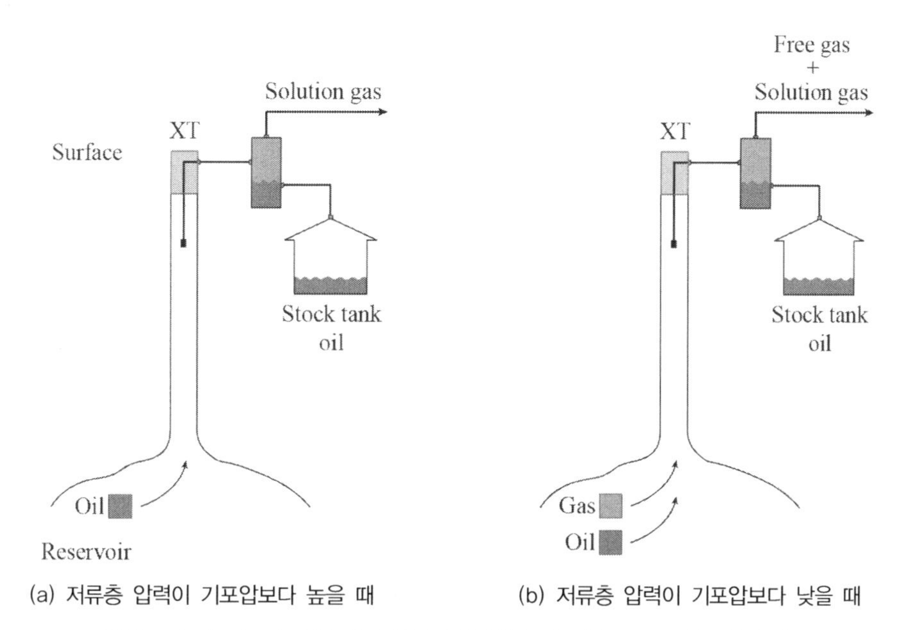

(a) 저류층 압력이 기포압보다 높을 때 (b) 저류층 압력이 기포압보다 낮을 때

그림 5.3 저류층 초기압력에 따른 생산거동 비교(XT: 크리스마스트리)

$$R_p = \frac{Q_g}{Q_o} \tag{5.1}$$

여기서, R_p은 가스원유비로 scf/STB 단위를 가지며 단위배럴당 생산된 가스의 총량을 의미하여 생산 가스원유비로 불린다. 만일 R_s를 알고 있다면 $(R_p - R_s)$가 단위배럴당 저류층에서 자유상으로 생산된 가스이다. 관례적으로 오일필드에서 가스생산량은 가스원유비로 기록·보고된다. 물론 가스전에서는 가스생산량이 기록된다.

(3) 용적계수

원유 용적계수는 표준상태 원유부피에 대한 저류층 조건에서 부피비로 식 (5.2)로 정의된다.

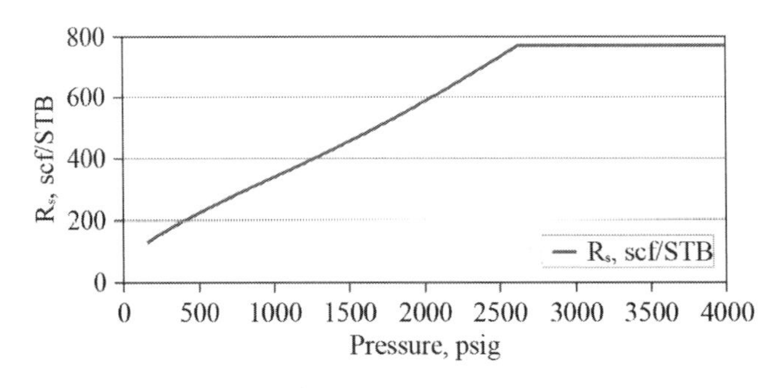

(a) 용해가스비

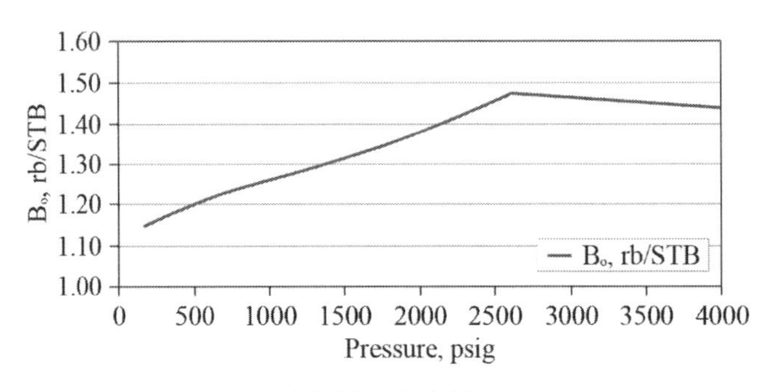

(b) 원유 용적계수

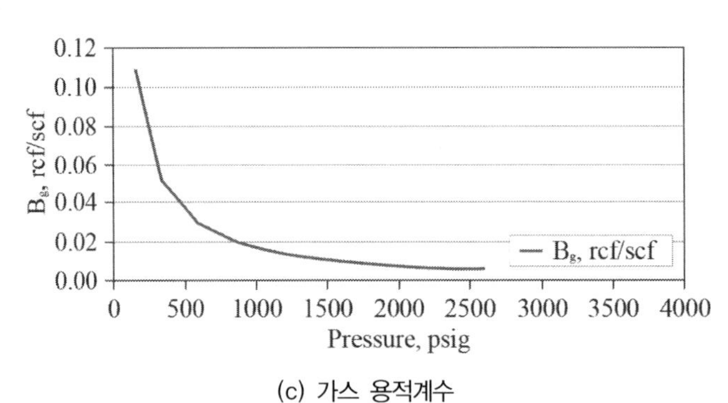

(c) 가스 용적계수

그림 5.4 압력에 따른 저류층 유체 물성

저류층에서는 압력에 따라 일정량의 가스가 용해되어 있지만, 생산되어 표준상태(14.7 psia, 60 °F)에 저장되면 가스가 방출되어 원유부피가 감소한다.

$$B_o \equiv \frac{V_r}{V_s} \tag{5.2}$$

여기서, B_o는 원유 용적계수(rb/STB), V_s는 지상 표준상태 부피(STB), V_r은 저류층 조건에서 부피(rb)이다. **그림 5.4(b)**는 압력에 따른 원유 용적계수의 예이다. 초기압력에서 압력이 감소하면 팽창하여 기포압까지는 증가하지만 그 이하에서는 용해가스가 방출되므로 B_o는 감소한다. 표준상태에서는 1을 가진다.

만일 B_o 값이 1.2라면, 지하 저류층에서 원유 1.2배럴이 지상으로 생산되면 1 STB의 원유와 R_s의 가스를 얻는다. 다른 의미로 지상에서 1 STB를 얻기 위해서 지하 저류층에서 B_o 부피만큼 원유가 생산되어야 한다. 판매나 기록을 위해서는 STB 단위가 사용되지만, 생산에 따른 저류층 압력변화를 모델링하기 위해서는 B_o를 반드시 고려해야 한다.

한 가지 유의할 것은 1 STB의 원유를 단순히 현재 저류층 온도와 압력을 가진 지층에 주입한다고 부피가 B_o가 되는 것이 아니다. 왜냐하면 배출된 용해가스의 유입이 없기 때문이다. 따라서 현재 생산되고 있는 과정을 역으로 따라가면, 1 STB 원유에 압력증가로 R_s 만큼 용해가스가 녹아들어 해당 저류층에서 B_o 부피가 된다.

식 (2.26)의 정상상태 방사형 유동은 현장단위로 다음과 같이 표현된다.

$$Q_o = \frac{0.00708kh(P_e - P_w)}{\mu B_o \ln(r_e/r_w)}$$

여기서, Q_o는 원유유량(STBs/day), B_o는 원유 용적계수(rb/STB), k는 투과율(md), h는 두께(ft), P_e는 저류층 바깥 경계압력(psi), P_w는 유정압력(psi), μ는 원유 점성도(cp), r_e는 저류층 외경(ft), r_w는 유정반경(ft)이다.

가스의 경우도 표준조건에서 부피와 저류층 조건에서 부피비를 가스 용적계수라 하고 식 (5.3a)로 정의된다. 가스상태방정식을 적용하면 식 (5.3)을 얻는다. 압력에 따른 가스 용적계수는 **그림 5.4(c)**와 같은 모습을 보인다. 가스는 압축성이 좋아 부피변화가 매우 심하다.

$$B_g = 0.02827\left(\frac{ZT}{P}\right)_r \tag{5.3a}$$

여기서, B_g는 가스 용적계수이며 단위는 rcf/scf이다. 하첨자 r은 저류층 조건을 의미한다.

경우에 따라 B_g는 간단한 계산을 위해 rb/scf 단위를 가진 식 (5.3b)로도 표현되므로 그 단위에 유의하여야 한다.

$$B_g = 0.00504\left(\frac{ZT}{P}\right)_r \tag{5.3b}$$

그림 5.3(a)와 같은 조건일 때, 이미 설명한 대로 지상으로 생산된 원유와 가스를 저류층 조건으로 환산하면 총 부피가 B_o가 된다. 하지만 **그림 5.3(b)**의 조건인 경우, 일부 가스는 원유 속으로 용해되고 나머지는 B_g 만큼 압축되어 자유상으로 존재한다. 따라서 지상에서 단위배럴당 생산된 원유와 가스의 저류층 조건에서 부피비는 식 (5.4)가 되며 이를 총 용적계수라 한다.

$$B_t = B_o + \frac{1}{5.615}(R_p - R_s)B_g \tag{5.4}$$

여기서, B_t는 총 용적계수(rb/STB)이며 B_g는 가스 용적계수(rcf/scf)이다. 식 (5.4)를 사용하여 총 용적계수를 구할 때, 특히 B_g 단위의 일관성을 유의해야 한다.

(4) 압축계수

원유 압축계수는 단위부피당 압력변화에 대한 부피비이다. 가스도 동일한 정의에 의해 가스 상태방정식을 적용하면 식 (5.5)로 계산할 수 있다. 압축계수는 다른 언급이 없는 경우 온도는 일정하므로 등온 압축계수이다.

$$c_g = \frac{1}{P} - \frac{1}{Z}\frac{dZ}{dP} \tag{5.5}$$

여기서, c_g는 가스의 압축인자(1/psi), Z는 가스의 Z-인자로 그래프에서 읽거나 부록 V에 주어진 식으로 얻을 수 있다.

2) 물성 측정

(1) PVT 분석

석유의 물성을 측정하는 실험은 다음과 같이 크게 다섯 분야가 있으며, 이를 PVT 분석 또는 저류층 유체 분석이라고 한다. 저류층에서 원유를 생산하면 압력이 감소하며 저류층 유체는 주어진 압력과 온도 그리고 조성에 따라 다른 거동양상을 보이므로, 이를 이해하고 또 모델링하기 위해 PVT 분석이 필요하다.

- 조성분석
- 균등 팽창실험(flash vaporization)
- 차등 팽창실험(differential vaporization)
- 분리기 실험(separator test)
- 원유 점성도 측정

PVT 분석은 주로 전문 실험실에서 이루어지며 작성된 보고서를 이해하고 활용하기 위해서는 이에 대한 기본적인 지식이 있어야 한다. PVT 분석을 위해서는 먼저 저류층 유체샘플을 얻는 것이 필요하며 지하 저류층에서 채취하는 방법과 지상에서 얻은 원유와 가스를 혼합하는 방법이 있다. 어느 방법을 사용하든 현재 저류층 조건에 맞는 적당량의 샘플을 얻는 것이 중요하다.

(2) 저류층 유체의 채취

가. 지하에서 채취

지하에서 유체샘플을 얻기 위해 채취용 용기를 포함한 장비를 저류층에 내려 설치하고 전기적 또는 기계적 방법으로 용기를 열면, 저류층 유체가 채취용 용기 속으로 흘러 들어온다. 계획한 부피가 채취되면 용기를 닫고 지상으로 회수한다. 이 방법은 간단하고 기술발달로 적용에 아무런 어려움이 없으나 다음과 같은 한계가 있을 수 있다.

저류층 초기압력이 높아 샘플을 얻는 전 과정 동안 유동압력이 기포압보다 높으면 오직 단상의 원유만 유동하므로 저류층 유체를 대표하는 샘플을 얻는다. 하지만 저류층 초기압력이 기포압 부근일 경우, 생산으로 인해 유정부근 압력이 기포압 이하로 떨어지면 용해되어 있던 일부 가스는 방출된다. 하지만 방출된 가스는 유동에 필요한 최소 포화도를 만족할 때까지 유동할 수 없어 원위치에 잔류하게 된다. 따라서 실제 채취된 원유는 저류층의 초기상태보다 낮은 용해가스를 가질 수 있다.

만일 저류층 압력이 기포압보다 낮아 가스가 자유상으로 존재하는 경우, 점성도가 낮은 가스가 유동하기 쉬우므로 저류층 조건과 다른 유체샘플을 얻게 된다. 이를 극복하기 위하여 유정을 충분한 시간 폐쇄하여 압력이 안정화된 후 샘플을 얻는다. 지하에서 얻는 방법은 장비크기의 제한으로 채취되는 유체량이 수리터 내외로 적은 한계가 있다.

나. 지상에서 원유와 가스의 재혼합

저류층 유체를 채취하는 다른 방법은 지상에서 원유와 가스를 채취한 후 이들을 다시 혼합하는 것이다. 비록 저류층에서 단상이라도 지상에서는 원유와 가스로 분리되므로 **그림 5.5**와 같이 분리기에서 배출되는 원유와 가스를 채취한 후 다시 결합하는 것이다. 중요한 것은 생산조건이 정상상태가 될 때까지 충분히 유동시킨 후 원유와 가스를 채취한다는 것이다. 이 기법은 많은 부피를 어렵지 않게 얻을 수 있다.

만일 저류층 압력이 기포압보다 높으면 이 방법은 신뢰할 수 있는 결과를 주지만, 그렇지 않은 경우 잘못된 가스오일비 값을 줄 수 있다. 따라서 저류층 압력이 높은 초기에 유체샘플을 얻는 것이 필요하다. 잘못된 유체샘플은 정교하고 비싼 방법으로 얻은 PVT 분석결과를 의미 없게 하고 저류층의 미래 생산거동을 틀리게 예측하는 기본정보를 제공한다.

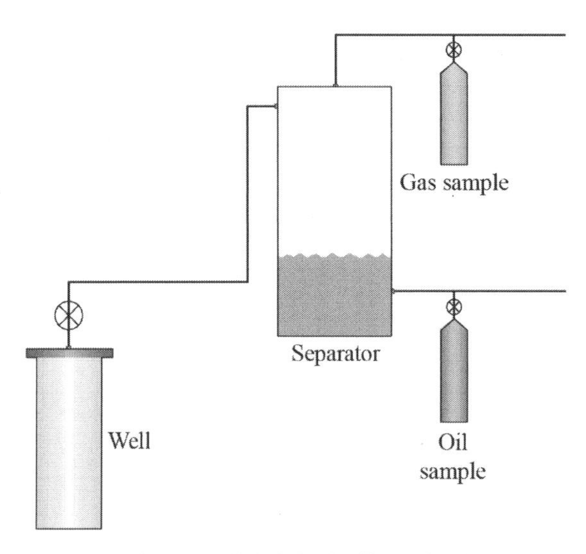

그림 5.5 지상에서의 저류층 유체 채취

(3) 조성분석

조성분석은 PVT 분석의 기본항목 중의 하나이며 저류층 유체의 상거동을 해석하는 데 매우 중요하다. **표 5.1**은 저류층 유체조성을 나타내는 예 중의 하나이다. 황화수소는 거의 없으며 C7+로 표현되는 헵탄 이상의 양을 보면 원유임을 알 수 있다. 가스전의 경우 메탄과 에탄 비중이 80~99% 내외가 될 것을 예상할 수 있다. 과거에는 주로 C7+로 분류하였지만, 최근에는 무거운 성분들이 상거동에 미치는 영향이 크므로 보다 자세히 분석한다.

표 5.1 저류층 유체의 조성분석 예

Component	Mole, %	Weight, %
Hydrogen sulfide	nil	nil
Carbon dioxide	0.91	0.43
Nitrogen	0.16	0.05
Methane	36.47	6.24
Ethane	9.67	3.10
Propane	6.95	3.27
iso-Butane	1.44	0.89
n-Butane	3.93	2.44
iso-Pentane	1.44	1.11
n-Pentane	1.41	1.09
Hexane	4.33	3.97
Heptane plus	33.29	77.41
Sum	100.00	100.00

(4) 균등 팽창실험

그림 5.6은 압력감소에 따른 총 부피 변화를 관찰하는 균등 팽창실험을 보여준다. 이 실험은 기포압보다 높은 조건에서 저류층 유체가 생산되는 과정을 모사하며 조성변화가 없어서 constant composition expansion, flash expansion, flash liberation 등으로 불린다.

저류층 유체샘플(원유)을 담고 있는 시험관(PV cell)과 압력을 조절할 수 있는 수은펌프로 구성되며, 실험의 구체적인 과정은 다음과 같다(**그림 5.6**). 실험온도는 저류층 온도이다.

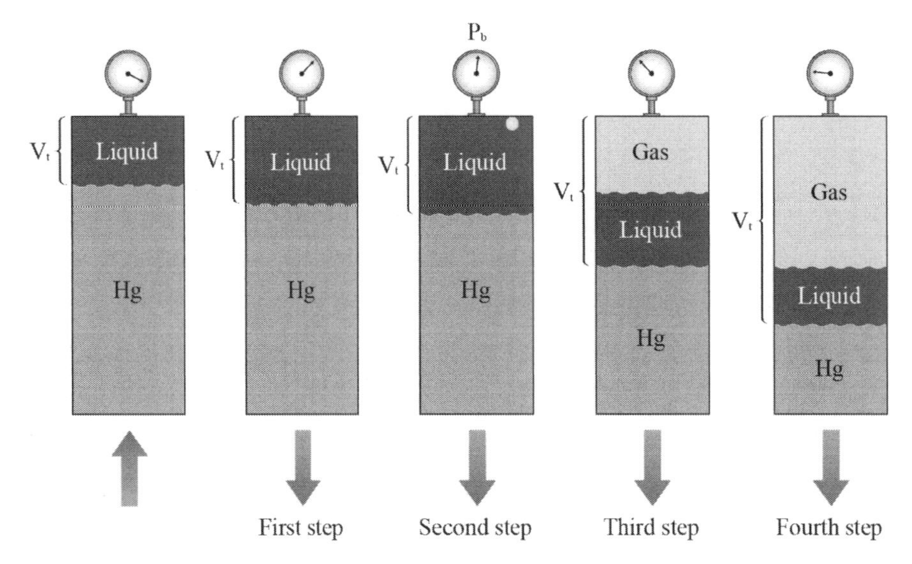

그림 5.6 균등 팽창실험 과정

표 5.2 균등 팽창실험의 측정값

P, psia	V_t, cc
4014.7	61.87
3514.7	62.34
3014.7	62.87
2914.7	62.97
2814.7	63.09
2714.7	63.21
2619.7	63.46
2605.7	63.58
2530.7	64.29
2415.7	65.53
2267.7	67.40
2104.7	69.90

① 수은을 주입하여 시험관 압력을 저류층 초기압력 또는 그 이상으로 유지하고 유체 총 부피를 측정한다.

② 수은을 배출시켜 시험관 압력을 줄이고 팽창된 총 부피를 측정한다.

③ 일정한 압력만큼 감소시키며 ②번 과정을 반복한다.

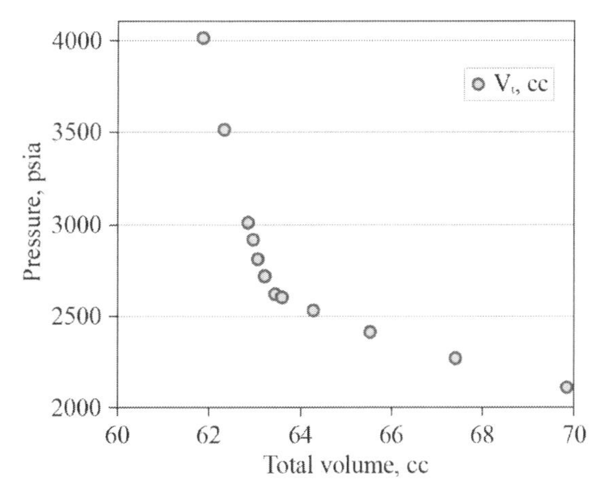

(a) 압력감소에 따른 총부피

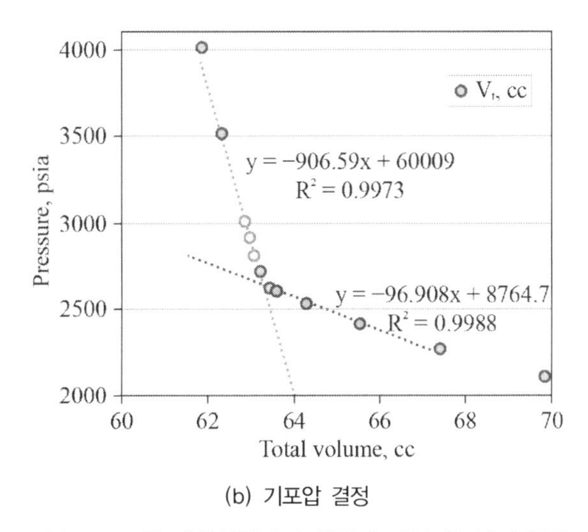

(b) 기포압 결정

그림 5.7 균등 팽창실험에서 압력에 따른 총 부피 변화

설명된 대로 균등 팽창시험은 유체조성에 변화가 없는 조건에서 압력감소에 따른 원유와 분리된 가스의 총 부피를 측정한다. 실험결과로 **표 5.2**와 같은 결과를 얻은 경우, 압력에 따른 총 부피를 그리면 **그림 5.7(a)**와 같다.

실험압력이 기포압 이상에서 부피변화가 작고 그 이하에서는 가스방출로 인해 부피변화가 크게 나타난다. 따라서 예상되는 기포압 부근에서 두 경향이 변화되는 압력을 찾으면 기포압이 된다. **그림 5.7(b)**에서 두 추세선이 만나는 위치에서 기포압과 부피를 계산하면 각각 2631.4 psia, 63.29 cc이다. 이 두 값은 향후 계산에서 중요한 기준정보가 된다.

(5) 차등 팽창실험

그림 5.8은 압력변화에 따른 원유와 가스의 부피변화를 관찰하는 차등 팽창실험을 보여준다. 이 실험은 기포점 이하에서 저류층 유체가 생산되는 현상을 모사하고 매 실험단계마다 조성변화가 있으며, differential expansion, differential libcration 등으로 불린다. 이 실험의 구체적인 과정은 다음과 같다. 실험온도는 저류층 온도이고 앞에서 결정한 기포압에서 시작한다.

① 실험을 위해 시험관에 저류층 유체(원유)를 넣고 압력을 기포압으로 유지하고 총 부피를 측정한다.

② 수은을 배출시켜 시험관 압력을 줄이고 용해가스 방출을 유도한다.

③ 해당 압력을 유지한 상태에서 수은을 주입하며 해리된 가스를 분리한다.

④ 분리한 가스의 현재조건과 표준조건에서 부피를 측정한다.

⑤ 현재의 압력, 원유 부피, 제거된 가스 부피를 기록한다.

⑥ 다음 단계 압력에서 ②~⑤ 과정을 반복한다.

차등 팽창시험으로 얻은 측정값과 이를 바탕으로 필요한 계산을 하면 **표 5.3**과 같은 결과를

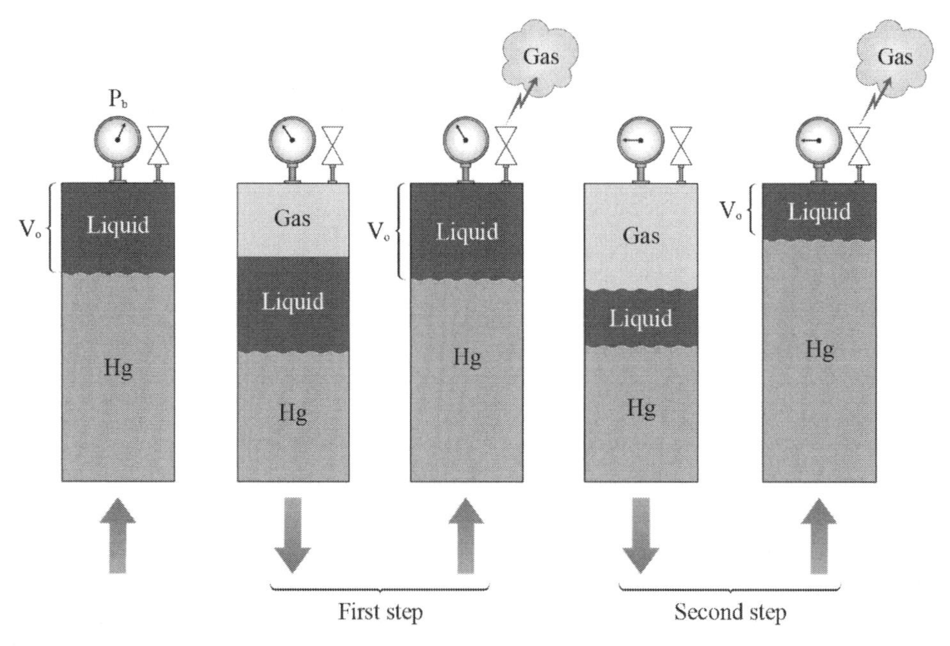

그림 5.8 차등 팽창실험 과정

표 5.3 차등 팽창실험 결과(기포압 2617 psig)

Pressure psig	Relative gas vol	Relative gas vol, SC	Cum. gas vol at SC*	Gas exp. factor	Z-factor	Relative oil vol
2617						
2350	0.0698	10.149	10.149	145.39	0.846	0.9713
2100	0.0682	8.820	18.969	129.25	0.851	0.9469
1850	0.0706	7.974	26.944	112.91	0.859	0.9244
1600	0.0790	7.612	34.556	96.32	0.872	0.9031
1350	0.0891	7.129	41.684	80.03	0.887	0.8825
1100	0.1110	7.129	48.813	64.21	0.903	0.8638
850	0.1412	6.887	55.700	48.78	0.922	0.8444
600	0.2027	6.887	62.587	33.98	0.941	0.8250
350	0.3872	7.612	70.199	19.66	0.965	0.8019
159	0.8027	7.370	77.569	9.18	0.984	0.7775
0			92.793			0.6719
0*			92.793			0.6250

- 모든 상대 부피는 기포압에서 원유 부피를 이용하여 측정함(저류층 온도 220 °F)
* 표준상태(SC) 온도 60 °F

얻는다. 이들을 이용하면 저류층 유체의 물성을 압력에 따라 얻을 수 있다. **표 5.3**의 하부에 명시된 대로 상대부피는 모두 기포압에서 원유 부피 1.0 rb_b를 기준으로 한다. 즉 저류층 온도와 기포압에서 원유 부피 1배럴을 기준으로 정규화한 값이다.

표 5.3에 대하여 구체적으로 알아보자. 첫 번째 컬럼은 차등 팽창실험 자료를 얻은 압력이고 기포압에서 시작하여 0 psig까지 감소한다. 두 번째 컬럼은 해당 압력의 감소로 인해 방출된 가스의 상대부피(rb/rb_b)이고 이를 표준상태로 팽창시킨 후 측정된 값(STB/rb_b)이 세 번째 컬럼, 누적된 부피(STB/rb_b)를 네 번째 컬럼에 표시하고 있다. 언급한 부피는 모두 기포압에서 원유 부피에 대한 비로 표현되었음을 다시 한번 유의해야 한다.

다섯 번째 컬럼은 가스 팽창계수로 두 번째 컬럼의 저류층 온도와 압력에서 부피에 대한 세 번째 컬럼의 표준상태 부피비이다. 팽창계수를 실험적으로 얻었으므로 식 (5.6)에서 Z-인자를 계산할 수 있다(여섯 번째 컬럼). 마지막 컬럼은 시험관에 남아 있는 원유의 상대부피(rb/rb_b)로 예상한 대로 1.0보다 작은 값을 보인다.

$$Z = 35.37\frac{P}{ET} \tag{5.6}$$

여기서, E는 팽창계수로 STB/rb 단위를 가지므로 scf/rcf와 같다.

(6) 분리기 실험

분리기 실험은 생산정 하부에 있는 원유가 분리기를 통해 표준상태로 생산되는 과정을 모사한다. 차등 팽창시험 자료를 이용하여 압력에 따른 원유 용적계수와 용해가스비를 계산하기 위해서는 저류층에서 생산된 유체가 분리기를 통해 저장탱크로 이동되는 과정을 고려해야 한다. 또한 분리기 압력에 따라 최종적으로 산출되는 원유량이 달라질 수 있어 적정한 조건을 결정하기 위해서도 필요하다.

분리기 실험은 **그림 5.9**와 같은 방법으로 이루어진다. 먼저 저류층 온도와 기포압 상태의 원유를 압력과 온도가 설정된 분리기로 보내고 표준상태에서 분리되는 가스와 액체의 양을 측정한다. 다양한 분리기 압력을 사용하여 **표 5.4**와 같은 결과를 얻었다면 원유 회수량이 가장 많은 경우가 분리기 운영조건으로 설정된다. 다른 설명으로 기포압 부피 대비 최종부피를 나타내는 수축인자(c_{bf})가 가장 큰 경우를 분리기 압력으로 결정한다. 수축인자의 단위는 STB/rb_b이다. **표 5.4**에 의하면 분리기 압력은 100 psia가 된다.

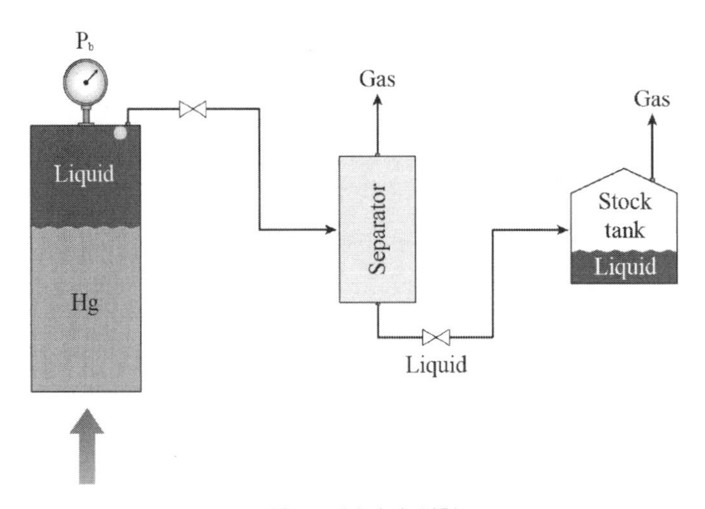

그림 5.9 분리기 실험

표 5.4 분리기 실험 결과(Stock tank 조건은 14.7 psia, 60 °F로 일정함)

Separator pressure, psia	Shrinkage factor c_{bf}, STB/rb_b	GOR, scf/STB
100	0.6784	768
200	0.6743	780
300	0.6689	795

(분리기의 온도는 75 °F로 일정함)

3) 물성 계산

(1) 원유 용적계수

균등 및 차등 팽창실험과 분리기 실험 자료를 이용하면 저류층 초기압력부터 표준압력까지 압력변화에 대한 원유 용적계수를 얻을 수 있다. **표 5.2**에 주어진 균등 팽창실험의 결과에서 기포압은 2631.4 psia이고 이때 부피는 63.29 cc이다. 이 부피를 이용하여 정규화한 것이 상대부피이다.

원유 용적계수는 표준상태 1.0 STB부피에 대한 저류층 조건에서의 부피비이다. 따라서 기포압에서 부피를 기준으로 정규화한 것을 1 STB 부피로 정규화하는 부피 보정이 필요하다. 결론적으로 분리기 실험에서 1 rb_b 부피는 c_{bf} STB가 되므로 그 부피비만큼 보정한다. 수치적으로 예를 들면 **표 5.4**에서 1/0.6784 rb_b 부피를 이용하여 분리기 실험을 하면, 1 STB를 얻는다. 따라서 표준조건에서 1 STB가 되도록 c_{bf}값으로 나누어 주며 사용할 최종식은 식 (5.7)과 같다.

$$B_o(rb/STB)= \frac{v_o(rb/rb_b)}{c_{bf}(STB/rb_b)} \tag{5.7}$$

따라서 기포압 이상에서 오일 용적계수는 균등 팽창실험에서 얻은 상대부피를 c_{bf}로 나누어 주면 된다. 또한 기포점 이하에서는 차등 팽창실험으로 얻은 원유의 상대부피(이 값도 역시 1 rb_b를 기준으로 정규화되어 표현되어 있음)를 수축인자 c_{bf}로 나누어 주면 된다. 이렇게 얻은 원유 용적계수는 **그림 5.4(b)**와 같다.

B_o는 초기압력에서 압력이 감소하면 원유의 팽창으로 증가하며 기포압에서 최댓값을 갖는다. 기포압 이하에서는 압력감소로 인한 원유 팽창보다 용해가스 방출로 인한 부피감소의 영향

이 더 커서 값이 감소하며 표준상태에서는 1이 된다. 원유 용적계수의 값은 **그림 5.4(b)**와 같은 경향은 보이나 조성에 따라 값의 차이를 보인다.

(2) 용해가스비

분리기 실험(**표 5.4**)에서 결정된 분리기 압력과 해당 압력에서 측정된 GOR을 보면 768 scf/STB이므로 이 값이 초기 용해가스비가 된다. 비록 1 rb_b가 c_{bf} STB로 부피가 감소하지만 **표 5.4**에 명시된 단위와 같이 GOR은 1 STB 대비 생산된 가스량을 측정한 것으로 추가적인 부피 보정이 필요하지 않다.

차등 팽창실험에서 얻은 방출된 가스의 총량은 초기와 현재 용해가스량의 차이이므로 다음과 같은 관계식이 성립한다. 따라서 기포압 이하에서 용해가스비는 식 (5.8)과 같다. 구체적으로 기포압 부피비로 측정된 값을 1.0 STB 기준으로 부피보정을 하고 용해가스비 단위로 변환한다.

$$(R_{si} - R_s)\left(\frac{scf}{STB}\right) = R_{pb}\left(\frac{STB}{rb_b}\right)\frac{1}{c_{bf}(STB/rb_b)}\frac{5.615\,scf}{STB}$$

$$R_s = R_{si} - 5.615\frac{R_{pb}}{c_{bf}} \tag{5.8}$$

여기서, R_{pb}는 **표 5.3**에 주어진 단위기포압 부피 대비 누출된 가스의 총량(STB/rb_b)이다.

식 (5.8)로 계산된 압력에 따른 용해가스비는 **그림 5.4(a)**와 같다. 기포압 이상에서는 가스방출이 없으므로 일정하지만 기포압 이하에서는 가스가 분리되어 값이 감소하고 표준상태에서는 0이 된다. 이는 표준상태 원유에 가스성분이 이론적으로 전혀 없다는 것이 아니고 추가적으로 방출되는 가스가 없다는 의미이다.

(3) 가스 용적계수

가스 용적계수는 표준상태 부피에 대한 저류층 조건에서의 부피비이므로 rb/STB나 rcf/scf나 동일한 값을 갖는다. 기포압 이상에서는 자유가스가 없으므로 값이 정의되지 않고 기포압 이하에서는 차등 팽창실험에서 얻은 팽창계수의 역수가 바로 가스 용적계수가 되며 식 (5.9)로 계산된다.

$$B_g = \frac{1}{E} \tag{5.9}$$

여기서, E는 **표 5.3**에서 저류층 조건과 표준조건에서 측정한 부피비로 얻은 팽창계수이다. 식 (5.9)로 계산된 가스 용적계수는 **그림 5.4(c)**와 같다. 또한 가스 용적계수와 팽창계수를 같이 그리면 **그림 5.10**과 같다. 가스는 압축성이 높아 압력이 높아질수록 B_g 값이 급격히 감소한다.

그림 5.10에서 볼 수 있듯이 가스 용적계수와 역의 관계에 있는 팽창계수는 압력과 선형적 관계를 보인다. 따라서 값이 주어지지 않은 압력에서 B_g 값은 팽창계수의 선형관계를 이용하여 구할 수 있다. 구체적으로 팽창계수를 외삽으로 구하고 그 역수를 계산하면 가스 용적계수를 얻을 수 있다. **그림 5.10**의 기포압에서 값을 나타내기 위해 이와 같은 방법으로 계산하였다.

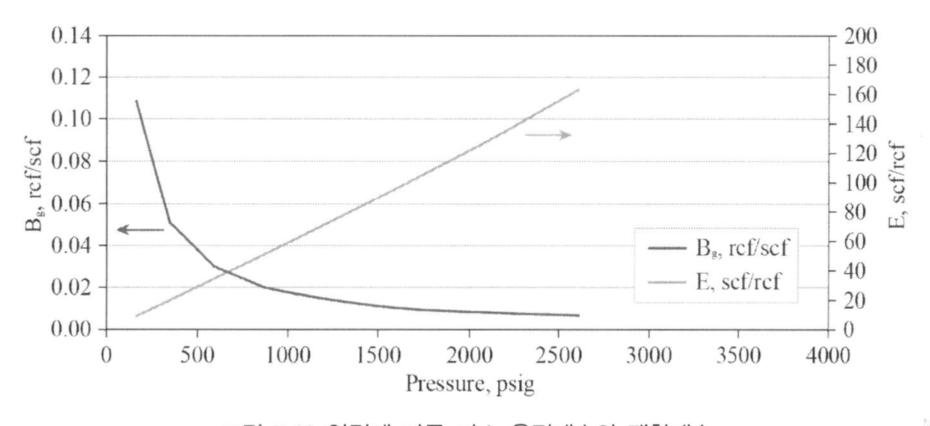

그림 5.10 압력에 따른 가스 용적계수와 팽창계수

(4) 총 용적계수

원유와 가스의 용적계수와 용해가스비를 얻었으므로 식 (5.4)에 의해 총 용적계수를 계산하면 **그림 5.11**과 같다. 기포압 이하에서는 배출된 가스의 팽창으로 그 값이 원유 용적계수보다 크지만 기포압 이상에서는 자유가스의 영향이 없으므로 값이 일치한다. 또한 **그림 5.4(b)**에서 원유의 용적계수가 기포점 이하에서 크게 변화하는 것같이 보이지만, 총 용적계수와 비교하면 상대적 변화를 알 수 있다. 지금까지 계산된 결과를 정리하면 **표 5.5**와 같다.

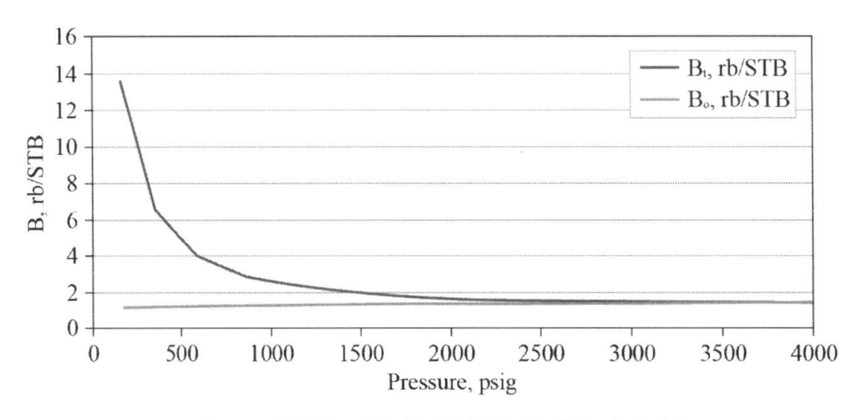

그림 5.11 압력에 따른 총 용적계수와 원유 용적계수

표 5.5 PVT 계산결과(기포압 2617 psig)

P, psig	B_o, rb/STB	R_s, scf/STB	B_g, rcf/scf	E, scf/rcf	B_t, rb/STB
4000	1.441	768			1.441
3500	1.452	768			1.452
3000	1.464	768			1.464
2900	1.467	768			1.467
2800	1.469	768			1.469
2617	1.474	768	0.00613	163.08	1.474
2350	1.432	684	0.00688	145.39	1.535
2100	1.396	611	0.00774	129.25	1.612
1850	1.363	545	0.00886	112.91	1.714
1600	1.331	482	0.01038	96.32	1.860
1350	1.301	423	0.01250	80.03	2.069
1100	1.273	364	0.01557	64.21	2.394
850	1.245	307	0.02050	48.78	2.928
600	1.216	250	0.02943	33.98	3.931
350	1.182	187	0.05087	19.66	6.446
159	1.146	126	0.10891	9.18	13.598

(5) 점성도

오일 점성도는 용해가스의 양에 영향을 받으므로 이를 고려해야 한다. 구체적으로 기포압 이

상에서는 해당 압력에서 점성도계를 이용하여 점성도를 측정한다. 압력이 기포압보다 낮은 경우 각 차등 팽창실험에서 해리된 가스를 제거한 원유를 이용하여 점성도를 측정한다. 압력을 낮추어 필요한 측정을 반복한다.

가스의 경우 점성도의 측정도 어렵고 시간도 오래 걸린다. 따라서 직접 측정하지 않고 각 압력에서 차등 팽창실험으로 얻은 가스비중을 이용하여 상관식으로 예측한다. 이제까지 설명한 내용을 이해하였다면 다음 예제를 쉽게 풀 수 있다.

〈예제 5.1〉 지하회수량 계산

측정된 원유와 가스의 생산량이 각각 Q_o STB/day와 Q_g scf/day이다. 저류층 유체는 그림 5.4와 같은 물성을 가질 때 다음 물음에 답하라.

(1) 이 상태에 상응하는 석유의 총 지하회수량은 몇 rb/day인가?

(2) 저류층 평균압력이 2100 psig이면 원유생산량 1500 STB/day, 가스생산량 1.225 MMscf/day에 상응하는 지하회수량을 구체적으로 계산하여라.

(3) 표준상태에서 석유의 밀도가 54 lb/ft^{3}이고, 가스비중이 0.67일 때 2100 psig의 저류층에서 석유의 압력구배를 평가하여라.

해답 1 문제는 원유생산량 Q_o와 총 용적계수 B_t의 곱을 구하는 것이다. 주어진 자료에 의하면 가스원유비 $R_p = Q_g/Q_o$이고 B_t는 다음과 같이 계산할 수 있다. 따라서 지하 저류층 조건에서 부피는 Q_oB_t rb/day이다.

$$B_t\left(\frac{rb}{STB}\right) = B_o + (R_p - R_s)\left(\frac{scf}{STB}\right)B_g\left(\frac{rcf}{scf}\right)\left(\frac{rb}{5.615\,rcf}\right), \text{ 여기서 } R_p = Q_g/Q_o$$

해답 2 그림 5.4 자료를 나타내는 표 5.5의 2100 psig 조건에서 B_o, B_g, R_s를 읽고 위에서 제시된 식을 이용하여 계산하면 다음과 같다.

$$R_p = 1.225\text{E} + 06/1500 = 816.7$$

$$Q_oB_t = Q_o\left[B_o + (R_p - R_s)B_g\left(\frac{rcf}{scf}\right)\left(\frac{rb}{5.615\,rcf}\right)\right] = 1500 \times 1.585 = 2378\,rb/day$$

해답 3 표준상태에서 원유밀도를 알고 있으므로 무게를 알 수 있다. 저류층 상태에서 부피는 B_o

가 되고 용해된 가스로 인하여 증가된 무게를 더해 주면 된다. 공기밀도는 0.0763 lb/ft^{3}이므로 주어진 가스비중을 사용하여 용해가스 질량을 구하고 저류층 조건에서 원유밀도를 계산하면 다음과 같다. 식이 복잡해 보이지만 밀도를 계산하기 위한 단위변환을 일관성 있게 한 것이다.

$$\rho_o = \frac{mass}{volume} = \frac{54\left(\frac{lb}{ft^3}\right)\left(\frac{5.615\,ft^3}{STB}\right) + R_s\left(\frac{scf}{STB}\right)0.67 \times 0.0763\left(\frac{lb}{scf}\right)}{B_o\left(\frac{rb}{STB}\right)\left(\frac{5.615\,rcf}{rb}\right)} = 43.51\,\frac{lb}{rcf}$$

밀도를 얻으므로 압력구배를 계산하면, 0.302 psi/ft가 된다.

5.3 저류층 유체거동

1) 가스전 거동

탄화수소의 혼합물인 석유는 온도와 압력 그리고 조성에 따라 서로 다른 상거동을 보인다. 이는 생산에 따른 미래 거동을 예측하는 데도 중요하다. 전통적으로 석유공학에서는 저류층 유체의 상거동에 따라 **표 5.6**와 같이 다섯 가지로 분류한다. 저류층 유체의 조성과 저류층 초기온도 그리고 생산조건에 따른 압력에 영향을 받는다.

표 5.6 생산물과 생산거동에 따른 분류(McCain Jr., 1994)

Name	Initial GOR	API gravity	C7+ mole %	rb/STB at P_b	Color
Dry gas	(100000)	Little liquid	(<0.7)		Little liquid
Wet gas	(>15000)	up to 70	(<4)		Water white
Retrograde gas	>3200	>40	<12.5		Lightly colored
Volatile oil	1750 ~ 3200	>40	12.5 ~ 20	>2	Colored
Black oil	<1750	<45	>20	<2	Dark

(여기서, 괄호로 표시된 값은 범위가 매우 커서 대표성이 부족하다는 의미임)

(1) Dry gas

Dry gas는 건성가스라고 하며 주로 메탄으로 구성되어 탄소체인이 긴 성분들이 적기에 지상에서 응축물이 발생하지 않는 가스이다. 원유로 분류되는 액체 응축물이 거의 발생하지 않으므로 계산되는 GOR이 100000 이상을 보이지만 이는 경우에 따라 달라진다.

그림 5.12(a)는 dry gas의 전형적인 상 다이어그램으로 다양한 이름(phase envelope, saturation envelope, two-phase region 등)으로 불린다. 임계점이 좌측 아래쪽에 위치하며 2상 영역이 상대적으로 좁게 분포한다. 또한 2상 영역에서 액상의 부피비를 나타내는 선(iso-volume line, volume % line)이 기포압 라인에 인접하여 분포한다.

그림 5.12(a)에서 1은 현재 저류층 압력과 온도 조건을 표시하고 점선은 생산으로 인한 저류층 내 압력감소를 나타낸다. 저류층 온도는 최대임계온도보다 높으며 생산으로 인해 압력이 감소하더라도 그 조건이 2상을 나타내는 상거동 다이어그램에 포함되지 않는다. 따라서 저류층 내에서 액체상이 생성되지 않는다. 지상 분리기 조건도 단상조건을 나타내므로 응축물이 거의

발생하지 않는다. 일부 저류층의 경우 응축물이 소량 발생할 수 있으며, 이로 인해 GOR은 매우 높은 값을 보인다.

(2) Wet gas

Wet gas는 습성가스라고 하며 지상에서 응축물이 생성되기 때문에 이와 같이 불린다. **그림 5.12(b)**에서 볼 수 있듯이 저류층 온도는 최대임계온도 이상이고 저류층에서는 생산기간 동안 단상으로 존재하지만 분리기 조건이 2상 영역에 포함되므로 응축물이 발생한다. 응출물의 API 밀도는 50~70으로 높고 색은 물과 같은 무색이다. 계산되는 GOR은 15000 이상의 값을 보이지만, 이는 경우에 따라 다양한 범위를 가진다.

(3) Retrograde gas

Retrograde gas는 역행가스라 한다. **그림 5.12(c)**와 같이 저류층 초기조건에서 압력이 감소하면 이슬점 압력에서 응축물이 생성되기 시작한다. 이는 조성에 따른 상거동과 주어진 온도, 압력에 따라 나타나는 자연스러운 현상이다. 압력이 감소하면 액상부피가 증가하다가 압력이 더 감소하면, 이제까지의 경향과는 "역행"하는 가스화 현상을 보여 반대로 액상이 줄어든다. **그림 5.12(c)**에서 점선으로 표시된 저류층 내 압력감소에 따라 액상비율이 약 17% 정도로 증가하다가 12.5%로 줄어드는 모습을 보인다.

또한 압력이 감소하면 가스량이 많아지는 것이 일반적인 현상인데 가스가 액체로 변하는 "역행" 현상을 보여 이와 같이 불린다. 역행가스 현상을 보이는 저류층은 다음과 같은 조건을 만족한다. **그림 5.12(c)**에서 만일 저류층 온도가 임계온도보다 낮으면 위에서 설명한 역행현상이 발생하지 않는다.

- 저류층 온도는 임계온도와 최대임계온도 사이
- C7+ 몰 함량 < 12.5%
- GOR > 3200

역행가스에서 생성된 액체를 가스 응축물이라 하며 API 밀도는 40보다 크고 가벼운 색을 나타낸다. GOR이 3200 이상인 것은 일관되게 관찰되나 최댓값은 15000~70000 사이로 다양하게 나타난다.

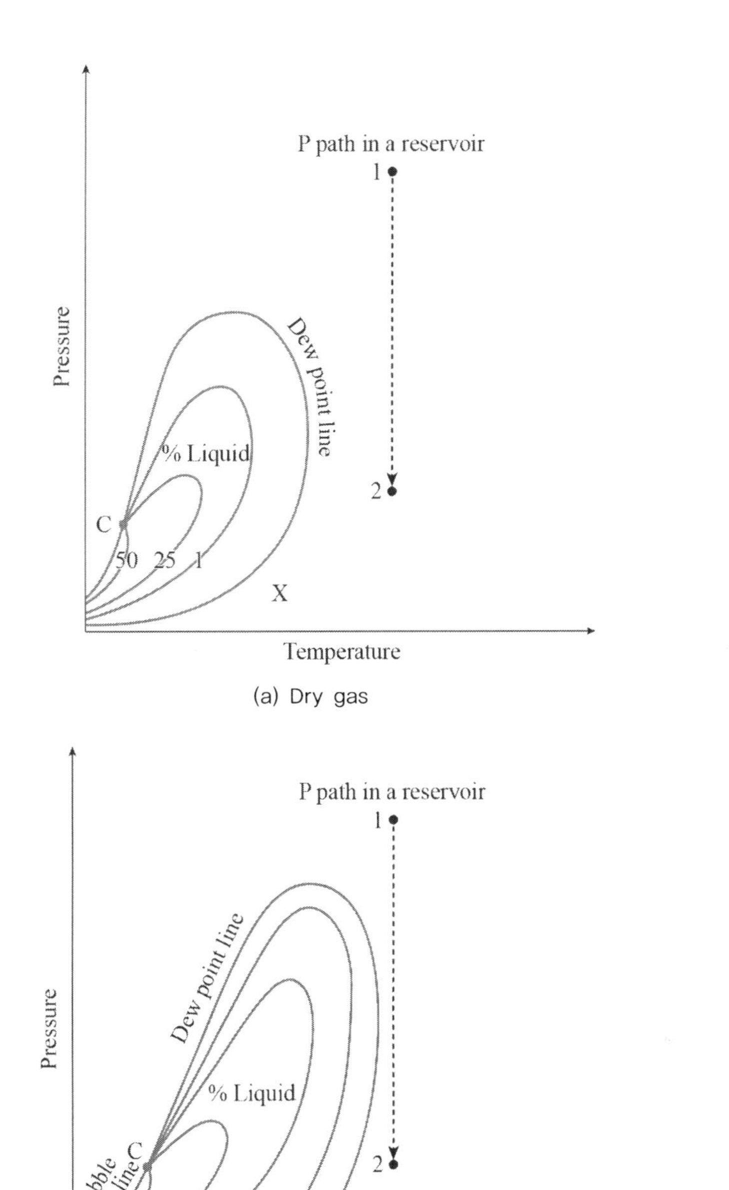

(a) Dry gas

(b) Wet gas

그림 5.12 가스전 종류에 따른 전형적인 상거동(X: 분리기 온도와 압력 조건, C: 임계점)(계속)

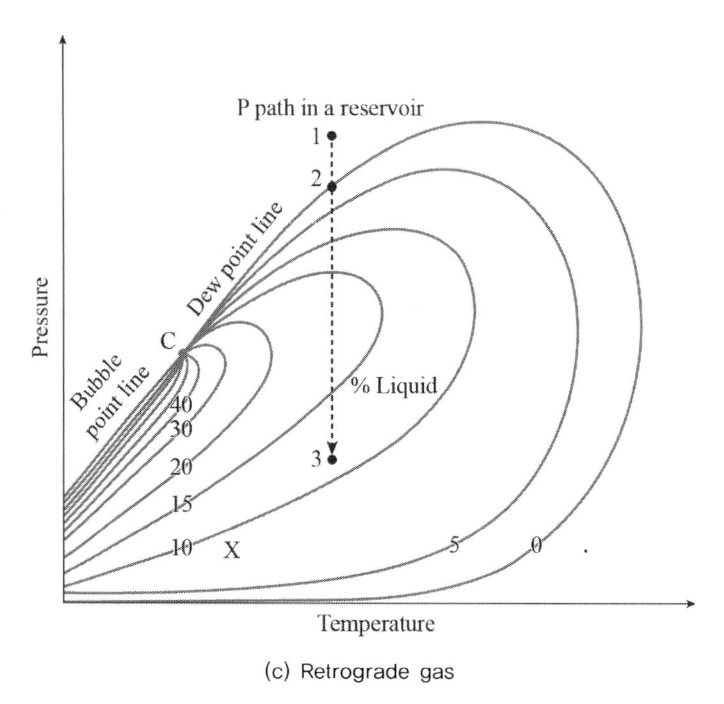

(c) Retrograde gas

그림 5.12 가스전 종류에 따른 전형적인 상거동(X: 분리기 온도와 압력 조건, C: 임계점)

2) 유전 거동

(1) Volatile oil

Volatile oil은 고수축 오일이라고 하며 이름에서 알 수 있듯이 압력변화에 따른 부피변화가 커서 기포압에서 오일 용적계수가 2보다 높다. 이는 지하 저류층에서 2배럴을 생산하였지만 지상 표준상태에서는 1배럴 정도의 원유를 얻는다는 의미이다.

또한 **그림 5.13(a)**에서 볼 수 있듯이 저류층 온도가 임계온도보다 조금 낮은 값을 가지며 생성되는 가스는 주로 역행가스의 특징을 보인다. 저류층 압력이 감소하면 가스량이 많이 증가하므로 저류층 압력관리에 주의를 요한다. 원유색은 갈색, 오렌지색, 진한 녹색 등 다양하게 나타날 수 있으며 모든 경우 원유색은 저류층 유체유형을 판단하는 데 좋은 기준이 아니다.

- 저류층 온도는 임계온도보다 낮음
- 12.5% < C7+ 몰 함량 < 20%
- 1750 < GOR < 3200

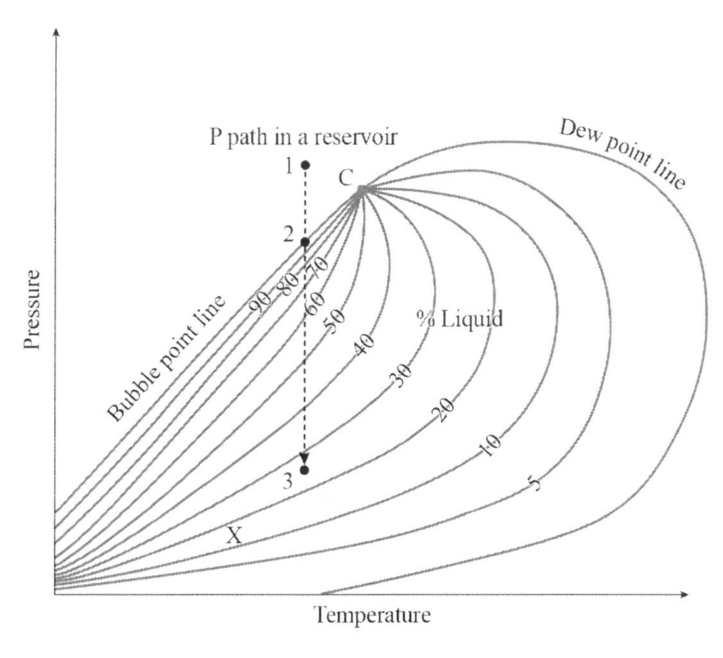

(a) Volatile oil(High shrinkage oil)

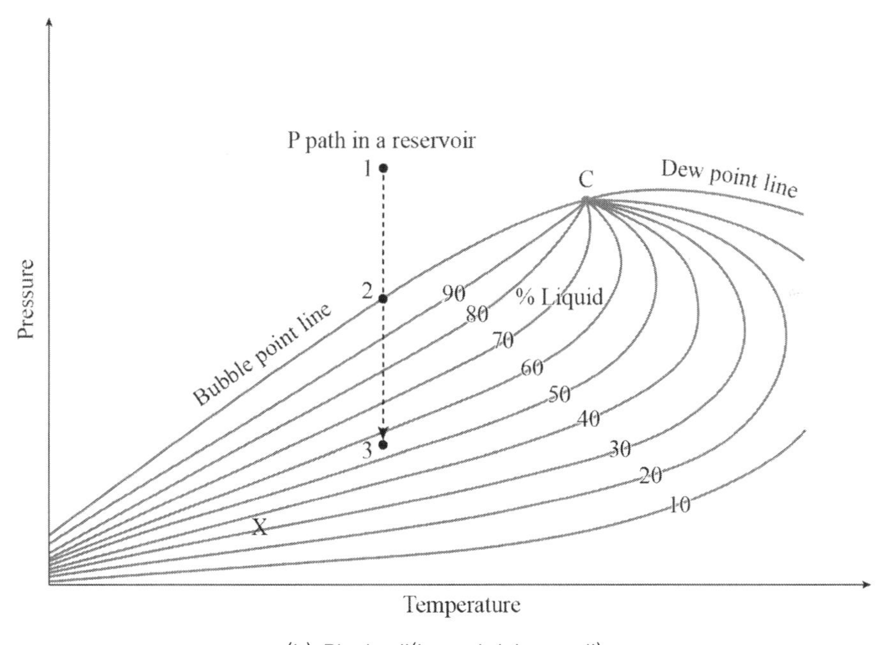

(b) Black oil(Low shrinkage oil)

그림 5.13 유전 종류에 따른 전형적인 상거동(X: 분리기 온도와 압력 조건, C: 임계점)

(2) Black oil

Black oil은 저수축 오일이라고 하며 일반적으로 기포압에서 오일 용적계수가 2보다 낮다. 무거운 성분을 대표하는 C7+ 함량이 높고 진한 갈색이나 검은색을 나타내 "블랙오일"이라 불린다. 블랙오일의 공학상 의미는 물성변화를 압력의 함수로 나타낼 수 있다는 것으로 **그림 5.4**는 그 예이다. 만일 물성변화를 압력의 함수로 나타낼 수 없으면, 이는 조성모델로 모사하여 각 구성성분에 따른 상거동을 고려하여야 한다.

블랙오일은 **그림 5.13(b)**와 같이 상거동을 보이며 다음과 같은 특징이 있다.

- 저류층 온도는 임계온도보다 낮음
- C7+ 몰 함량 > 20%
- GOR < 1750
- API 밀도 < 45

Petroleum Engineering

연구문제

1 다음 경우에 임계온도와 임계압력을 정의하라.

(1) 단일 물질

(2) 두 물질 이상 혼합물

2 다음 용어들을 정의하라.

(1) Bubble point line

(2) Dew point line

3 다음 용어들을 정의하라.

(1) Gas-oil ratio

(2) Solution gas-oil ratio

(3) Formation volume factor

(4) Expansion factor

(5) Compressibility factor

4 식 (5.5)를 가스상태방정식을 이용하여 유도하라.

5 표 5.2 균등 팽창실험 자료를 이용하여 기포압을 예상하라.

6 저류층 유체샘플을 이용한 PVT 분석의 주요 5대 실험과 목적을 설명하라.

7 표 5.3 차등 팽창실험 및 표 5.4 분리기 실험자료를 이용하여 압력에 따른 다음 물성을 구체적으로 계산하고 그래프로 나타내라.

(1) Oil formation volume factor

(2) Solution gas-oil ratio

(3) Gas formation volume factor

(4) Gas expansion factor

(5) Total formation volume factor

8 표 5.5 자료를 이용하여 다음 물음에 답하라.

(1) 저류층 압력 3000 psig, 원유생산량은 2000 STB/day일 때, 지하회수량과 가스생산량을 예상하라.

(2) 저류층 압력 2617 psig일 때, 문제 (1)을 반복하라.

(3) 저류층 압력 1600 psig, 원유생산량 1500 STB/day, 가스생산량 1.5 MMscf/day일 때, 지하회수량을 계산하라.

(4) 원유와 가스의 생산량이 (3)번과 같고 압력이 600 psig일 때 지하회수량을 평가하라.

9 표 5.5 자료를 이용하여 다음에 주어진 저류층 조건에서 원유밀도를 평가하라. 표준조건에서 원유밀도는 56 lb/ft^3이고 가스의 비중은 0.65이다.

(1) 3000 psig

(2) 2617 psig

(3) 1600 psig

(4) 600 psig

석유생산

Petroleum Engineering

Chapter 6

석유생산

6.1 생산 메커니즘

1) 생산량 결정

(1) 저류공학

석유생산은 매우 광범위한 영역을 포함하므로 여기서는 성공적인 개발단계를 거쳐 해당 저류층의 유체 특성과 매장량에 맞게 생산기법이 평가되고 선정되어 필요한 생산시설이 완료된 것을 전제로 한다. 따라서 우리의 주 관심사는 저류층 압력을 관리하며 최적 생산을 달성하는 것이다. 이를 위해서는 **그림 6.1**과 같이 석유공학 지식을 바탕으로 저류층 거동을 이해하는 저류공학자의 역할이 중요하다. 왜냐하면 이용 가능한 자료를 활용하여 의사결정을 가능하게 하기 때문이다.

주어진 조건에서 생산량과 저류층 거동을 모사할 수 있는 컴퓨터모델링도 중요한 수단이 된다. 또한 과거 생산자료를 활용한 물질수지 분석은 초기에 가정한 저류층의 생산 메커니즘을 확인하고 매장량을 예측할 수 있게 한다. 저류공학자는 물질수지 분석과 저류층 모델링을 상호 보완하여 저류층의 지속적 관리를 가능하게 한다.

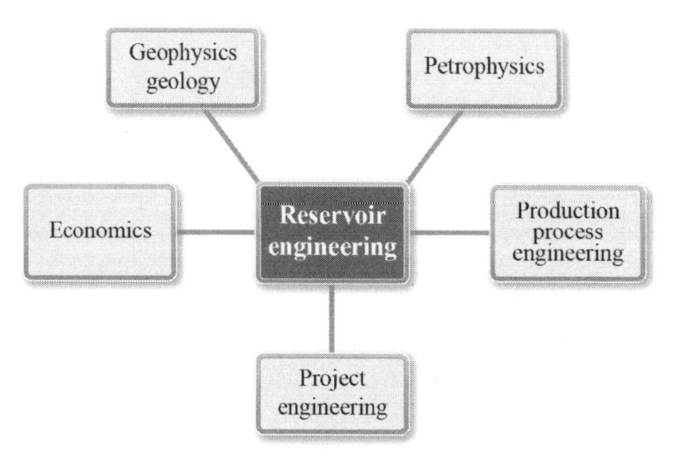

그림 6.1 저류공학자의 역할

(2) 생산과정

그림 6.2는 유정이 완결되고 생산을 위한 모든 시설이 설치되어 실제 생산되고 있는 모습을 개념적으로 간단히 나타낸 것이다. 저류층에서 유정 바닥까지 유입된 원유와 가스는 생산관을 통해 지상으로 이동하며 분리기를 통해 액체와 가스가 분리되고 원유는 저장탱크에 저장되거나 처리를 위한 장소로 이송된다.

분리기는 내부 구조가 복잡하고 기체-액체 혼합물을 효율적으로 분리하기 위한 다양한 특허 디자인이 있지만 기본원리는 간단하다. 먼저 중력과 충돌포집의 원리로 기체와 액체(물과 원유)를 분리하고 가스는 위쪽, 액체인 원유는 옆으로, 물은 아래로 배출하는 구조로 되어 있다. GOR이 높아 넓은 표면적이 필요한 경우 수평형을 사용하고 GOR이 낮은 경우 공간도 덜 차지하며 액체의 높이 조절과 고체 이물질 청소도 용이한 수직형을 사용한다.

생산된 가스는 처리 후 일부는 현장에서 필요한 전력을 얻기 위하여 가스발전기 연료로 사용되며 나머지는 파이프라인을 통해 판매하거나 판매처가 없는 경우에는 다시 주입하여야 한다. 과거에는 주로 현장에서 소각하였지만 환경규제가 강화되면서 허가된 소각량 이상은 모두 주입하여야 한다.

가스전인 경우 이미 판매가 계획되어 있으므로 소비지로 보내거나 LNG 공정으로 보낸다. 이를 위해서는 최소한의 처리 후에 다음 처리를 위해 파이프라인으로 수송할 수 있으며 판매를 위해 계약서에 명시된 품질규정에 맞게 처리 후 보낼 수도 있다. 가스의 품질규정은 수분의 양, 부식 및 독성가스 함량, 최소 열량, 불순물의 양 등이 허용 최댓값으로 명시된다.

저류층 압력이 높아 유정 하부의 압력도 높은 경우, 저류층 유체는 자신이 가진 압력으로 지상까지 흐를 수 있어 유정 상단에 설치된 크리스마스트리(XT)의 압력을 조절하며 생산한다. 가스전은 이와 같은 생산의 대표적 예이다. 하지만 원유는 압축성이 낮아 저류층 압력이 빠르게 감소하므로 시간이 지나면 자력으로 지상까지 유동하지 못한다. 이런 경우에는 유정 하부에 있는 원유를 생산하기 위한 다양한 기법이 적용된다.

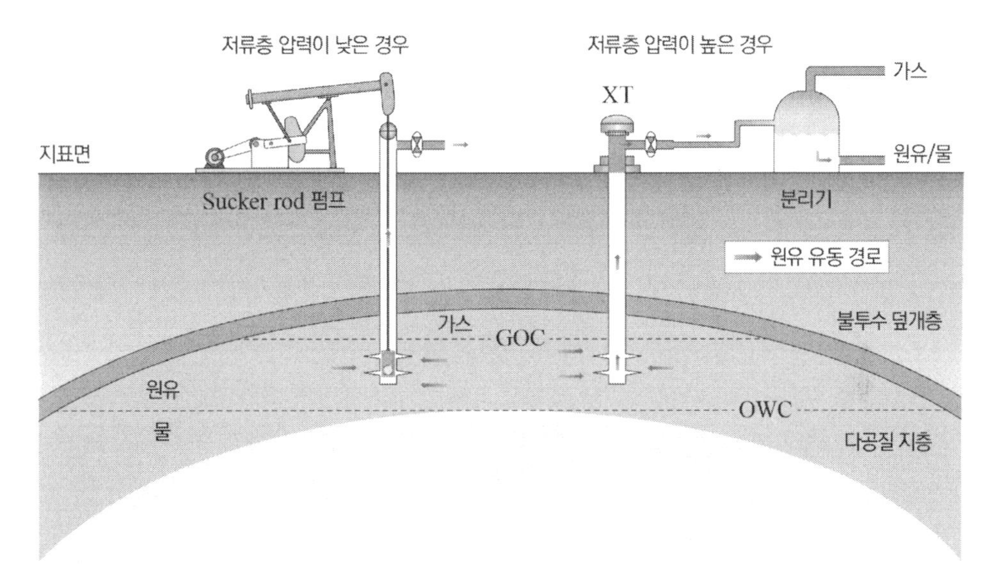

그림 6.2 석유생산의 개념적 모습

(3) 생산량 결정

주어진 저류층 조건에서 유정 유동압력 P_{wf}가 저류층 압력과 같으면 유동은 없다. 하지만 압력을 낮추면 유정으로 유입량이 늘어나고 반대로 높이면 그 양이 줄어든다. 이와 같이 P_{wf} 변화에 대한 유입량 관계를 IPR 또는 IPC라 하며 **그림 6.3**과 같은 전형적인 모습을 보인다. 만일 저류층 투과율이 일정하고 정상상태라면 Darcy식을 통해 그 관계를 쉽게 알 수 있지만, 불균질한 저류층에서는 전산모델링을 활용한다.

시추공 바닥에서 지상까지 유동하는 경우, 전체 압력손실을 계산하면 식 (6.1)과 같다. 구체적으로 수직높이에 의한 정수압 손실, 유동에 따른 마찰손실, 속도변화로 인한 가속손실의 합으로 나타난다. 따라서 저류층에서 유정으로 유입된 유체가 지상으로 유동하기 위해서는 P_{wf}가 식 (6.1)로 표현된 모든 압력손실과 XT의 운영압력 합보다 커야 한다. 만일 그렇지 못하면 해당 유량을 유지할 수 없거나 P_{wf}가 작은 경우 유동 자체가 중단된다.

$$\Delta P_t = \Delta P_{ele} + \Delta P_{fri} + \Delta P_{acc} \tag{6.1}$$

여기서, ΔP_t는 총 압력손실, ΔP_{ele}는 높이에 따른 정수압, ΔP_{fri}는 유동으로 인한 마찰손실, ΔP_{acc}는 가속으로 인한 압력손실이다.

일정한 XT 압력조건에서 생산량이 증가하면 마찰손실이 증가하므로 P_{wf}도 증가한다. 이와 같은 관계를 TPR 또는 TPC라 하며 **그림 6.3**과 같은 모양을 보인다.

그림 6.3에서 P_{wf}가 낮으면 많은 양이 유정으로 유입되지만 이를 지상까지 유동시킬 수 없다. 반대로 P_{wf}가 높으면 지상까지 쉽게 유동하지만 생산량은 줄어들어 수익성이 감소한다. 결론적으로 저류층에서 유정으로 유입된 유체는 생산관을 통해 생산되어야 하므로 두 곡선이 만나는 지점에서 유량과 P_{wf}가 결정된다. IPR과 TPR 관계는 유정에서 생산량을 증대시킬 수 있는 기본원리가 된다.

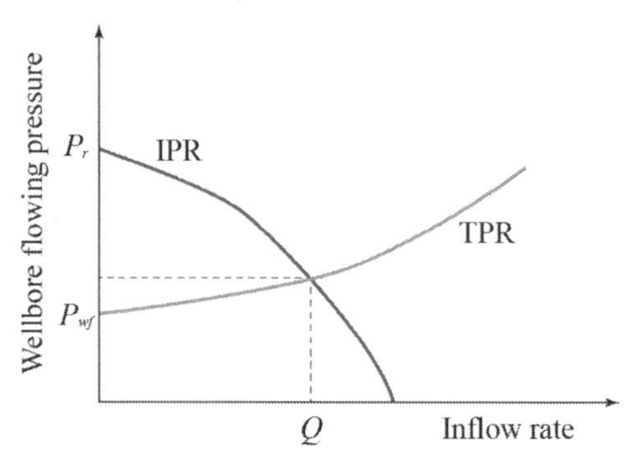

그림 6.3 IPR 및 TPR과 운영조건

만약 산처리나 수압파쇄를 통하여 IPR이 개선되면 **그림 6.4(a)**에서 생산량은 Q_1으로 향상되지만 그렇지 않은 경우 Q_2로 감소한다. 비슷한 원리로 생산되는 유체밀도를 생산관 내에서 인위적으로 낮추거나 펌프를 설치하는 경우, 생산에 필요한 압력감소가 줄어 생산량이 Q_3로 늘어나지만 반대의 경우 Q_4로 줄어든다. 만일 IPR과 TPR을 동시에 개선한다면 생산량은 현저히 향상된다.

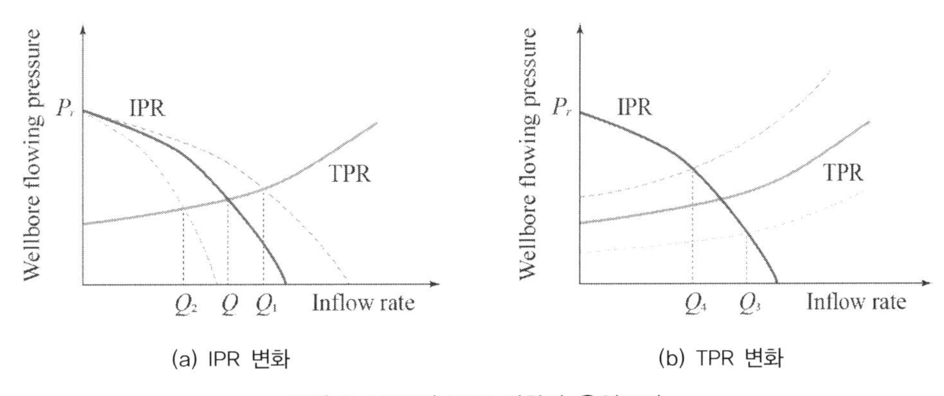

(a) IPR 변화 (b) TPR 변화

그림 6.4 IPR과 TPR 변화와 운영조건

(4) 생산 메커니즘

가. Solution gas drive

저류층에서 석유가 생산되는 주요 메커니즘을 drive라 하며 동일한 저류층에서도 다양한 메커니즘이 혼합되어 나타난다. 저류층 초기압력이 기포압보다 높으면 자유상으로 존재하는 가스가 없다. 따라서 원유생산으로 저류층 압력이 감소하면 유효압력의 감소로 저류층은 수축하고 원유와 물은 팽창하는 효과로 생산되는 메커니즘이 Solution gas drive이다. 다음에 설명할 Compaction drive는 저류층의 압축성이 저류층 유체의 압축성보다 상대적으로 커서 그 영향을 무시할 수 있을 때를 의미한다.

저류층 부피가 감소하지 않고 원유나 물이 팽창하지 않는다면 저류층 압력감소가 과도할 수 있지만 언급한 영향으로 압력감소가 덜 발생한다. 저류층 압력이 기포압 이하로 내려가 방출된 가스량이 많아지면 가스의 압축성으로 인한 압력유지 효과가 커질 수 있다. 하지만 저류층과 물의 압축성이 낮아서 영향이 미미하기에 이로 인한 생산효율은 대부분의 경우 10% 이하로 낮다.

운영 측면에서 초기압력이 기포압 이하로 조기에 도달하면 유정 부근에서 발생한 가스로 인하여 원유유동에 방해되며 가스생산량이 과도할 수 있다. 이를 방지하기 위해서도 저류층 압력을 잘 관리하는 것이 필요하며 적절한 압력유지를 위해 증진회수법을 적용할 수 있다.

나. Compaction drive

Compaction drive는 저류층의 압축성이 좋아 저류층 압력이 감소하면 저류층이 수축하므로 원유를 밀어내는 원리이다. 저류층이 외부와는 격리되어 있지만 대부분 압축계수는 작아

Compaction drive로 생산되는 예는 드물다. 하지만 북해의 Ekofisk 유전은 이 기작으로 생산된 대표적인 예이며 저류층의 수축정도가 심하여 생산으로 인해 해저면이 침하하는 현상까지 동반하였다.

다. Gas cap drive

저류층 초기압력이 기포압보다 낮은 경우에는 원유층 상부에 가스층이 존재하며 이를 Gas cap이라 한다. 전통적으로 소량으로 생산되는 가스는 처리에 어려움이 있고 비용을 야기시키므로 현장에서는 원유생산을 최대화하고자 한다. 따라서 원유를 포함하고 있는 지층을 천공하여 생산한다.

원유생산으로 저류층 압력이 감소하면 압축성이 높은 가스가 팽창하여 저류층 압력감소를 보상하므로 상대적으로 저류층 압력이 높게 유지된다. 이와 같은 원리로 생산되는 것이 Gas cap drive이며 Gas cap의 크기에 따라 생산효율이 달라진다. Gas cap 크기는 생산자료를 이용한 물질평형방정식으로 예상할 수 있다. 만일 생산된 가스를 다시 Gas cap으로 주입하면 효율을 높일 수 있다.

라. Water drive

저류층 경계면이 대수층과 접하고 있을 때 원유생산으로 인한 빈 공간을 지층수가 채워 주면 저류층 압력감소가 줄어든다. 달리 표현하자면 지층수가 원유를 계속 밀기에 저류층 압력이 일정하게 유지되며 생산되어 회수율이 높다. 일반적으로 원유층 하부에는 물층이 존재하지만 이로 인한 영향은 대부분 미미하고 측면에서 대수층과 접하고 있을 때 그 영향이 크게 나타난다. 이와 같은 Water drive를 인위적으로 만든 것이 주입정을 통해 물을 주입하는 수공법이다.

마. Depletion drive

Depletion drive는 가스전에서 생산에 따라 압력이 감소하며 생산되는 메커니즘이다. 만일 저류층의 온도가 일정하고 물의 유입이 없으며 공극의 수축도 무시할 수 있을 때, 저류층의 평균압력과 누적생산량은 식 (6.2a)의 관계가 있다.

$$\frac{P}{Z}=\frac{P_i}{Z_i}\left(1-\frac{G_p}{G}\right) \tag{6.2a}$$

여기서, G_p는 누적 가스생산량이고, G는 총 가스부존량이며 하첨자 i는 초기조건을 의미한다. 식 (6.2a)는 P/Z그래프로 잘 알려져 있으며 저류층 평균압력에서 계산된 Z-인자와 가스 누적생산량을 그리면 **그림 6.5**와 같다. 식 (6.2a)로 주어진 선형관계를 이용하면 우리는 많은 정보를 어렵지 않게 얻을 수 있다.

먼저 P_{ab}같이 특정 압력에서 생산을 중단하고자 할 때, 미래 누적생산량(G_{ab})과 회수율(G_{ab}/G)을 알 수 있다. P_{ab}는 저류층 압력뿐만 아니라 가스압축기의 설치와 판매계획에 따라서 달라진다. 또한 압력이 0 psig인 그래프 절편값을 이용하면 초기부존량(G)을 알 수 있다.

누적생산량 경향이 직선에서 벗어나는 정도를 보면 저류층으로 유입되는 물의 유무를 판단할 수 있다. 다시 한번 강조하지만 식 (6.2a)는 매우 단순화된 가정에서 유도된 것으로 지층수의 유입을 고려하면 식 (6.2b)가 되며 누적생산량과는 비선형관계를 나타낸다.

$$\frac{P}{Z}=\frac{P_i}{Z_i}\frac{\left(1-\frac{G_p}{G}\right)}{\left(1-\frac{W_eB_wE_i}{G}\right)} \tag{6.2b}$$

여기서, W_e는 지층수 누적유입량, B_w는 지층수 용적계수, E_i는 초기 팽창계수이다. 식 (6.2b)를 적용할 때, 단위의 일관성에 유의하여야 한다. 구체적으로 W_e와 G의 단위가 같도록

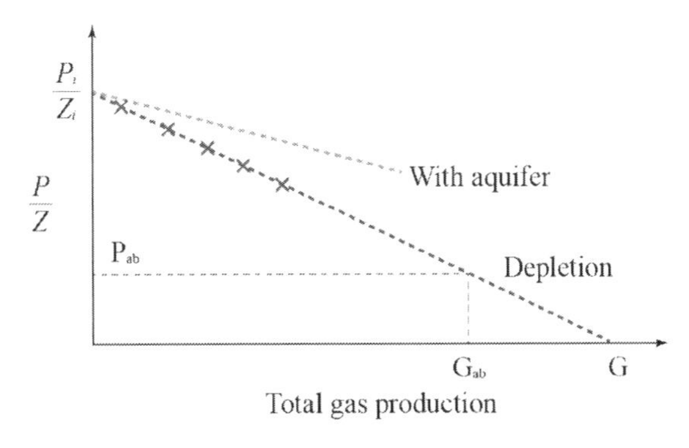

그림 6.5 가스전 물질평형식(P/Z plot)

변환하여야 한다.

2) 생산거동 분석

원유와 가스의 미래 생산량을 예측하는 것은 의사결정에 매우 중요하나 현실적으로 어렵다. 이는 저류층이 비균질하고 복잡한 데 비하여 알고 있는 정보는 제한되어 있기 때문이다. 현재 저류층 모델이 과거 생산량 자료를 재생하도록 저류층 모델을 갱신하는 특성화 과정을 거치면 불확실성을 현저히 줄일 수 있다. 또한 다수의 모델을 사용하는 앙상블 기반 기법을 활용하면 불확실성의 정량화가 가능하다(Kang and Choe, 2020; Jung et al., 2017, 2018; Lee et al., 2017).

(1) Arps 경험식

생산량 자료가 주어진 경우 생산량이 시간에 따라 감소하는 경향을 분석하면 그 경향을 바탕으로 미래 생산량을 예측할 수 있다. 이는 가장 간단한 방법 중의 하나이며 실제 관찰된 자료를 사용한다는 장점이 있다. 이와 같은 기법이 감퇴곡선법이다.

감퇴곡선법의 이론적 기반은 Arps의 경험식이다. Arps(1944)는 다양한 생산량의 변화경향에 대한 연구를 하며 각 유량을 시간에 따른 유량 변화율로 나누면 이들 값에 대한 시간적 변화는 일정하다는 것을 알았다. 이를 수학적으로 표현하면 식 (6.3)과 같다. 또한 생산량의 감퇴율을 식 (6.4)로 표현하면, b와 D는 식 (6.5a)의 관계가 있어 b는 감퇴율의 역수에 대한 시간변화율을 의미한다. 식 (6.5a)를 적분하면 식 (6.5b)가 된다.

$$b = -\frac{d}{dt}\left(\frac{Q}{\frac{dQ}{dt}}\right) = constant \tag{6.3}$$

$$D = -\frac{1}{Q}\frac{dQ}{dt} \tag{6.4}$$

$$b = \frac{d}{dt}\left(\frac{1}{D}\right) \tag{6.5a}$$

$$D = \frac{D_i}{1 + bD_i t} \tag{6.5b}$$

여기서, b는 감퇴율 D의 역수에 대한 시간 변화율이다.

(2) 지수 감퇴곡선법

지수 감퇴곡선법은 식 (6.5b)에서 b가 0인 경우로 식 (6.6)으로 표현된다. 임의의 시간 t에서 생산량은 초기생산량에서 일정한 감퇴율로 지수적으로 감소한다. 식 (6.6)은 외부에서 압력지원이 없는 저류층이 생산에 따라 준정상상태에 있을 때 생산량이 지수적으로 나타나는 이론과도 일치한다. 하지만 이와 같은 조건이 만족되지 않을 때에도 적용성이 확인되고 있다.

$$Q(t) = Q_i e^{-Dt} \tag{6.6}$$

여기서, $Q(t)$는 시간 t에서의 생산량, Q_i는 초기 생산량, D는 감퇴율이다. 감퇴율은 시간간격 동안 두 유량 Q_1과 Q_2가 주어지면 식 (6.6)에서 식 (6.7)로 바로 구할 수 있고, 여러 생산량이 주어진 경우 회귀식을 이용하여 얻는다. 회귀식을 사용할 경우 감퇴경향을 보이는 구간을 선정하고 감퇴가 시작되는 지점을 시간 0과 초기생산량 Q_i로 한다.

$$D = \frac{\ln(Q_1/Q_2)}{\Delta t} \tag{6.7}$$

여기서, D는 단위시간당 감퇴율로 식 (6.6)에서 감퇴율과 시간 단위를 일관되게 사용해야 한다. 구체적으로 연간 감퇴율을 사용한 경우 시간은 반드시 연단위가 되어야 한다.

식 (6.6)으로 표현되는 생산경향으로 유정을 폐쇄하는 경제적인 한계 생산량 Q_{ab}까지 생산할 때, 누적생산량은 식 (6.6)을 적분한 식 (6.8)로 간단히 계산된다.

$$N_p = \int_0^{t_{ab}} Q_i e^{-Dt} dt = \frac{Q_i - Q_{ab}}{D} \tag{6.8}$$

여기서, N_p는 누적생산량이고 유량과 감퇴율 단위는 일관되어야 한다. 만일 유량은 STB/day이고 감퇴율은 "decline rate/year"라면 식 (6.8)의 결과치에 365 days/year 단위변환을 해야 한다. 이는 학생들이 실제 계산에서 많이 실수하는 예이다. 또한 계산편의를 위해 연 단위 감퇴율을 적용하는 것이 유리하다.

<예제 6.1>

지수 감퇴경향을 보이는 유전의 1년 전 생산량이 230 STB/day, 현재 생산량이 200 STB/day일 때 다음 물음에 답하라.

(1) 앞으로 5년, 10년 후 생산량을 예측하라.

(2) 생산량이 20 STB/day가 되면 생산을 중단하고자 한다. 앞으로 생산할 수 있는 매장량을 평가하라.

해답 1 미래 생산량을 예측하기 위해서는 지수감퇴율을 알아야 하며 다음과 같이 계산하면 매년 0.1398로 감퇴한다. 따라서 앞으로 5년 및 10년 후 생산량은 초기 기준으로 6년과 11년이 되므로 다음과 같이 99.44, 49.44 STB/day가 된다.

$$D = \frac{\ln(230/200)}{1} = 0.1398\,/year$$

$$Q(t=6) = 230e^{-Dt} = 99.44\,STB/day$$

$$Q(t=11) = 230e^{-Dt} = 49.44\,STB/day$$

해답 2 지수감퇴의 경우 식이 간단하기 때문에 앞으로 생산할 수 있는 매장량을 계산하기 쉽다. 식 (6.6)을 이용하여 20 STB/day에 이르는 시간을 계산하면 17.48년이 된다. 이때 생산량이 20 STB/day이므로 다음과 같이 계산하면 470,085 STB가 된다. 다시 한번 일관된 단위를 사용하는 데 유의하기 바란다.

$$N_p = \frac{(200-20)\,STB/day}{D/year}\frac{365\,days}{year} = 470{,}085\,STB$$

(3) 쌍곡선 감퇴곡선법

지수 감퇴와 다르게 감퇴율이 상수가 아닌 경우, 식 (6.9)로 표현되는 쌍곡선 감퇴곡선법을 적용할 수 있다.

$$Q(t) = Q_i(1 + bD_it)^{-1/b} \tag{6.9}$$

여기서, D_i는 초기 감퇴율, b는 쌍곡선 지수로 전통적인 유전의 경우 0~1 사이의 값을 갖는다. 만일 b의 값이 0으로 수렴하면 초기감퇴율을 가진 지수 감퇴곡선식이 된다.

그림 6.6은 초기 생산량 200 STB/day, 초기감퇴율 0.042/month인 조건에서 쌍곡선 지수에 따른 오일생산량을 나타낸 것이다. 쌍곡선 지수 값이 1에 가까울수록 감퇴경향이 낮아 높은 생산량을 예측한다. 일부 문헌에 이를 잘못 제시하고 있으니 유의하여야 한다.

식 (6.9)로 표현되는 쌍곡선 감퇴경향의 경우, 누적생산량은 적분값으로 평가되며 식 (6.10a)와 같다. 식 (6.10a)를 사용하여 현재시간 이후로 생산할 수 있는 매장량을 구할 때는 식이 선형관계가 아니므로 현재 생산량을 초기 생산량으로 치환하여 식에 바로 사용할 수 없다. 따라서 시간 0부터 계산한 총 누적생산량에서 현재까지 생산한 누적생산량을 빼고 계산하거나 식 (6.9)를 적분하여 식 (6.10b)로 구할 수 있다. 학생들은 실수하지 않도록 유의해야 한다.

$$N_p = \frac{Q_i^b}{(1-b)D_i}\left(Q_i^{1-b} - Q_{ab}^{1-b}\right) \tag{6.10a}$$

$$N_p = \frac{Q_i^b}{(1-b)D_i}\left(Q^{1-b} - Q_{ab}^{1-b}\right) \tag{6.10b}$$

여기서, Q는 현재 생산량이다.

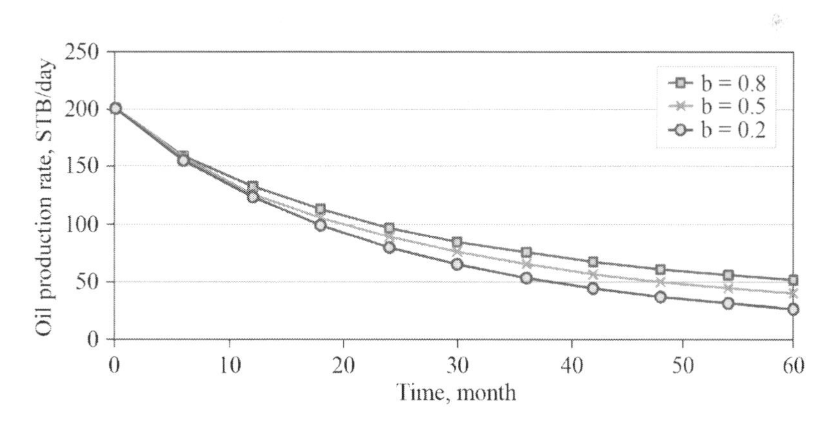

그림 6.6 쌍곡선 지수에 따른 생산량 감퇴경향(초기감퇴율 0.042/month)

<예제 6.2>

쌍곡선 감퇴경향을 보이는 유전의 1년 전 생산량이 230 STB/day일 때, 다음 물음에 답하라. 초기감퇴율은 0.1398/년, 지수 b = 0.4로 가정하라.

(1) 현재 및 5년, 10년 후 생산량을 예측하라.

(2) 생산량이 20 STB/day가 되면 생산을 중단하고자 한다. 생산할 수 있는 매장량을 평가하라.

해답 1 미래 생산량을 예측하기 위한 모든 정보가 주어져 있으므로 다음과 같이 현재 생산량은 200.75 STB/day가 된다. 앞으로 5년 및 10년 후 생산량은 초기 기준으로 6년과 11년이 되므로 계산하면 111.58, 69.38 STB/day이다.

$$Q(t=1) = 230(1+bD_i t)^{-1/0.4} = 200.75\,STB/day$$

해답 2 쌍곡선감퇴의 경우 누적생산량을 평가하는 데 이미 설명한 대로 주의가 필요하다. 식 (6.10a)를 사용하면 생산이 종료될 때까지 누적생산량은 769,660배럴이고 지금까지 생산한 양은 78,442배럴이다. 따라서 매장량은 691,220배럴이다.

$$N_{p,ab} = \frac{Q_i^b}{(1-b)\,D_i}\left(Q_i^{1-b} - Q_{ab}^{1-b}\right)\frac{365\,days}{year} = 769{,}658\,STB$$

$$N_{p,1\;year} = \frac{Q_i^b}{(1-b)\,D_i}\left(Q_i^{1-b} - 200.75^{1-b}\right)\frac{365\,days}{year} = 78{,}442\,STB$$

또 다른 방법으로 식 (6.9)를 적분하여 구하면 다음과 같이 동일한 결과를 얻는다.

$$Reserve = \frac{Q_i^b}{(1-b)\,D_i}\left(Q_{now}^{1-b} - Q_{ab}^{1-b}\right)\frac{365\,days}{year} = 691{,}200\,STB$$

(4) 조화 감퇴곡선법

생산량 자료의 감퇴경향이 아주 완만할 때는 식 (6.11)로 표현되는 조화 감퇴곡선식을 적용할 수 있다. 또한 누적생산량을 계산하면 식 (6.12)가 된다. 조화 감퇴곡선식은 식 (6.9)에서 b의 값이 1인 경우로 생산량과 누적생산량을 과도하게 높게 계산하므로 적용에 유의하여야 한다.

$$Q(t) = \frac{Q_i}{(1+D_i t)} \tag{6.11}$$

$$N_p = \frac{Q_i}{D_i} \ln\left(\frac{Q_i}{Q_{ab}}\right) \tag{6.12}$$

생산량 감퇴곡선식을 사용할 때에는 여러 가지 유의사항이 있다. 먼저 **그림 6.7**에서 볼 수 있듯이 초기자료는 감퇴경향에 차이가 없어 분석자의 판단에 따라 결과에 큰 차이가 나타날 수 있다. 또한 **예제 6.1**과 6.2에서 확인한 바와 같이 쌍곡선 및 조화 감퇴경향은 생산량을 크게 예측하므로 적용에 유의하여야 한다. 감퇴식은 감퇴경향을 보이는 구간별로 적용할 수 있으며 이는 수공법으로 인한 생산증대 효과를 모델링하기에 유익하다.

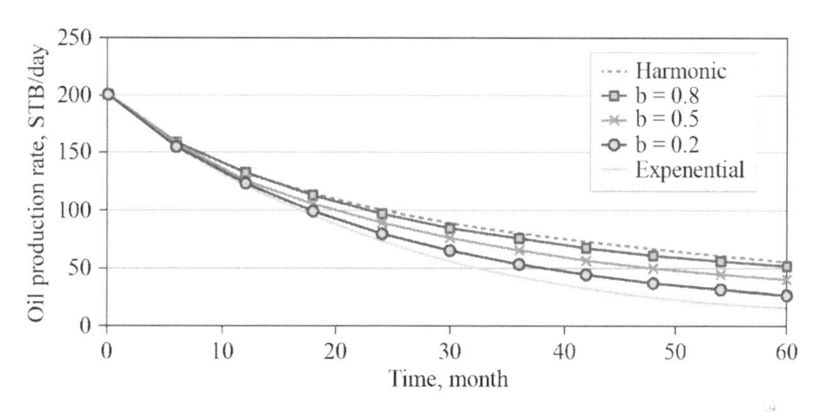

그림 6.7 생산감퇴식의 생산량 비교(초기감퇴율 0.042/month)

6.2 생산량 향상기법

1) 증진회수법

(1) 증진회수법 정의

저류층은 불균질하고 복잡하기 때문에 저류층이 가진 에너지로 인한 회수율은 매우 낮다. 따라서 회수율을 높이기 위한 다양한 방법들이 적용된다. 한 가지 유의할 것은 각 기법을 적용한 시간순서에 따라 1차, 2차, 3차 생산으로 이름하며 기법의 원리에 따라 증진회수법과 회수향상법으로 분류한다.

증진회수(EOR)법은 본래 저류층에 없는 물질을 저류층으로 주입하여 회수율을 높이는 방법이다. 회수향상(IOR)법은 증진회수를 포함하여 생산정에서 시행되는 다양한 생산촉진 기법을 의미한다. 특히 생산량을 향상시키기 위한 EOR 기법을 적용하기 위해서는 반드시 다음과 같은 절차를 거쳐야 한다.

① Screening

② Reservoir simulation & sensitivity runs

③ Pilot test & analyses

④ Full field test & operations

특정 EOR 기법을 선택하기 위해서는 먼저 기법 선별과정이 필요하다. 각 기법의 원리와 특징이 다르기 때문에 참고문헌과 현장 적용사례를 바탕으로 앞으로 설명할 기법 중 하나를 선별한다. 기법이 결정되면 저류층 수치모델링을 수행하여 다양한 조건에 따른 민감도를 분석하여 대상 저류층에 적용할 수 있는지 판단한다. 해당 기법을 적용하기 위한 준비 및 운영비용과 추가적인 생산으로 인한 이익을 고려한 경제성 분석도 저류층 생산거동 모델링 단계에서 같이 진행된다.

만일 저류층과 유체 조건이 해당 기법을 적용하기에 유리하면 소규모로 적용가능성을 평가하고 생산량 향상을 포함한 시험결과를 심도 있게 분석한다. 최종적인 분석결과가 해당 기법의 적용을 추천하면 현장규모로 확장한다. 운영과정에서 나타나는 다양한 문제들을 해결하며 얻는 현장경험은 해당 광구뿐만 아니라 기법의 확장에도 중요하게 활용된다.

저류층 조건은 심도, 두께, 크기, 투과율, 이방성과 비균질성, 지층 구성성분 등 매우 다양하다. 저류층 유체 조건도 점성도, 압력, 포화도, 지층수의 염도 등 수없이 많으므로 초기 선별과정과 민감도 분석에서 주요인자를 잘 파악하는 것이 필요하다.

(2) 수공법

가. 원리

저류층에서 석유를 생산하면 "가상의 빈 영역"이 발생하고 이로 인해 압력도 감소한다. 만일 저류층이 대수층과 인접해 있다면 이 영역은 지층수로 쉽게 채워져 압력이 크게 감소하지 않고 석유 생산효율도 높아진다. 이와 같은 자연적인 현상을 인위적으로 적용한 것이 수공법이다. 육상 유전의 경우 시추 및 시설 비용이 상대적으로 낮아 수공법이 활발하나 해상 유전의 경우 다양한 고려사항이 있어 선택적으로 적용된다.

수공법은 가스전이 아닌 원유생산을 위해 적용된다. 구체적으로 주입정을 통해 물을 주입하여 저류층 압력도 유지하며 원유도 밀어주어 생산정에서 생산한다. 수공법은 2차 생산기법이고 EOR 기법은 아니라고 생각하는 사람도 있지만, 이는 앞에서 언급한 대로 시간에 따른 기법과 EOR 정의를 오해한 것이다.

만일 저류층에서 생산된 가스와 지층수를 재주입한다면 이는 이미 저류층에 존재하던 물질을 주입하는 것이므로 수공법이 아니다. 이런 경우는 저류층 압력이 부분적으로 유지되고 원유를 밀어낼 수 있으나 그 주목적이 가스와 물의 처리라고 할 수 있다. 따라서 EOR 기법도 아니며 특별한 이름을 가지지 않는다.

나. 유정 배치패턴

원유는 생산정의 압력을 낮추어 유동을 유도하는 것보다 물을 주입하여 밀어내는 것이 효과적이다. 하지만 미세한 공극을 가진 다공질 매질을 통해 유동하므로 하나의 주입정이 저류층 전체를 담당할 수 없어 **그림 6.8**과 같이 가는 실선으로 표시된 생산정과 주입정 패턴이 필드 전체에 반복적으로 배치된다.

그림 6.8에서 동일한 패턴임에도 이름이 "normal"인 것은 생산정이, "inverted"인 것은 주입정이 기본패턴의 중앙에 위치한다. Line drive 패턴은 생산정과 주입정이 수평으로 배치된 것으로 두 유정이 수직선상에 위치하면 direct, 그렇지 않으면 staggered라 한다. 사각형 코너

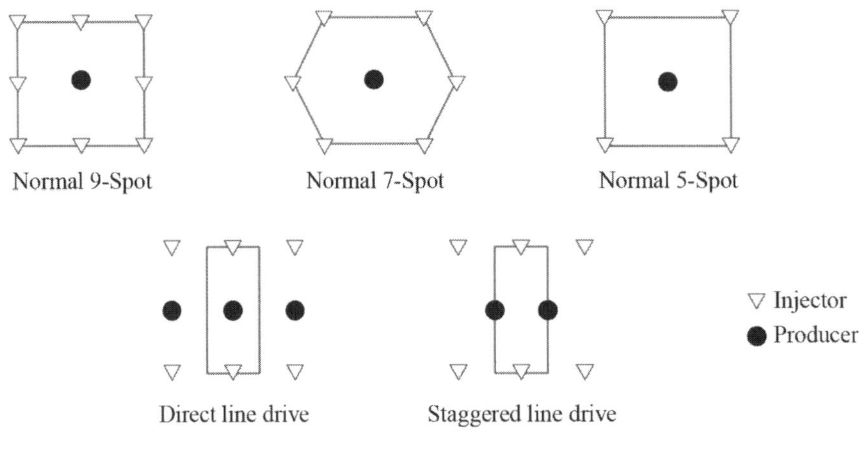

그림 6.8 수공법의 다양한 패턴

에 주입정이 있고 중앙에 생산정이 있는 경우가 normal 5-spot 패턴이다. Normal 7-spot 패턴의 경우, 중앙에 있는 인접한 생산정 3개를 이으면 중앙에 주입정이 있는 inverted 4-spot이 된다.

그림 6.8의 기본패턴에서 well spacing은 생산정과 주입정 구분 없이 하나의 유정이 담당하는 면적의 의미로 acre/well 단위를 갖는다. 구체적으로 5-spot을 나타내는 기본패턴의 경우 중앙에 유정이 하나 있고 각 코너에 반복되는 패턴에 의한 1/4 유정이 존재하여 총 2개 유정이 있다. 유정 1/4개의 의미는 주입한 물이나 생산량이 1/4만큼 해당 패턴과 연계된다는 것이다. 따라서 5-spot 기본패턴의 총면적이 80 acre이면 well spacing은 40 acre이다. Well spacing을 두 유정 간 거리로 오해하지 않아야 한다.

(3) 화학적 공법

수공법은 오랜 기간 사용되어 온 기법이지만 물만 주입하는 경우 저류층에서 원유를 효과적으로 밀어내지 못하거나 저류층의 제한된 부분만을 지나므로 효과가 저감될 수 있다. 특히 원유 점성도가 높은 경우 투과율이 높은 지역을 물이 선택적으로 흘러 채널링도 발생할 수 있다. 주입한 유체의 효율은 다음 두 요소에 의해 결정된다.

- Displacement efficiency
- Sweep efficiency

Displacement efficiency는 주입한 유체가 얼마나 원유를 잘 밀어주는지 정도를 나타낸다. 만일 주입유체의 유동도가 원유보다 낮으면 원유는 잔류 포화도만 남기고 모두 밀려 나간다. Sweep efficiency는 공간적으로 저류층을 커버하는 정도를 나타낸다. 결과적으로 두 효율의 곱으로 주입유체의 생산증대 효과가 나타난다.

긴 체인 형태를 가진 중합체인 폴리머를 섞으면 물 점성도가 증가하여 원유를 효율적으로 밀어낸다. 하지만 높아진 점성도로 주입효율이 감소하거나 주입압이 과도할 수 있다. 또한 폴리머를 사용한 경우, 원유의 증산효과와 추가적인 비용은 반드시 검토해야 할 항목 중의 하나이다.

계면활성제를 같이 주입하면 계면장력을 변화시키거나 공극면의 친수성을 변화시켜 원유 유동성을 향상시킬 수 있다. 또한 계면활성제가 추가된 안정된 거품을 주입하면, 거품이 투과율이 높은 지역을 선택적으로 밀폐하여 이어서 주입되는 유체가 저류층의 더 넓은 지역을 커버하게 한다.

(4) 열공법

가. 증기주입법

증진회수의 대표적 기법 중의 하나가 열공법이며 원유 API 밀도가 낮고 점성도가 높은 중질유나 초중질유 생산에 활용된다. 뜨거운 증기는 동일 질량의 온수보다 더 많은 열을 가지고 있어서 저류층으로 주입하면 원유 온도가 상승하고 점성도는 현저히 감소한다. 따라서 **그림 6.9(a)**와 같이 주입정에서 증기를 주입하고 일정 거리 떨어져 있는 생산정에서 생산하는 것을 증기공법이라 한다.

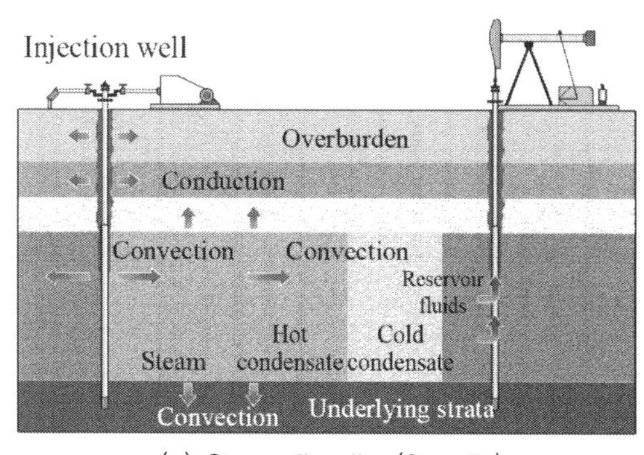

(a) Steam flooding(2 wells)

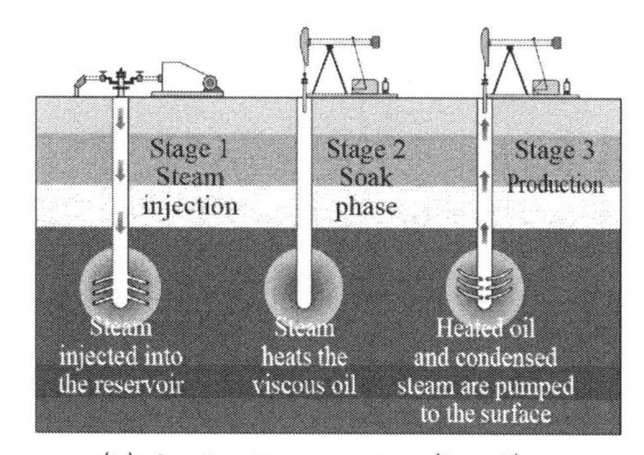

(b) Cyclic steam soaking(1 well)

그림 6.9 증기주입법

증기공법의 경우 증기의 영향을 받은 영역에서는 원유 점성도가 감소하나 다른 부분에 존재하는 원유 점성도는 여전히 높아 유동이 어려울 수 있다. 따라서 주입정과 생산정의 배치가 정확한 수치모델링으로 결정되어야 한다. 또한 높은 온도로 인한 안전한 운전을 확보하고 열손실을 방지하며 주입된 증기의 유동도를 제어해야 한다.

증기를 주입하는 또 다른 기법으로 **그림 6.9(b)**와 같이 증기의 주입과 원유의 생산을 동일한 유정에서 반복하는 주기적 증기자극법이 있다. 구체적으로 2~6주 증기를 주입하고 1~4주 동안 데워진 저류층으로 인해 점성도가 낮아진 원유가 유정 주변으로 흘러오도록 기다린다(steam soaking). 그 후 수개월에서 수년(즉, months to years) 동안 생산한다. 만일 생산량이 설정한 기준값 이하로 감소하면 증기주입-soaking-원유생산 과정을 반복하며 이와 같은 과정을 10~15여 차례 반복한다. 구체적인 기간과 반복횟수는 저류층과 원유의 특징에 따라 정확한 분석에 근거하여 결정된다.

나. SAGD

SAGD는 캐나다에 대량으로 부존하고 있는 오일샌드를 개발하기 위해 개발된 기법이다 (Butler, 1985). 오일샌드는 가벼운 성분들이 대부분 생분해되고 손실되어 지상 표준조건에서 거의 유동이 일어나지 않는 역청으로 8~10° API 밀도와 수만에서 백만 cp 이상의 점성도를 나타낸다. 캐나다 알버타주에 많이 부존하며 총 부존량은 1.7조 배럴로 예상하고 있다.

만일 부존 깊이가 60~70 m 이내면 표토층을 제거하고 노천채굴로 채취한다. 구체적으로 오일샌드 자체를 채굴한 뒤 작게 부수어 열수를 이용한 부유식 기법으로 역청을 분리하여 회수한다. 노천채굴을 위한 최종 심도는 부존량과 오일샌드의 품위에 영향을 받으며 실제 개발된 대부분의 사례들은 심도 40미터 이내이다. 노천에서 바로 채굴하므로 회수율이 80% 내외로 높다.

오일샌드의 부존 깊이가 70미터 이상이고 두께도 10미터 이상이면 **그림 6.10**과 같이 SAGD 기법으로 생산할 수 있다. 먼저 수평 생산정을 시추하고 생산정의 유정궤도를 참고하여 일정한 간격을 가지도록 위쪽에 주입정을 시추한다. 두 수평 유정 간 거리는 5미터 내외지만 저류층 조건과 두께에 따라 달라진다.

두 유정이 완결되면 주입정과 생산정에서 모두 스팀을 주입하여 저류층을 가열하며 목표하는 온도로 상승시킨다. 그 후 상부에 위치하는 주입정에서만 스팀을 주입하면 증기는 상승하며 **그림 6.10(b)**와 같이 스팀챔버를 형성한다. 스팀에 의해 오일샌드 점성도는 현저히 감소하고 또 오일샌드 함유 지층의 투과율도 darcy 수준으로 높아 오일샌드가 중력에 의해 아래로 유동하므로 생산정에서 지상으로 펌프를 사용하여 생산한다.

오일샌드의 생산은 스팀챔버의 발달 정도에 큰 영향을 받는다. 하지만 셰일층이 수평으로 존재하면 이를 방해하며 잘못된 운영조건이나 저류층 특성으로 과도한 열손실이 발생할 수 있다. 저류층 조건이 양호한 경우, SAGD 회수율은 50% 이상이며 다양한 기법들이 상업적으로 적용되고 있다. 또한 대규모 부존량으로 인하여 캐나다에서 활발히 생산되고 있다.

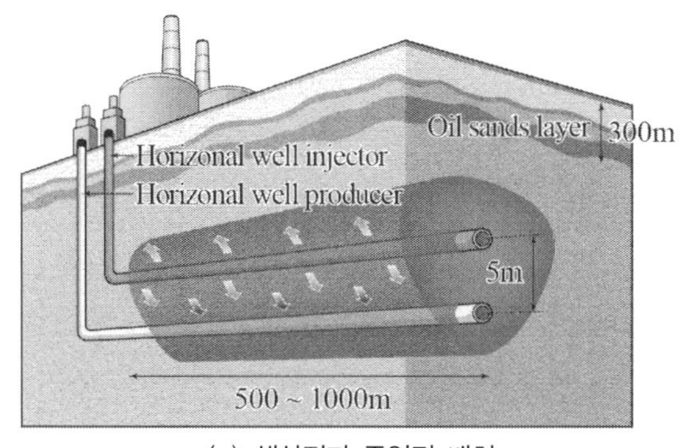

(a) 생산정과 주입정 배치

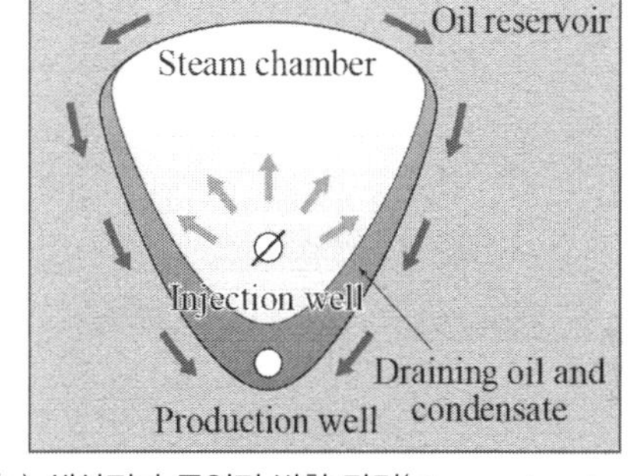

(b) 생산정과 주입정 방향 단면(steam chamber)

그림 6.10 SAGD(steam assisted gravity drainage) 기법

다른 열공법으로 원위치 연소법이 있다. 이는 지하에서 원유를 직접 연소시켜 저류층을 가열하는 기법이다. 공기 주입량에 따른 연소를 제어하기 어려운 한계로 인하여 현재까지 상업적 운영은 보고되지 않고 있다. 오일셰일은 아직 탄화과정을 완전히 거치지 못한 상태의 셰일로 열을 가하면 원유가 생성된다. 따라서 이에 대한 연구도 실험실 단위에서 시도되고 있다.

(5) 가스주입법

주어진 저류층 조건에서 원유와 혼합될 수 있는 가스를 주입하면 여러 가지 장점이 있다. 가스가 원유와 혼합되면 원유 점성도가 낮아지며 부피도 증가한다. 결과적으로 상대투과율 증가와 함께 유동도가 향상되므로 생산효율이 증대된다. 주입할 수 있는 가스는 생산되는 천연가스, 질소, 이산화탄소 등이 될 수 있다.

주입된 가스와 원유의 혼합 여부는 저류층의 온도와 압력 그리고 주입되는 가스성분에 영향을 받는다. 대부분의 가스는 압력이 높아지면 원유와 혼합되기 때문에 이를 위해 필요한 최소압력을 MMP라 한다. 만일 저류층 압력이 생산으로 인해 과도하게 감소한 경우, 가스주입으로 인한 압력증가는 매우 비효율적이므로 먼저 저류층 압력을 회복한 후에 가스를 주입해야 한다.

이산화탄소를 주입하여 원유를 증산하는 CO_2-EOR은 탄소를 지하에 저장하는 효과도 있다. 따라서 이는 탄소중립을 위해 탄소를 감축하는 방안도 되기 때문에 관련 규정과 연계하면 사업의 경제성을 높일 수 있다. 이산화탄소 지중저장은 석유생산과 반대과정으로 시추공학과 석유공학 지식이 매우 중요하게 활용된다.

2) 회수향상법

(1) 회수향상법 정의

석유 개발과 생산이 전 세계적으로 다양한 조건과 산유국의 규정에 따라 이루어지고 있어 때로는 용어의 정의가 명확하지 않거나 정의된 용어가 각 국가별로 일관되게 적용되지 않는 한계가 있다. 회수향상법은 EOR을 포함하여 석유생산을 증대시키기 위한 모든 방법을 말한다. EOR은 주로 저류층을 대상으로 하는 반면, IOR은 생산정에서 유동개선을 포함한다.

(2) 가스리프트 기법

식 (6.1)은 유정 하부에서 상단까지 유동할 때 압력손실의 총합을 나타낸다. 대부분의 경우 생산유체 유동으로 인한 압력손실보다 정수압에 따른 압력손실이 상대적으로 매우 크다. 만일 일정한 유량으로 생산한다면 가속손실은 없고, 또 생산량이 낮은 경우 마찰손실도 작기 때문에 이를 예상할 수 있다.

그림 6.4에서 IPR과 TPR이 만나는 조건에서 이론적 생산량이 결정된다. 만일 TPR을 개선할 수 있다면 생산량을 높일 수 있다. 이미 설명한 대로 TPR에 가장 큰 영향을 미치는 것이 정수압 손실이고 이는 밀도와 수직높이의 함수이다. 수직높이는 바꾸기 어려운 주어진 조건으로 현실적인 대안은 생산유체 밀도를 낮추는 것이다.

생산유체 밀도를 낮추는 가장 쉬운 방법은 생산관으로 가스를 주입하여 생산되는 유체와 혼합하는 것으로 이를 가스리프트 기법이라 한다. 즉 가스를 이용하여 유체를 상승시키는 것이다. 가스를 주입하기 위해서는 압축기, 주입을 위한 배관과 제어시스템, 다양한 개폐밸브가 필요하다. 구체적인 운영조건은 생산량과 직결되기 때문에 주어진 유정조건에 따라 정확히 분석되고 결정되어야 한다.

가스가 혼합되면 밀도가 낮아질 뿐만 아니라 점성도도 낮아져서 마찰손실도 감소한다. **그림 6.11**은 가스리프트 기법의 원리를 개념적으로 보여준다. 만약 1번 위치 밸브가 열리면 가스가 생산관으로 주입되므로 그 깊이 이하의 생산유체는 주입된 가스와 혼합되며 밀도와 점성도가 낮아진다. 주입밸브는 다수가 설치되어 있고 생산관 압력에 의해 자동으로 개폐된다.

만일 다른 주입밸브는 모두 닫히고 최하부 밸브만 열리면 가스리프트 영향이 최대가 된다. 가스가 주입되는 위치는 TPR을 개선하고자 하는 정도와 생산량, 공저압력에 따라 결정되며 각 주입구에 설치된 밸브에 의한 개폐가 가능하다.

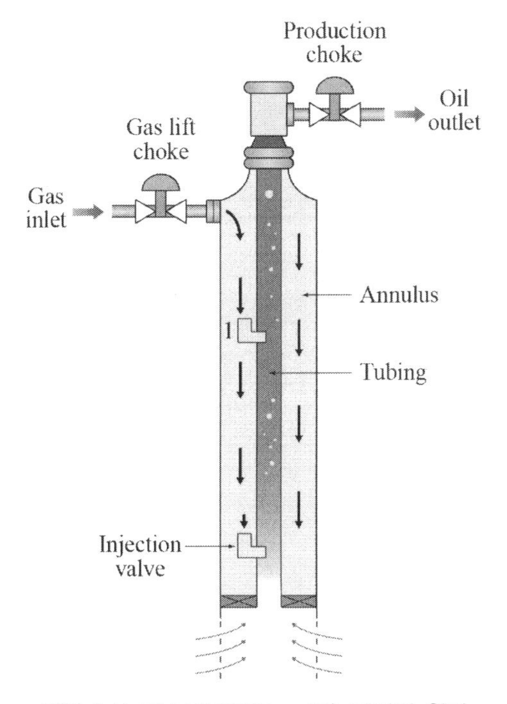

그림 6.11 가스리프트(Gas lift) 기법의 원리

(3) 펌프 기법

가스리프트 기법은 생산정 하부에서 압력이 상대적으로 높고 주입할 가스를 확보할 수 있을 때 효과적이다. 만일 유정압력이 낮으면 생산정 최하부에 가스를 주입하는 경우에도 유정상단까지 혼합물의 유동을 유지하기 어려울 수 있다. 또한 주입되는 가스의 양이 적으면 목적하는 가스리프트가 되지 못하고 가스는 위로 올라가고 액체가 유정하부에 누적되는 현상(liquid loading)이 발생하여 생산이 중단될 수 있다.

이와 같은 한계를 극복하는 방법 중의 하나가 펌프를 사용하여 유정하부에서 지상으로 원유를 펌핑하는 것이다. 이런 경우 식 (6.1)에서 유체유동에 필요한 모든 압력을 펌프가 담당하므로 TPR은 이론적으로 유정상단의 압력과 같은 상수값을 가진다. 따라서 펌프용량만 만족된다면 저류층에서 유정으로 유입되는 유량으로 생산이 가능하다. 현장에서 사용되는 펌프는 다음과 같이 다양하다.

- Sucker rod pump(흡입펌프)
- Electrical submersible pump(ESP)
- Progressive cavity pump(PCP)
- Hydraulic piston pump

일반인들이 "메뚜기"라 부르는 흡입펌프는 전통적으로 많이 사용되고 있으며 현장에서 주로 "펌프잭(pump jack)"으로 불린다. **그림 6.12**는 흡입펌프의 원리를 보여준다. 주 동력원의 회전운동이 펌프헤드의 상하운동으로 전환되고 긴 rod에 연결되어 유정하부에 위치하는 공저펌프가 상하로 이동하며 원유를 펌핑한다. 펌프헤드 앞부분은 상하운동을 하는 동안 유정상단과 항상 수직을 이루도록 곡선부로 이루어져 있다.

공저펌프는 **그림 6.12(b)**와 같이 이중 실린더와 유동을 제어하는 두 개의 밸브로 구성되어 있으며 이들은 중력과 유체흐름에 의해 자동으로 작동된다. 유체를 함유하고 있는 내부 실린더가 위로 움직일 때 그 안에 위치하는 밸브는 아래로 닫혀 유체가 펌핑될 수 있게 한다. 한편 외부 실린더에 위치하는 밸브는 위로 열려 내부 실린더의 이동으로 발생한 빈 공간으로 유체가 흡입되게 한다.

펌프가 위쪽으로 이동하는 행정거리가 마무리되고 하강하면 외부 실린더의 밸브는 아래로 막히고 내부 실린더의 밸브는 위로 열려 외부 실린더에 유입된 유체가 내부 실린더로 유입되게 한다. 실린더 밸브는 중력에 의해 작동되며 위의 과정을 반복하며 원유를 펌핑한다. 흡입펌프는 원유 생산량이 매우 낮은 경우에도 주기적으로 운영할 수 있다.

ESP는 유체 속에 잠긴 상태에서 운전되는 원심펌프로 전기로 운전되며 생산량이 많은 경우에 적합하다. PCP는 모양이 나선형인 회전자로 유체를 점진적으로 밀어낸다. 수압피스톤펌프는 피스톤 이동으로 인한 압축으로 유체를 유동시킨다.

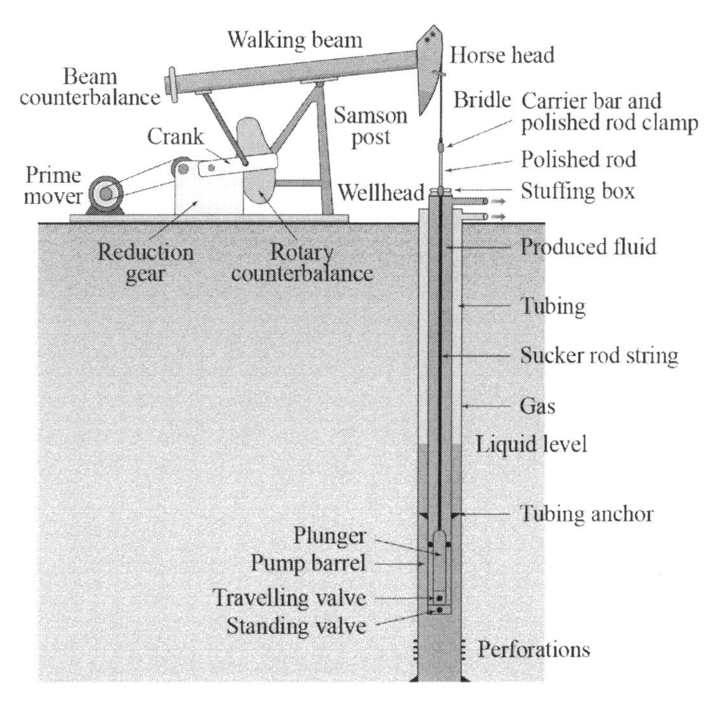

(a) 개념적 모식도

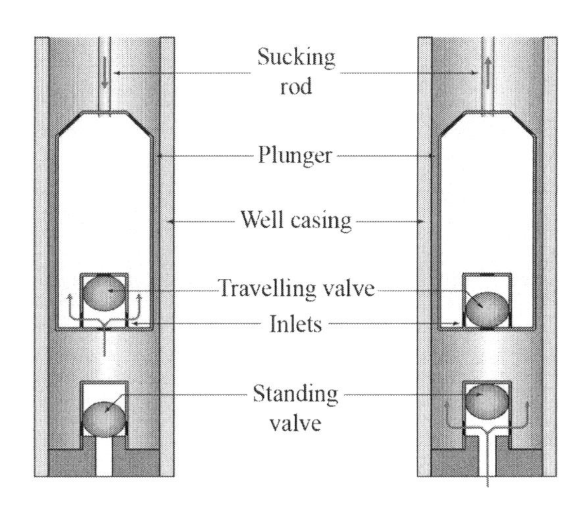

(b) 공저펌프의 흡입(좌)과 배출(우)

그림 6.12 흡입펌프의 원리

연구문제

1 다음 수식을 구체적으로 유도하라.

(1) 식 (6.2a)

(2) 식 (6.9)

(3) 식 (6.10)

2 그림 6.8에 주어진 수공법의 각 패턴에서 기본패턴의 면적이 80 acre일 때, well spacing을 계산하라.

3 (필요하면 자료조사를 통해) 다음과 같은 오일샌드 생산기법에 대하여 설명하라.

(1) Cold production(CHOPS)

(2) Vapor extraction(VAPEX)

(3) Expanding solvent SAGD(ES-SAGD)

(4) Solvent aided process(SAP)

(5) Liquid addition to steam for enhancing recovery(LASER)

4 지수 감퇴경향을 보이는 유정의 초기생산량이 250 STB/day, 2년이 지난 현재 생산량은 200 STB/day일 때 다음 물음에 답하라.

(1) 지난 2년간 누적생산량은 얼마인가?

(2) 향후 5년, 10년 후 생산량을 예상하라.

(3) 경제적 한계 생산량이 30 STB/day일 때, 매장량을 평가하라.

(4) 생산이 종료될 때까지 예상되는 누적생산량을 계산하라.

5 쌍곡선 감퇴경향을 보이는 유정의 초기생산량이 250 STB/day일 때 다음 물음에 답하라. 초기감퇴율은 0.1116/year이고 지수 b = 0.4로 가정하라.

(1) 지난 2년간 누적생산량은 얼마인가?

(2) 향후 5년, 10년 후 생산량을 예상하라.

(3) 경제적 한계 생산량이 30 STB/day일 때, 매장량을 평가하라.

(4) 생산이 종료될 때까지 예상되는 누적생산량을 계산하라.

(5) 문제 6.4와 6.5의 누적생산량을 비교하라.

6 아래에 주어진 시간에 따른 원유생산량 자료를 이용하여 다음 물음에 답하라.

(1) 지금까지 누적생산량을 계산하라.

(2) 향후 1년, 5년, 10년 후 생산량을 예상하라.

(3) 경제적 한계 생산량이 50 STB/day일 때, 매장량을 평가하라.

(4) 생산이 종료될 때까지 예상되는 누적생산량을 계산하라.

Time, month	Q, STB/day
6	2090
12	1740
18	1500
24	1320
30	1130
36	1020
42	910

7 문제 6.6에 주어진 자료를 쌍곡선 감퇴로 가정하고 다음 물음에 답하라.

(1) 지금까지 누적생산량을 계산하라.

(2) 향후 1년, 5년, 10년 후 생산량을 예상하라.

(3) 경제적 한계 생산량이 50 STB/day일 때, 매장량을 평가하라.

(4) 생산이 종료될 때까지 예상되는 누적생산량을 계산하라.

(5) 문제 6.6과 6.7에서 구한 누적생산량을 비교하고 쌍곡선 감퇴 가정으로 생산량이 몇 % 증대되었는지 계산하라.

8 다음에 주어진 자료를 이용하여 다음 물음에 답하라. 이상기체로 가정하라.

(1) 생산을 종료할 한계압력이 1000 psig일 때, 가스 누적생산량을 예상하라.

(2) OGIP를 평가하라.

P, psig	Gas prod., bcf
2523	0.0
2366	11.5
2208	17.2
2070	30.1
1925	37.4
1786	48.6

9 문제 6.8에 주어진 자료를 이용하여 다음 물음에 답하라. 부록 V에 주어진 방법으로 Z-인자를 계산하여 적용하라. 가스의 비중은 0.65이고 저류층 온도는 150 °F이다.

(1) 생산을 종료한 한계압력이 1000 psig일 때, 가스 누적생산량을 예상하라.

(2) OGIP를 평가하라.

10 다음에 주어진 자료를 이용하여 다음 물음에 답하라.

(1) 생산을 종료할 한계압력이 1000 psig일 때, 가스 누적생산량을 계산하라.

(2) 생산을 종료할 한계압력이 500 psig일 때, 가스 누적생산량을 예상하라.

(3) OGIP를 평가하라.

P, psig	Z-factor	Gas prod., bcf
2523	0.0	0.0
2366	0.851	11.5
2208	0.852	17.2
2070	0.854	30.1
1925	0.857	37.4
1786	0.861	48.6

석유 E&P사업

Petroleum Engineering

Chapter 7

석유 E&P사업

7.1 광구권 계약

1) 광구권 계약의 중요성

광구권은 해당 광구를 탐사하고 개발할 수 있는 배타적 권리로 "광권", "광업권" 등으로 불리지만 본 교재에서는 광구권으로 사용한다. 석유자원의 탐사, 시추, 개발, 생산과 관련된 상류부문 석유사업을 간단히 E&P사업이라 하고 이를 수행하는 기업을 사업자라 한다. E&P사업은 자원을 가진 당사자(개인, 기업, 국가 등)와 이를 생산하고자 하는 사업자가 참여하는 글로벌사업이다. 최근에는 공급망 이슈와 자원안보가 중요해지고 있어 효과적으로 석유사업을 추진하기 위해서는 사업자의 역량을 바탕으로 유망한 사업에 선택적으로 투자해야 한다.

E&P사업에 참여하기 위해 사업자가 반드시 고려해야 하는 것이 계약이다. 광구권 계약은 사업자와 광구권 소유자 사이에 이루어진 구속력 있는 약속으로 석유사업에 관련된 제반내용을 담고 있다. **그림 7.1**은 광구권 소유자와 사업자 및 서비스회사 등이 다양한 계약으로 연결된 모습을 보여준다.

계약조건은 계약이행에 상호 간 이해충돌이 있을 때 법정에서 시시비비를 가리는 기준이 된다. 석유사업은 계약에 의해 시작되고 진행되며 마무리되므로 계약내용은 사업의 수익성도 좌우한다. 특히 광구권 소유자와의 계약 및 사업자 상호 간의 공동운영 계약에 의해 사업비용을 부담하고 수익을 창출하며 이익을 분배하므로, 성공적인 투자와 수익을 위해서는 계약에 대한 이해가 필수적이다.

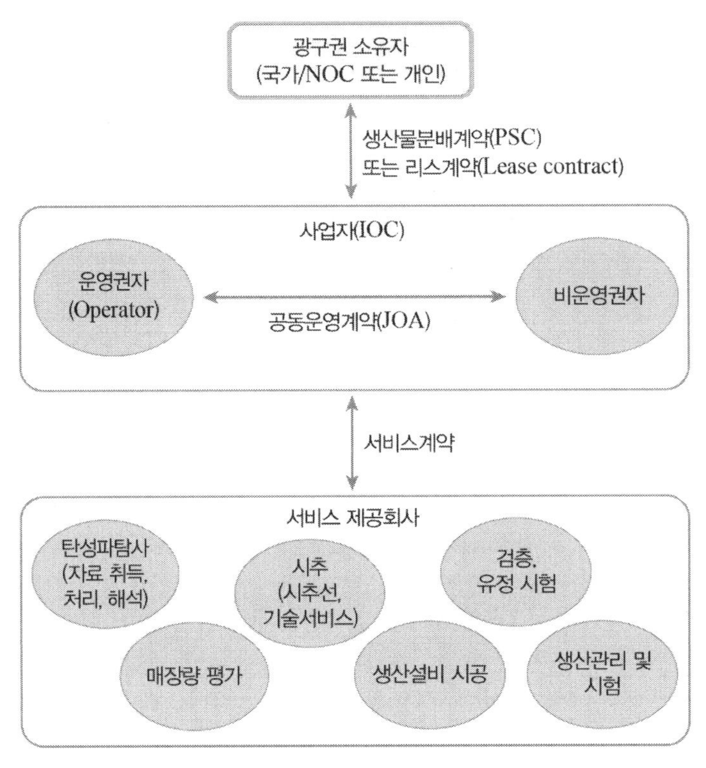

그림 7.1 석유사업 주체들의 계약관계

2) 석유사업 위험요소

(1) 석유사업 위험

석유사업은 다른 사업과 달리 탐사기간 3~10년, 개발 및 생산기간 15~25년 정도로 장기간에 걸쳐 진행된다. 광구권 확보에서 탐사, 시추, 개발 단계까지 대규모 투자가 지속되며 생산이 시작된 후에야 수익을 창출할 수 있다. 이런 특징으로 잘 준비되지 못한 사업은 각 단계마다 존재하는 여러 위험으로 인해 실패한다. 석유사업에 존재하는 위험은 다음과 같이 크게 세 가지로 분류할 수 있으며 **표 7.1**은 구체적인 내용을 보여준다.

- 기술적 위험
- 경제적 위험
- 정치적 위험

표 7.1 E&P사업의 위험

위험의 종류		내 용
기술적 위험 (정보의 불확실성 및 기술의 한계)	지질학적 위험	• 탐사단계에서 직면하게 되는 위험 • 필요한 자료의 부재 또는 불확실성 • 근원암, 저류암, 덮개암, 저류구조 등의 존재 여부 • 석유의 생성, 이동, 집적의 부재
	공학적 위험	• 공학적 계산 또는 모델링 한계 • 목표구조까지 시추하지 못하는 시추 실패 • 생산광구 운영문제 • 저류층 압력 유지 및 관리 위험
	사업의 고유한 위험	• 한정된 자료 및 자료의 불확실성 • 지질구조의 복잡성(비균질성 및 이방성) • 긴 사업기간 • 다수의 이해관계자 • 실패 시 낮은 잔존가치
경제적 위험 (경제조건의 변화)	유가위험	• 유가 변동 및 급등락 • 유가예측 어려움
	금융위험	• 큰 초기 투자비용 • 긴 투자비 회수기간 • 투자비용의 조달 및 금융비용 • 이자율 변동
	환율위험	• 환율변동 • 환율에 따른 자금조달 어려움
국가 정치적 위험	국가위험	• 해당 국가의 경제적 불안정성 • 국가의 금융 및 세제 제도 개정
	정치적 위험	• 투자 대상국의 정치적 불안정성 • 자원의 국유화 • 투자와 사업장에 따른 새로운 규제의 적용

기술적 위험은 석유의 발견, 개발, 생산에 관련된 정보의 불확실성이나 기술의 한계에 따른 위험이다. 여기에는 탄성파탐사 자료를 취득하고 해석하였으나 시추할 만한 유망구조를 도출하지 못한 경우, 유망구조를 발견하였으나 시추결과 석유가 없는 경우, 또는 경제성이 있을 만큼 충분한 양이 부존하지 않는 경우 등이 포함된다. 또한 저류층 조건이나 운영문제로 원하는 생산량과 회수율을 유지하지 못하는 경우도 해당된다.

경제적 위험은 긴 사업기간 동안 경제상황 변화로 발생할 수 있는 위험이다. 투자가 진행될 때 이자율이나 환율이 변동하면 투자에 부담이 된다. 생산단계에서는 유가변동으로 인한 위험이 있다. 사업을 시작할 당시 예상한 유가기준으로 경제성 평가가 이뤄지므로 유가변동은 사업의 수익성과 직결된다. 특히 유가하락으로 투자비용을 회수하지 못하거나 손실이 커질 경우 사업을 계속 진행하기 어려울 수 있다.

그러나 무엇보다도 사업의 성공적 진행에 큰 영향을 미치는 것은 광구를 소유한 국가의 정치적 위험이다. 해당 국가가 정치적으로 불안정할 경우 정권이 바뀌거나 석유개발과 관련된 정책이 바뀔 수 있다. 대부분의 정책은 사업자에게 불리하게 변경된다. 이에 따라 이미 체결한 계약이 무효화되거나 계약내용이 강제적으로 수정되어 경제적 부담이 가중될 수 있다.

이러한 국제분쟁의 경우 국제재판을 진행하지만 긴 재판기간과 비용으로 인하여 적절한 보상을 받기 어렵다. 과거 중동지역의 석유국유화와 고유가 시기에 신자원민족주의에서 볼 수 있듯이 정치적 위험은 일시적이지 않고 사업자에게 결코 유리하게 진행되지 않는다. 기술적 위험성은 집적구조와 풍부한 양의 석유가 발견되면 감소하지만 정치적 위험은 오히려 증가하는 일면이 있다.

(2) E&P사업 성공요인

E&P사업을 성공적으로 수행하기 위해 필요한 네 요소는 자금, 전문인력, 사업파트너 그리고 실무를 통해 축적된 시간이다. 사업기간이 길고 또 실패할 수 있으므로 적절한 규모의 자금이 우선적으로 확보되어야 한다. 전략적 차원에서 탐사사업과 개발 및 생산 사업에 자금을 적절히 배분하여 다양한 포트폴리오를 구성하는 것이 사업운영에 필요하다.

탐사부터 생산까지 전 과정에 대한 기술력의 핵심인 전문인력은 중요하다. 탐사시추의 성공확률이 25%라고 하여 4개 시추공 중 하나를 성공한다는 뜻이 아니다. 기술력을 바탕으로 잘 준비된 사업은 성공할 가능성이 높지만 그렇지 않은 경우는 막대한 손실을 유발할 수 있다. 제한된 기술력으로 사업을 진행할 경우 신뢰할 만한 사업파트너를 갖는 것은 좋은 대안 중 하나이다. 그러나 지속적이고 성공적인 E&P사업을 위해서는 반드시 전문인력이 확보되고 장기적 관점에서 실무를 통한 축적의 시간이 필요하다.

3) 광구권 계약

(1) 계약단계

광구권 확보는 E&P사업을 추진하기 위한 권리를 계약으로 획득하는 것으로 그에 따른 대가를 지불한다. 계약을 체결하기 위한 전형적인 단계는 다음과 같다.

- 자원보유국의 입찰 공지
- 자원보유국의 입찰자료 판매
- 추가 자료수집
- 기술자료 평가
- 경제성 평가
- 입찰서 제출 및 발표
- 계약조항 조율
- 광구권 계약

그림 7.2는 국내에서 E&P사업이 이루어지는 실무과정을 보여준다. E&P사업에 관심이 있는 사업자는 다른 회사가 진행하고 있는 기존사업에 참여하거나(farm in) 신규사업을 시작할 수도 있다. 물론 효과적인 사업운영을 위해 진행하고 있는 사업에 다른 동업자를 참여시키거나 광구권을 매각(farm out)할 수도 있다.

신규사업을 추진할 경우에는 광구권 분양에 참여한다. 관심 있는 국가에서 공지된 광구권 입찰을 확인한 후 입찰대상에 대한 자료를 수집한다. 주변 광구 탐사자료나 생산자료를 수집하고 입찰광구의 자료가 존재하거나 공개된 경우 이를 활용하여 해당 광구의 탐사비용, 예상되는 자원량, 수반되는 위험요소 등을 평가한다.

사업의 유망성 및 경제성 평가에서 회사의 의사결정 지침을 만족하면 단독 또는 다른 사업자와 공동으로 입찰에 참여한다. 입찰에 성공하면 광구권을 소유할 수 있는 최소작업량, 자원보유국에 지불할 로열티, 비용회수, 세금, 계약연장 조건 등 계약의 중요내용들을 조정한다. 이러한 세부사항이 조율되면 본계약을 체결한다.

(2) 계약의 종류

광구의 개발현황에 따라 전형적으로 다음의 세 가지 계약이 있다.

- 사전조사

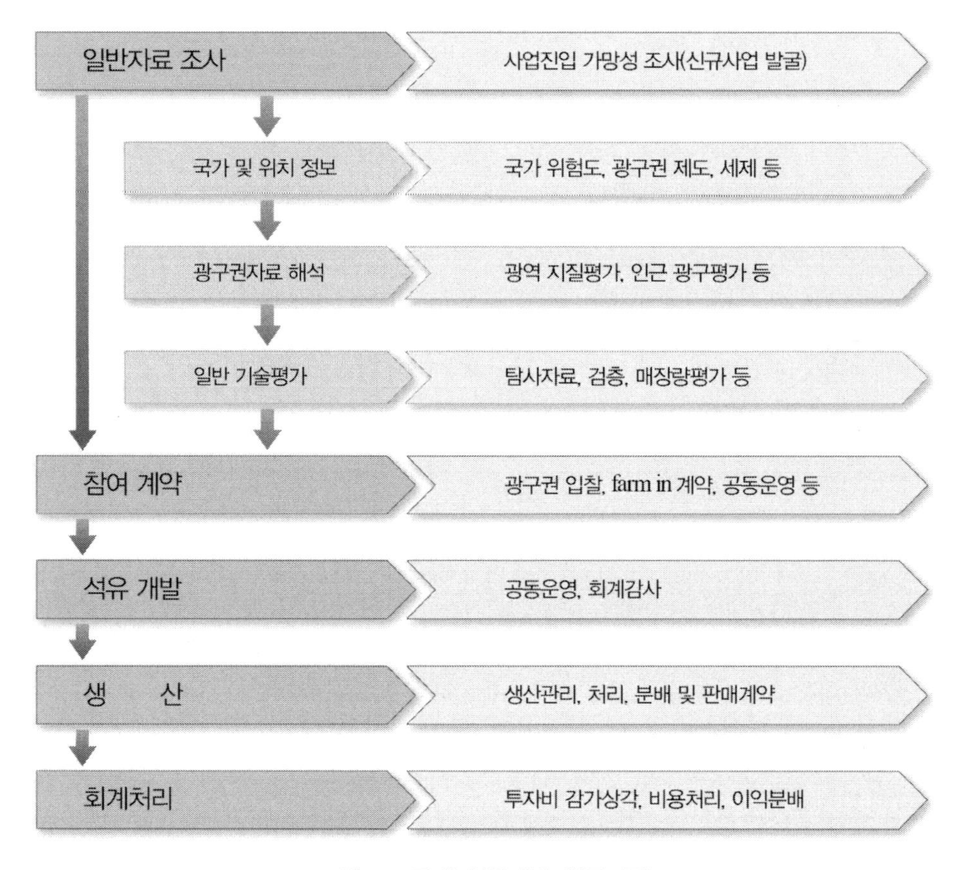

그림 7.2 국내 석유개발 실무과정

- 탐사
- 개발 및 생산

사전조사는 최소한의 작업량을 바탕으로 비교적 짧은 기간인 6~12개월 동안 이루어지며, 새로운 탐사지역이나 광구분양지역에 대하여 예비조사를 하는 것이다. 사전조사에 참여하는 사업자는 실제로 광구가 분양될 때 최고 입찰가격을 부담하면 광구를 얻는 우선권("the right to match")이 주어진다. 탐사와 개발 및 생산에 대한 계약은 전형적인 계약으로 이어서 설명된다.

모든 계약이 완료되면 계약에 따라 탐사, 시추, 개발, 생산이 이루어진다. 이 과정에서 해당광구의 운영을 맡은 운영사가 전체적인 작업계획과 예산을 수립하고 나머지 참여사는 공동운영 계약에 따라 제안된 작업계획 및 예산을 승인 또는 수정한다. 운영권자는 승인된 사업비 내에서 작업을 진행하고 타 참여사에게 작업진행 현황을 보고하며 비운영권자는 운영권자의 사업수행에 대한 감사를 실시할 수 있다. 향후 사업이 생산단계로 진행되면 운영권자는 각 참여사에게 생산물 또는 생산에 따른 수익을 계약에 따라 분배한다. 각 참여사는 투자비, 감가상각, 비용처리 등 회계업무를 수행한다.

(3) 광구권 계약시스템 종류

석유 E&P사업은 "계약의 꽃"이라 불릴 정도로 모든 것이 계약에 의해 이루어지며, 자원의 중요성으로 인해 고유한 특징이 있다. 광구권 계약과 소요비용의 부담 그리고 이익분배를 결정하는 기준이 되는 것이 각국의 석유회계시스템이다. 이것은 정부와 사업자가 계약에 따라 돈을 지불하는 방식으로 다양한 형태가 존재한다. 한 나라에서 두 가지 이상의 석유회계시스템을 사용하기도 한다.

그림 7.3은 자원의 소유형태에 따른 분류로 광구권시스템과 계약시스템을 보여준다. 광구권시스템은 개인이 광물 소유권을 가질 수 있는 미국과 캐나다에서 행해지며 로열티-세금시스템이라고 한다. 이 시스템에서 광구권을 가진 개인이나 정부는 로열티를 받으며 정부는 추가적으

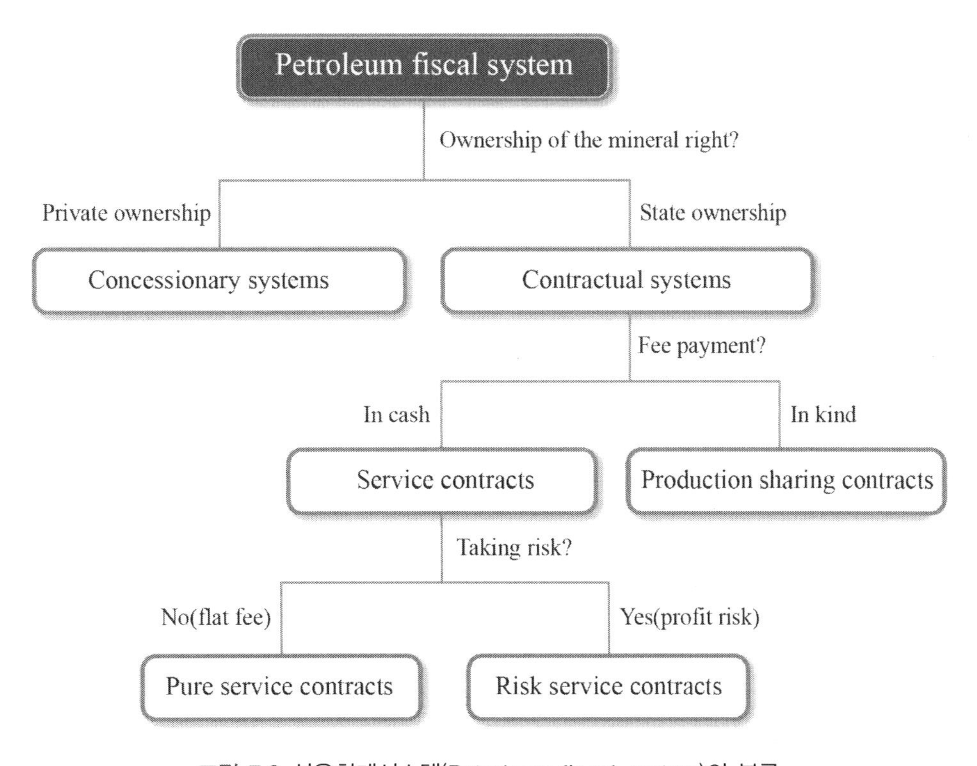

그림 7.3 석유회계시스템(Petroleum fiscal system)의 분류

로 세금을 받는다.

계약시스템에서는 정부가 지하에 부존하는 광물의 소유권을 가진다. 사업자는 생산물분배계약(PSC)이나 서비스계약에 따라 생산된 현물이나 생산물 판매로 얻은 이익의 일부를 받는다. 계약시스템은 이익을 현물로 받는 PSC와 현금으로 받는 서비스계약으로 나뉜다. 이들은 이익의 형태만 다를 뿐 나머지는 동일하다.

서비스계약은 사업실패 위험성 부담여부에 따라 순수 서비스계약과 리스크 서비스계약으로 나뉜다. 전자는 탐사 및 개발에 필요한 기술력을 제공하고 그에 대한 수수료를 받는다. 리스크 서비스계약의 경우 서비스 제공 계약조건에 따라 사업실패 위험을 부담하며 사업의 성공 및 실패에 따라 서비스료를 받는다. 계획한 목표량을 달성하면 단위배럴 생산에 따른 보상금(예: $3.5/STB)을 받는다.

(4) 계약 관련 용어

계약의 종류는 **그림 7.3**과 같이 다양하나 사용되는 용어는 비슷하므로 여기서는 다음과 같은 용어들에 대하여 설명한다.

- 기본내용(basic terms)
- 지분(interest)
- 로열티(royalty)
- 보너스(bonus)
- 이익원유(profit oil)
- 비용회수 한계(cost recovery limit)
- 링펜싱(ring fencing)
- 의무작업량(minimum work required)
- 광구반환(relinquishment)
- 작업지연 부과금(delay rental)
- 자원보유국 국내시장 판매 의무(domestic market obligation)
- 오버라이딩 로열티(overriding royalty)
- 이익배당표(division order)

계약서의 기본내용에는 계약 당사자, 일자, 광구정보, 지분양도, 계약해지 조건, 준거법, 분쟁해결 등이 명시된다. 지분의 양도나 해지같이 중요한 내용은 반드시 서면으로 요청해야 하며 이런 경우 상대방 또는 공동사업자는 우선매수권을 가진다. 또한 계약해지 조건과 분쟁해결을 위한 기준이 되는 법과 중재재판소에 대하여 명시한다.

E&P사업 계약에서 지분은 권리 또는 의무와 같은 의미로 비용을 담당해야 하는 지분을 working interest, 이익을 얻는 권리를 revenue interest라 한다. 자원보유국은 사업이 성공적으로 수행되어 수익을 창출하면 지분의 일부를 더 가져갈 수 있는데 이를 "back in option"이라 한다. 해당 옵션은 관례적으로 사업자가 투자비용을 회수한 이후에 이루어지나 모든 것은 계약서에 명시된 내용에 따라 결정된다.

로열티는 본래 광구권을 소지한 개인이나 정부가 자원개발을 허가함에 따라 얻는 일종의 "토지임대비"이다. 로열티는 생산관련 비용을 전혀 부담하지 않지만 생산이 시작되면 지불되는 금액으로 미리 정해진 일정액 또는 생산량에 비례한 금액으로 부과된다. 로열티는 다른 요소들에 비해 계산이 간단하고 확인하기도 쉬우나 사업자의 부담을 가중시킨다.

보너스는 석유사업의 각 단계 또는 계약을 갱신할 때마다 사업자가 광구권 소유자에게 지불하는 금액이다. 계약이 처음으로 체결되었을 때 서명보너스를 지급한다. 이외에도 석유발견, 경제성이 있다고 판단되는 석유의 생산결정, 생산시작, 목표생산량 달성 등 각 단계에 따라 추가적으로 보너스를 지불한다. 이런 내용 또한 계약서에 구체적으로 명시된다. 계약은 상호 간 동의에 의해 이루어지므로 보너스가 높은 경우 로열티나 세금을 낮춤으로써 투자를 유도하기도 한다.

이익원유는 PSC에서 사용되며 생산된 원유에서 비용부분을 제외한 이익을 생산된 현물로 표현한 것이다. 이익원유 분배는 주로 생산량에 비례적으로 부과하며 생산량이 많을수록 자원보유국 분배비율이 증가한다. 사업자는 분배된 이익원유에 대하여 정해진 세금을 정부에 납부하여야 한다.

PSC에서 사업자가 회수가능한 비용의 한계를 정하는데 이를 비용회수 한계라 한다. 석유생산으로 수익이 창출되면 먼저 로열티를 우선적으로 지급하고 운영비와 개발 및 탐사비용을 순차적으로 회수한다. 만약 회수하여야 할 비용이 설정된 한계를 초과하면 미회수된 차액은 다음 회수기간으로 넘어간다. 이를 통해 정부는 각 분기마다 생산물 분배와 세금을 받을 수 있지만 사업자의 투자비용 회수는 더 늦어진다.

링펜싱은 동일한 사업자가 한 국가의 여러 지역에서 사업을 진행하는 경우에 적용되는 조건으로 한 지역에서 발생하는 손익을 해당 광구나 지역으로 제한하는 것이다. 즉 한 지역에서 성공한 상업적 이익을 다른 지역에서 실패한 비용을 회수하는 데 사용할 수 없는 조건이다. 이는 자원보유국이 석유가 생산되는 지역에서 발생하는 수익에 대한 이익을 최대화하려는 목적에서 비롯된 것이다. 여러 지역 중 한 지역에서 성공한다 해도 나머지 지역의 비용을 회수할 수 없기 때문에 사업자에게 부담으로 작용한다.

작업지연 부과금은 사업자가 광구에서 탐사나 생산과 관련된 작업을 진행하지 않을 경우 광구권 소유자에게 지불하는 벌금이다. 석유계약의 특성상 계약내용에 명시된 최소한의 작업량을 정해진 기간까지 완료하여야 하는데 이를 위반하게 될 경우에 약속된 금액을 지불한다. 의무작업량은 기존자료의 처리, 신규자료 취득, 시추, 또는 정해진 금액 이상의 지출 등으로 명시된다.

탐사광구의 경우 각 탐사단계가 끝나는 시점에 광구의 일부를 반환하게 하는데 이 또한 계약에 명시된다. 예를 들면 1차 탐사기간이 종료되면 광구면적의 25%를 반환한다. 성공적인 탐사로 유망구조를 찾아 개발로 이어지는 경우, 해당 유전을 제외한 나머지 지역을 반환한다. 자원보유국은 이들 광구지역을 다른 사업자에게 판매한다. PSC에서 사업자의 이익지분에 해당하는 생산물의 일부를 자원보유국의 국내시장에 공급해야 하는 조건이 부과될 수도 있는데 판매가격이 매우 불리할 수 있어 계약에 유의하여야 한다.

Overriding royalty는 생산이 시작되면 비용지분 없이 E&P사업자로부터 받는 로열티이다. 유망한 광구를 소유한 사업자가 다른 사업자에게 광구권을 넘기는 경우 비용지분은 모두 전가시키고 이익지분을 일부 남기는 경우가 있다. 또한 북미의 경우 광구권을 가진 원래의 주인도 이를 소유하며 또 이를 받는 조건으로 서비스를 제공하는 계약을 할 수도 있다. E&P사업의 성공적 진행으로 생산이 시작되면 overriding royalty 소유자는 이익지분에 비례하여 로열티를 받는다.

이익배당표는 사업자와 이익지분 소유자 사이의 이익분배를 나타낸 표이다. 이를 통해 각자에게 돌아가는 수익을 알 수 있으므로 구체적이고 명확히 작성해야 한다. 보통 소수점 일곱째 자리까지 명시한다. 지금까지 설명한 내용을 참고하면, 석유 E&P사업은 매우 불리하고 심지어 불합리해 보이며 사업자가 전혀 이익을 창출할 수 없을 것 같은 생각이 든다. 이에 대한 해답은 **그림 7.4**에 잘 나타나 있다.

그림 7.4 석유 E&P사업의 현실

(5) 광구권시스템

광구권 계약은 160년이 넘는 E&P 역사를 가진 미국과 캐나다를 중심으로 발전한 계약시스템이다. 계약에 따라 사업자는 로열티, 보너스, 세금 등을 해당자에게 지불한다. 광구권시스템에서 사업에 실패하면 그에 따른 비용을 사업자가 전부 책임지고 성공 시에는 다양한 비용을 제한 이익을 모두 갖는다.

그림 7.5는 본 계약시스템에 따른 미국에서의 전형적인 이익분배 흐름을 나타낸다. 이미 언급한 대로 개인이 광구권을 소유한 경우 로열티를 받게 되고 세금은 정부에 납부한다. 이익 분배과정은 다음과 같다.

- 로열티 지불
- 비용회수
- 세금납부

유가를 $80/배럴로 가정하자. 우선 광구권 소유자에게 25%의 로열티인 $20를 지불하면 $60이 남는다. 이후 사업자가 지금까지 투자부터 생산에 소요된 비용을 회수한다. 운영비가 가장 먼저 회수되고 투자비는 일정한 비율이나 장비의 수명 또는 총 매장량 대비 생산량을 기준으로 매년 계산되어 회수된다. 비용 $35를 공제하면 $25의 이익이 남고 이에 대해서 세금이 부과된다. 주어진 조건에서 주정부에 10%, 연방정부에 40% 세금을 납부하고 남은 $13.50가 순이익이 된다.

Concessionary System Flow Diagram				
Conditions:				
25%	Royalty			
10%	Provincial tax			
40%	Federal income tax			
$35	Total amount of deductions			
Price of one barrel of oil			$80.00	
Items	Rate	Amount, $	Remaining balance, $	Comments
Gross income			80.00	
Royalty	25%	20.00	60.00	net revenue
Deduction		35.00	25.00	taxable income
Provincial taxes	10%	2.50	22.50	(local taxes)
Federal income tax	40%	9.00	13.50	net after tax(FIT)

Contractor Share		Royalties & Taxes	
Items	Amount, $	Items	Amount, $
Deduction	35.00	Royalty	20.00
Net income after taxes	13.50	Provincial taxes	2.50
		Federal income tax	9.00
Total	48.50	Total	31.50
Relative %	60.63	Relative %	39.38

그림 7.5 광구권시스템 현금흐름표(배럴당 $80 기준)

$80 중에서 사업자가 가지는 총액은 비용회수 금액과 세금 후 남은 순이익의 합이다. 이를 총 수입인 $80로 나눠주면 사업자가 갖는 비율을 구할 수 있다. 이 계약에 따르면 사업자가 60.6%, 그 외에서 39.4%를 갖는다. 물론 투자비가 회수된 후에는 해당 비율이 변하게 된다.

(6) 생산물분배계약

생산물분배계약은 1960년대 초기에 인도네시아에서 처음 체결된 계약형태이다. PSC의 경우 본질적으로 광구와 생산물에 대한 소유권이 해당 정부에 있기 때문에 사업자가 보너스를 지급해야 할 근거가 없다고 할 수 있다. 하지만 자원보유국의 위상과 협상력이 강화되면서 사업자는 계약을 체결할 때 서명보너스, 개발단계에 따른 개발보너스, 특정 생산량에 도달하면 생산보너스 등을 정부에 지불한다.

탐사와 개발 및 생산에 필요한 투자는 E&P사업자가 담당하지만 생산이 시작되면 그 소유권은 정부나 정부를 대신하는 국영석유회사가 가진다. **그림 7.6**은 PSC에 의한 정부와 사업자의 이익분배로 다음과 같이 이루어진다.

Production Sharing Contract Flow Diagram	
Conditions:	
10%	Royalty
45%	Cost recovery limit (% of gross income)
$40	Total amount of deductions
60%	Government take of profit oil split
40%	Taxes

Price of one barrel of oil	$80.00

Items	Rate	Amount, $	Remaining balance, $	Comments
Gross income			80.00	
Royalty	10%	8.00	72.00	net revenue
Cost recovery	45%	36.00	36.00	profit oil
Government take	60%	21.60	14.40	profit oil split
Income taxes	40%	5.76	8.64	net after tax

Contractor Share		Government Share	
Items	Amount, $	Items	Amount, $
Deduction	36.00	Royalty	8.00
Net income after taxes	8.64	Government take	21.60
		Income tax	5.76
Total	44.64	Total	35.36
Relative %	55.80	Relative %	44.20

그림 7.6 생산물분배계약 현금흐름표(배럴당 $80 기준)

- 로열티 지불
- 비용회수
- 이익원유 분배
- 세금납부

1배럴의 유가를 $80로 가정하자. 우선 10%의 로열티인 $8를 지불한다. 남은 $72 중에서 운영비를 포함하여 각종 비용을 회수한다. PSC에서는 매해 회수가능한 금액을 총수익의 일정비율로 제한하는 비용회수 한계 조건에 있다. 이 계약에서는 비용 $40이 한계금액 $36보다 많으므로 비용회수 한계만큼만 회수한다. 차액인 $4는 다음에 회수가능한 금액으로 넘겨진다. 비용회수 후 남은 $36를 자원보유국과 사업자가 60%:40%로 분배한다. 이익원유 분배에 따른 세금 40%를 지불하면 사업자가 얻는 순수익이 된다.

$80 중에서 사업자가 가지는 총액은 비용회수 금액과 세금 후 남은 순이익의 합이다. 이를 총수입인 $80로 나눠주면 사업자가 갖는 비율을 구할 수 있다. 이 계약에 따르면 사업자가 55.8%, 자원보유국이 44.2%를 갖는다. 하지만 사업자가 갖는 비용회수는 이미 투자한 비용을 회수하

는 것으로 비용회수 이외 사업자의 순수익은 $8.64이다.

(7) 서비스계약

서비스계약에서도 광구 및 생산물의 소유권을 정부가 가진다. PSC와 매우 유사한 형태이나 서비스회사가 현물에 대한 소유권을 가지지 않는다. 대신 석유와 같은 현물이 아닌 현금으로 제공한 서비스에 대한 보상을 받는다.

서비스계약은 석유 매장량이 많고 탐사성공률이 높은 지역인 중동지역과 베네수엘라, 페루, 볼리비아 등 중남미 국가에서 이용된다. 순수 서비스계약은 자원보유국이 선진기술을 이용하여 유전을 개발하거나 생산을 증가시키기 위해 고안한 계약이다. 이 계약을 체결한 서비스회사는 생산량과 관계없이 제공한 서비스에 대하여 계약된 금액을 서비스료로 받는다.

반면 리스크 서비스계약은 생산량에 따라 지급받는 수수료가 달라진다. 생산량이 일정목표를 달성하지 못하면 수수료가 감소하고 반대의 경우 수수료가 증가한다. 계약체결 시 서명보너스를 정부에 지급하며 생산개시 후 로열티를 지급한다. 탐사, 시추, 개발, 생산과 관련한 모든 비용과 위험을 전적으로 서비스회사가 책임진다. 운영비용과 자본비용 등을 회수할 수 있고 정부는 운영에 참여할 권리를 지닌다.

7.2 경제성 평가

경제성 평가란 계획한 사업의 비용과 이익을 산출하고 이에 따라 경제적 수익을 계산하여 해당 사업의 타당성을 평가하는 것이다. 여기서는 E&P사업에서 경제성 평가의 중요성과 방법에 대해서 설명한다.

1) 매장량 평가

(1) 매장량 정의

석유 분야 주요 4대 학회(SPE, APPG, SPEE, WPC)가 공동작업으로 제시한 석유자원관리체계(PRMS)를 바탕으로 우리나라도 2009년 석유자원량 평가기준을 **그림 7.7**과 같이 제시하였다. 직접적인 시추로 석유부존 확인여부와 상업성을 명확한 기준으로 하며 자료의 신뢰도에 따른 불확실성을 고려하였다.

PRMS에 따르면 매장량은 "현재 확립된 기술을 바탕으로 불확실성 없이 상업적으로 생산할 수 있는 양"으로 정의된다. 구체적으로 시추와 평가를 통하여 부존이 확인되었고 해당 지역에서 보편적으로 사용되는 생산기법으로 합리적인 생산계획하에 경제적으로 생산할 수 있는 양이다. 이와 같은 조건을 모두 만족하는 것을 확인매장량이라 한다. 확인매장량으로 분류하기 위

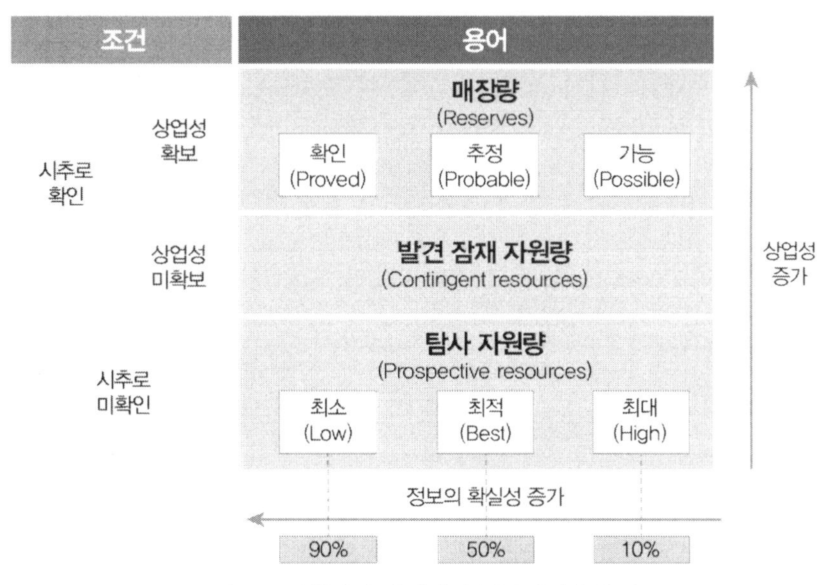

그림 7.7 자원량과 매장량의 분류체계와 용어

한 일부 정보가 부족하지만 앞으로 생산될 확률이 50% 이상인 경우가 추정매장량이며 10% 이하이면 가능매장량이 된다.

비록 시추를 통해 부존이 확인되었지만 낮은 회수율, 높은 비용, 낮은 유가 등으로 실제로 생산하기 어렵거나 판매할 시장이 없는 경우에도 상업적으로 생산할 수 없다. 이런 경우를 발견잠재 자원량으로 분류하며 조건이 변화되어 생산이 가능하면 매장량으로 평가된다. 아직 시추하지 않고 예상하는 모든 부존량은 탐사 자원량이며 추가적인 탐사작업을 결정하는 중요한 정보이다.

(2) 매장량 평가

매장량은 향후 생산계획과 생산량 그리고 시설규모를 결정하는 데 핵심적인 정보이며 미래 수익을 창출하는 중요한 요소이므로 바르게 평가되어야 하며 이용가능한 자료에 따라 다양한 방법이 있다. **그림 7.8** 최상단에 표시된 숫자는 E&P사업이 진행되는 기간 중 중요한 단계를 표시한 것이다.

상태 0~1 구간은 사업을 시작하여 기존자료 활용과 물리탐사를 통하여 유망구조를 도출하였지만 아직 시추가 이루어지지 않은 기간이다. 따라서 해당 저류층이나 시추공에 대한 구체적인 정보가 부족한 상태로 상대적으로 불확실성이 높다. 사업초기에는 인근 유전 정보를 이용하여 유추할 수 있다. 이후 탄성파탐사 자료를 얻으면 평가된 저류층 부피를 활용하여 원유와 가스의 양을 예상할 수 있다. 이들은 탐사 자원량이 되며 다음과 같이 부피법을 이용할 수 있다. 이들 부피는 개략적인 값이며 탐사정 시추로 추가적인 자료를 얻으면 갱신된다.

$$OOIP(STB) = \frac{V_{bk}\phi S_o}{B_o} \tag{7.1}$$

$$OGIP(scf) = \frac{V_{bk}\phi S_g}{B_g}\frac{5.615\,rcf}{rb} \tag{7.2}$$

여기서, V_{bk}는 저류층 전체체적으로 rb 단위를 갖는다. 원유 용적계수 B_o는 rb/STB, 가스 용적계수 B_g는 rcf/scf이다. 만약 부피가 acre-ft 단위라면 변환계수 7758을 곱해 주어야 한다. 단위변환의 중요성은 아무리 강조해도 지나치지 않다.

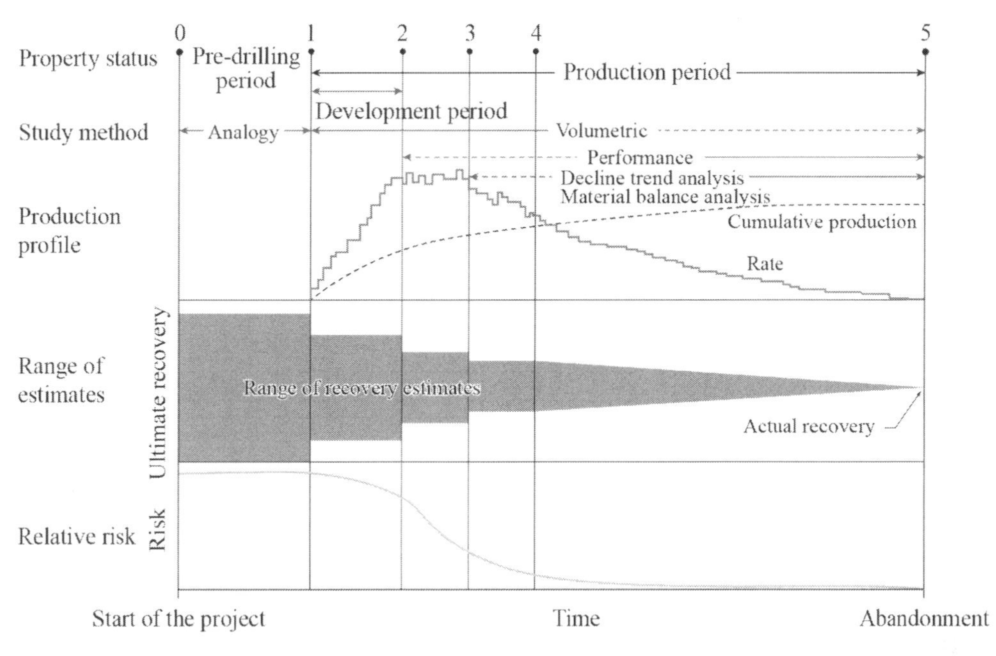

그림 7.8 E&P사업 기간에 따른 특징

상태 1~2 구간은 실제로 생산정을 시추하고 개발계획에 따라 유정 개수가 증가하므로 생산량도 늘어나 최대 생산량에 이른다. 일부 정보가 더 알려졌지만 아직 생산거동을 정확히 판단하기 어렵기 때문에 부피법을 적용한다. 또한 전체부피를 한 값으로 사용하는 것이 아니라 면적과 두께를 곱하여 계산할 수 있고 일부 변수들이 더 정확한 값으로 갱신된다. 만일 불확실성이 높은 값이 있으면 이를 확률분포나 범위로 두고 추계학적 기법을 적용하여 예상 매장량의 범위를 평가할 수 있다.

상태 2~3 구간은 최대 생산량이 일정 기간 유지되는 기간이다. 유전의 경우 이 기간이 짧으나 가스전은 가스 압축성이 큰 이유와 계약한 일정한 양을 공급해야 하는 이유로 그 기간이 길게 유지된다. 상태 3부터는 생산량이 감소하는데 4단계부터는 일정한 경향으로 감소하여 감퇴곡선법을 적용할 수 있다. 생산량이 계속 줄어들면 상태 5에서 생산을 종료한다.

생산량과 압력을 얻을 수 있는 상태 1부터 생산경향을 이용하여 저류층 물성을 갱신할 수 있고 갱신된 모델을 이용한 수치모델링으로 최적 생산조건을 검토할 수 있다. 또 생산량과 저류층 압력을 연계한 물질평형 방정식은 저류층 생산 드라이브를 규명하는 데 유용하다. 시간에 따라 평가의 불확실성은 감소한다.

2) 경제성 평가의 단계

(1) 경제성 평가의 중요성

E&P사업에서 경제성 평가는 성공적인 사업의 추진을 위해 반드시 필요하며 다른 산업에 비해 좀 더 복잡한 절차를 거친다. 이것이 중요한 이유는 다음과 같은 상류부문 석유산업의 특징에 기인한다.

- E&P사업의 불확실성
- 큰 초기 투자비용과 긴 회수기간
- 기술적 및 경제적 불확실성
- 다양한 위험요소

E&P사업에서는 부분적 또는 전체 비용의 회수가 항상 보장되지 않는다. 과거에 비해 탐사기술이 발전하였으나 주요 메이저회사의 탐사성공률은 35~45% 수준이며 한국의 경우 해외 E&P 사업 성공률은 통계적으로 12% 내외이다. 특히 E&P사업의 경우, 탐사에 실패하면 해당시점의 잔존가치가 매우 낮다. 이와 더불어 초기 투자비용이 크고 회수기간은 긴 단점을 가진다.

시추기술이 현저히 발전하였지만 심부나 심해 시추는 여전히 기술과 비용면에서 어렵다. 비록 석유가 부존해도 매장량이 적으면 개발로 진행될 수 없다. 또한 생산 중인 유전의 관리와 생산량 유지에도 여러 위험요소가 있다. 이는 저류층이 가지는 복잡성과 다양성, 그리고 취득한 자료의 한계와 불확실성에 기인한다.

석유산업에는 많은 이해당사자들이 있으며 계약이 국가별로 또 동일 국가에서도 각 사업별로 다양하다. E&P사업자는 계약에 의해 허가된 기간 내에 이익을 창출해야 한다. 따라서 사업계획에 따른 정확한 경제성 평가와 사업진행은 아무리 강조해도 지나치지 않다.

E&P사업에서의 경제성 평가는 여러 불확실한 요소를 수반한다. 따라서 다양한 상황을 고려하고 타당한 근거에 의해 사용할 인자를 합리적으로 선택해야 하며 불확실성을 수반한 요소는 다음과 같다.

- 유가
- 인플레이션

- 환율
- 할인율

유가는 E&P사업의 경제성 평가뿐만 아니라 국가 경제적인 측면에서도 매우 중요하다. 그러나 유가의 예측은 매우 어려우며 E&P사업의 전 기간 동안 유가를 정확하게 예측하는 것은 불가능하다. 왜냐하면 유가는 장기간은 물론 단기간 내에도 여러 가지에 영향을 받으며 변동하기 때문이다.

일반적으로 경제성 평가에서 많이 쓰이는 현금흐름에서 현금가치 또는 구매력은 항상 일정하지 않고 인플레이션으로 시간에 따라 감소한다. 이는 시간에 따른 자본가치를 나타낸 것으로 지금 $100은 1년 후의 $100보다 더 큰 가치가 있다. E&P사업에서 석유생산량이 적고 유가도 낮으며 인플레이션이 심할 경우 초기에 대규모로 투자된 자본을 회수하지 못할 위험이 있다.

E&P사업에 있어서 현지국가의 환율변동은 현지화로 부과되는 세금, 개발비, 탐사비 등에 영향을 미친다. 또한 생산된 원유 및 가스 판매대금을 현지화로 받을 경우 추가적인 환차손이 발생할 수 있다. 따라서 투자안정성이 의문시되는 지역은 과거 환율변동을 고려하여 경제성 분석과 의사결정이 이루어져야 한다.

E&P사업은 비용과 수익이 일시에 발생하는 것이 아니라 수년에 걸쳐 발생한다. 따라서 특정 광구에 대한 경제성은 현재시점에서의 가치를 기준으로 평가되어야 한다. 할인율은 화폐가치를 할인하는 수치로 특정한 시간의 명목가치를 기준시점의 실질가치로 환산하는 요율이다. 예를 들어, 할인율이 10%이면 1년 후에 받게 될 $100은 현재가치로 $90.91이 된다. 동일한 개념으로 현재 $100은 1년 후의 $110과 같은 가치를 가진다.

대부분의 석유회사들은 위험이 낮은 생산유전의 경우에는 할인율을 10% 내외로 적용한다. 개발단계 사업에서는 개발지연 및 매장량에 대한 위험을 감안하여 12% 내외의 할인율을 적용하고 탐사단계 사업에서는 발견에 대한 위험과 개발단계 위험을 추가하여 15%의 할인율을 적용할 수 있다. **표 7.2**는 E&P사업에 적용되는 표준할인율을 나타낸 예이다. 만약 위험도가 높은 국가에서 사업할 경우에는 위험 프리미엄을 감안하여 표준할인율을 높게 잡거나 국가마다 다른 할인율을 적용할 수 있다.

표 7.2 E&P사업에서 할인율 적용 예

최소할인율	5.5%
요구되는 추가회수	0.5%
기술적(지질적) 위험	2.0%
상업적 위험	2.0%
경제적 위험	2.0%
정치적 위험	2.0%
평가 위험	1.0%
총 표준할인율	15%
위험 프리미엄	9.5%

(2) 경제성 평가의 단계

경제성 평가는 E&P사업 투자결정을 위해 사용할 수 있는 중요한 수단 중 하나로 평가단계는 다음과 같다.

- 자료수집
- 경제성 변수들의 결정과 선택
- 시나리오 분석
- 경제성 분석
- 의사결정

경제성 평가의 첫째 단계는 자료수집이다. 이 단계에서는 다양한 자료들을 분석하고 통합하여 해석하는 것이 중요하다. 실제 생산자료가 없는 경우는 가정된 생산계획이나 예상되는 매장량을 바탕으로 평가한다. 과거 탐사실적이 없는 경우 자료수집을 위한 탐사비용을 평가 시 고려하여야 한다.

할인율로 인해서 돈의 가치가 시간에 따라 달라지므로 사업을 시작한 일자와 평가일자를 명확히 하는 것도 필요하다. 또한 석유개발 단계별로 비용을 예측하여 CAPEX, OPEX, ABEX를 계산한다. 그 외에 개발이 이루어지는 지역의 세금도 경제성 평가에 영향을 미치므로 고려하여야 한다.

표 7.3 경제성 평가에 필요한 자료

프로젝트 자료	저류층 자료	비용 자료	기타 자료
사업 시작 날짜 평가 날짜	생산자료 유체정보	탐사비용 개발비용 CAPEX OPEX ABEX	세금 기타 비용 할인율

자료수집을 마치면 경제성 변수들을 결정한다. 수집한 자료는 출처들이 다양하며 하나의 고정된 값을 가진 것이 아니라 범위를 가지는 경우도 존재한다. 예를 들어 과거에 수행하였던 탐사비용들을 조사하여 범위를 갖는 결과가 나왔다면 중앙값이나 최빈값과 같은 합리적인 근거에 의거하여 대푯값을 결정한다.

아무리 경험이 많고 전문적인 지식을 갖춘 사람이라도 미래의 경제지표를 정확히 예측할 수 없다. 특히 불확실성을 수반하는 유가, 인플레이션, 환율, 할인율 등은 시장의 수요와 공급, 국내외 정세, 국가정책 등에 영향을 받는다. 각 경제지표를 예측할 때 여러 시나리오를 만들어서 분석하면 불확실성을 고려한 결과를 얻을 수 있고 의사결정에 활용할 수 있다.

경제성 평가를 마치면 이를 이용하여 필요한 의사결정을 한다. 경제성 분석 과정과 결과가 합리적인지 판단하여 사업추진을 결정한다. 의사결정 단계에서 경제성 평가결과를 바탕으로 경영자의 철학과 기업의 기술력 등을 고려하여 투자여부를 판단한다.

(3) 서로 다른 현금흐름의 사업 시나리오

E&P사업자가 **그림 7.9**와 같은 현금흐름을 가진 4개의 사업에 대하여 경제성을 평가한다고 가정하자. 사업 A는 작업지연으로 1차년도에 손실이 나고 수익회복도 지연되는 것을 나타낸다. 사업 B는 예상대로 잘 진행된 경우이고 사업 C는 사업 A의 조금 다른 예이며 사업 D는 일부 지연은 있었지만 매년 일정한 수익이 나는 개념적 예이다. 독자는 4개의 사업 중 어느 사업이 더 좋다고 말할 수 있는가? 네 사업은 명목상 같은 수익을 올리지만 시간에 따라 가치가 변하므로 동일한 경제성을 가졌다고 할 수 없다.

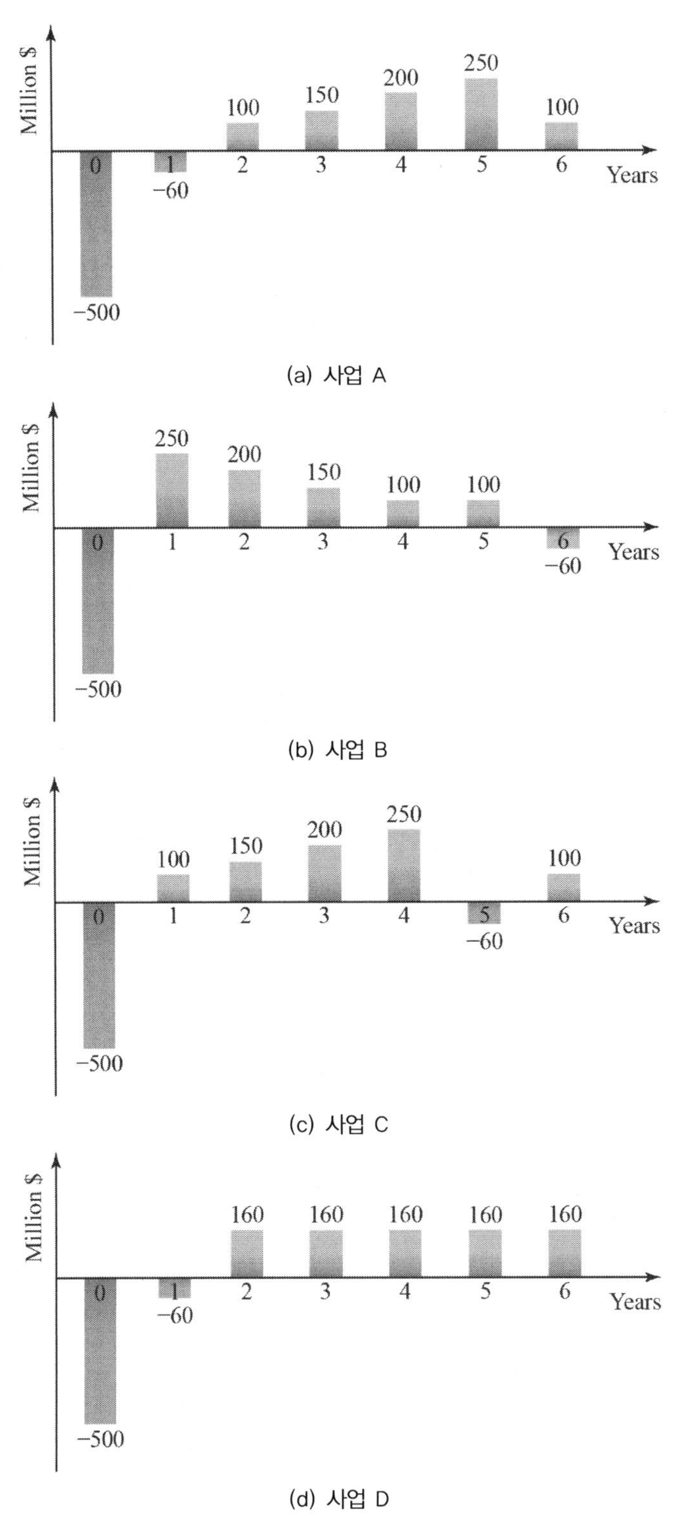

(a) 사업 A

(b) 사업 B

(c) 사업 C

(d) 사업 D

그림 7.9 각 사업의 연도별 현금흐름

3) 경제성 평가방법

일반적으로 E&P사업에 대한 현금흐름은 **그림 7.9**과 같이 사업 시작에서 끝날 때까지 매년 또는 매월 기준으로 나타낼 수 있다. 이와 같이 모든 지출을 포함한 자본, 운영비용 그리고 생산으로 인한 수익에 대해 현금흐름을 작성하면 경제성 분석을 위한 준비가 된 것이다. 이를 위하여 사용할 수 있는 대표적인 지표는 다음과 같다.

- 순현금흐름(net cash flow, NCF)
- 순현재가치(net present value, NPV)
- 내부수익률(internal rate of return, IRR)
- 수익성지수(profitability index 또는 profit to investment ratio, PIR)
- 회수기간(payback period, PBP)

경제성 평가방법마다 장단점이 존재하고 현금흐름 규모도 다르기 때문에 어느 한 지표만으로는 충분한 평가가 어렵다. 따라서 여러 가지 지표를 함께 사용하는 것이 타당하다. 언급한 평가지표나 사업선택 가이드라인에 따라 합리적인 의사결정이 가능하다.

(1) 순현금흐름

순현금흐름은 일정기간에 발생한 모든 현금유입에서 현금유출을 뺀 값이다. 사업기간을 통하여 일정한 지출에 대하여 어느 정도의 수입과 이익이 남는가를 계산하는 방법이다. 또한 이익의 절대액 또는 단순비율로도 파악하는 것이 가능하다. 식 (7.3)은 순현금흐름의 계산식이다.

$$N_{CF} = \sum_{j=1}^{N} \left[P_{PF_j} - \left(E_{EX_j} + I_{INV_j} \right) \right] \tag{7.3}$$

여기서, P_{PF}는 소득, E_{EX}는 지출, I_{INV}는 투자비, 그리고 N은 사업의 총 기간을 연수로 나타낸 것이다. 하첨자 j는 각 연도를 의미한다. 식 (7.3)은 할인율을 반영하지 않은 명목상의 순현금흐름이며 지출에는 세금 및 사업과 관련한 여러 비용이 포함된다.

순현금흐름 추정 시 매몰비용을 무시하고 기회비용을 고려하여야 한다. 즉 사업자가 투자하기 전까지 발생한 비용은 무시하고 새로운 투자안을 평가해야 한다. 구체적으로 지금까지 세 개의 유정을 시추하면서 $1억을 사용했지만 모두 실패했다고 가정하자. 모든 확률을 고려하여 평가된 새로운 프로젝트의 예상이익이 $5천만이라면, 지금까지 $1억을 지출했는데 $5천만밖에 이익을 올리지 못하므로 이 프로젝트를 거절해야 하는 것인가? 앞서 투자한 $1억은 새 프로젝트에 대한 투자가 이뤄지기 전에 발생한 매몰비용이므로 무시하고 $5천만의 이익을 낼 수 있는 프로젝트를 채택할 수 있다.

순현금흐름은 시간에 따른 현금가치를 계산하지 않기 때문에 때로는 적절한 평가기준을 제시하지 못한다. **그림 7.9**에 주어진 네 가지 경우 모두 6년 동안에 명목상 미화 $2억 4천만의 수익을 동일하게 창출한다. 하지만 직관적으로도 초기에 많은 이익을 주는 사업 B가 더 매력적이다. 따라서 현금흐름에 할인율을 적용한 현금흐름 할인법을 주로 사용한다. 이는 미래가치에 할인율을 적용함으로써 미래에 대한 불확실성을 반영한다. 그 종류에는 순현재가치법, 내부수익률법, 수익성지수법이 있다.

(2) 순현재가치

순현재가치는 가장 널리 쓰이는 지표로서 미래 현금가치를 할인율을 적용하여 현재 화폐가치로 환산한 값이다. 즉 시간에 따라 하락한 해당년도의 명목상가치를 일정비율로 할인하여 현재시점의 실질가치로 환산한다. 할인율은 경제성 평가 작업을 실시하는 시점에서 경제상황, 인플레이션 비율 그리고 미래예측의 불확실성에 따라 변한다. 특히 인플레이션은 할인율을 결정하는 데 중요한 요소이다.

순현재가치는 식 (7.4)로 평가한다.

$$N_{PV}(i_r, N) = \sum_{j=1}^{N} \left(\frac{P_{PF_j} - E_{EX_j} - I_{INV_j}}{(1+i_r)^{n(j)}} \right) \tag{7.4}$$

여기서, i_r 은 할인율이다. 특히 상첨자 $n(j)$는 기준연도로부터 해당연도까지의 기간으로 소득이 유입되는 형태에 따라 달라진다. 만약 연말에 소득이 발생하면 $n(j)$는 해당년도까지의 기간이 되고 연속적으로 발생하는 경우 연말과 연초의 중간을 사용할 수 있다. 물론 더 정확한 계산을 위해 월단위로 계산할 수 있다.

순현재가치법은 다음과 같은 장점이 있다.

- 모든 기간의 현금흐름 고려
- 화폐 시간가치 고려
- 가치가산성 원칙 적용

순현재가치법은 전체 투자기간 동안에 발생하는 모든 현금흐름의 현재가치, 즉 화폐의 시간가치를 고려하므로 위험을 반영한 방법이다. 가치가산성 원리란 여러 프로젝트를 복합적으로 평가한 값이 각 프로젝트를 따로 평가한 값의 합과 같다는 것이다. 여러 개의 투자안이 있는 경우에 결합된 투자안의 NPV는 개별안의 NPV 합과 동일하여 가법성을 충족한다.

NPV를 계산하면 주어진 투자안에 대하여 다음과 같이 간단하게 평가할 수 있다. 즉 NPV가 0보다 크면 제안된 투자안은 할인율을 고려하여도 수익이 창출된다.

$NPV > 0$ 수익

$NPV = 0$ 균형

$NPV < 0$ 손해

E&P기업이 $5억을 투자하면 향후 6년간 **그림 7.9(b)**와 같은 수익을 올린다고 가정하자. 수익은 연말에 발생한다면, 식 (7.4)로 N_{PV}를 계산하면 다음과 같이 $1억 180만이 된다.

$$N_{PV} = -500 + \frac{250}{(1+0.1)^1} + \frac{200}{(1+0.1)^2} + \frac{150}{(1+0.1)^3} + \frac{100}{(1+0.1)^4} + \frac{100}{(1+0.1)^5} + \frac{-60}{(1+0.1)^6} = 101.8$$

(3) 내부수익률

내부수익률은 투자안의 NPV를 0으로 만드는 할인율, 즉 현금유입의 현재가치와 현금유출의 현재가치를 동일하게 만드는 할인율이다. 내부수익률은 식 (7.5)와 같이 주어진 현금유입과 현금유출의 NPV를 0으로 만드는 할인율을 구하는 것이다.

$$N_{PV}(i_r^*, N) = \sum_{j=1}^{N} \left(\frac{P_{PF_j} - E_{EX_j} - I_{INV_j}}{(1 + i_r^*)^{n(j)}} \right) = 0 \quad (7.5)$$

여기서, i_r^*은 내부수익률이다.

내부수익률법에 의한 투자결정은 투자안의 내부수익률과 할인율을 비교하여 내부수익률이 더 큰 투자안을 채택하고 그 반대의 경우 투자안을 기각한다. 내부수익률법으로 투자결정을 하기 위해서는 투자안의 할인율이 미리 설정되어야 하는데 투자안의 내부수익률이 할인율보다 클 경우에 투자안의 NPV가 0보다 크게 된다. 반대의 경우 투자안의 NPV가 0보다 작게 된다. **그림 7.9(b)**의 경우에 식 (7.5)를 만족하는 내부수익률을 계산하면 20.28%를 얻는다. 이는 해당 사업의 가치가 연간 은행이자율 20.28%의 예금과 동등하다는 의미한다.

이 지표는 모든 현금흐름을 고려하며 화폐 시간가치를 고려한다는 장점이 있지만 다음과 같은 단점을 가지기 때문에 다른 방법과 병행하여 적용하여야 한다.

- 허수 또는 복수의 내부수익률
- 내부수익률로 재투자된다는 가정
- 가치가산성 원리가 적용되지 않음

여러 차례에 걸쳐 현금유입과 유출이 발생하는 경우 내부수익률 계산식이 2차 혹은 3차 이상의 고차방정식이 되고 여러 개의 해를 가질 수 있다. 따라서 내부수익률법으로 투자안을 평가하는 경우, 계산된 해 중에서 어떤 것을 선택할 것인가에 대한 어려움이 있다. 또한 내부수익률법의 경우 두 투자안의 수익률 평균이 각 투자안을 합쳐서 구한 수익률과 달라진다. 순현재가치법은 여러 투자안을 동시에 평가할 때, 개별 투자안을 독립적으로 판단해 볼 수 있는 반면에 내부수익률법은 전체와 각각을 따로 평가할 수 없다.

(4) 수익성지수

수익성지수법은 현재가치지수법이라 하며 미래 현금흐름의 NPV를 투자액으로 나눈 값이다. 수익성지수를 수식으로 나타내면 식 (7.6)과 같다.

$$I_{PIR} = \sum_{j=1}^{N}\left(\frac{P_{PF_j} - E_{EX_j}}{(1+i_r)^{n(j)}}\right) \Bigg/ \sum_{j=1}^{N}\left(\frac{I_{INV_j}}{(1+i_r)^{n(j)}}\right) \tag{7.6}$$

수익성지수는 계산에 순현재가치를 사용하므로 화폐의 시간가치가 고려된다. 투자액이 서로 다른 투자안들을 평가할 때 흔히 사용하며 각 투자안의 상대적 수익성을 나타낸다. NPV가 같은 사업을 비교할 때 유효하며 초기 현금투자가 적은 사업일수록 높은 수익성지수를 나타낼 수 있다.

판단기준은 PIR이 1보다 크면, 즉 미래 현금흐름의 현재가치가 투자액보다 크면 프로젝트를 채택하고 그렇지 않으면 포기한다. **그림 7.9(a)**와 **7.9(c)**의 경우 수익성지수를 계산하면 각각 0.98, 1.11을 얻는다. 따라서 할인율이 10%인 경우, 사업 A는 채택되지 아니한다.

수익성지수도 내부수익률처럼 투자규모를 고려하지 못하는 단점이 있다. 예를 들어, NPV로 환산하였을 때, \$1억을 투자해서 \$2천만 수익이 나는 광구와 \$10억을 투자해서 \$1억 수익이 나는 광구를 가정하자. 전자는 PIR이 1.2이고 후자는 약 1.1이 된다. 하지만 후자는 \$1억 순이익을 준다. 따라서 관점에 따라 후자에 투자하는 것이 더 유리하다고 생각할 수도 있다.

(5) 회수기간

회수기간은 총 투자비와 같은 수익을 올릴 때까지 걸리는 시간을 말하며 규모가 작은 회사일수록 이 지표가 중요해진다. 회수기간 평가에는 간단한 계산을 위해 주로 돈의 시간가치를 고려하지 않는다. 수익이 연말이나 연초에 불연속적으로 발생하는 경우에는 단순히 누적현금흐름이 양이 되는 기간이다. 하지만 수익이 연속적으로 발생할 경우에는 보간법을 사용하여 회수기간을 예상한다. **그림 7.9(a)**와 **7.9(b)**의 경우 매년 말에 수익이 창출된다고 가정하면, 회수기간은 각각 5년과 3년이다.

회수기간법은 현금흐름을 감안한 평가로 계산이 간단하다. 하지만 화폐 시간가치와 회수기간 이후의 현금흐름에 대해 고려하지 않는다는 단점이 있다. 똑같이 투자액 \$10억, 회수기간이

표 7.4 각 사업별 경제성 분석결과

항목	사업 A	사업 B	사업 C	사업 D
6년차 순현금($million)	240	240	240	240
순현재가치($million)	-10.9	101.8	55.1	-3.2
수익성지수(ratio)	0.98	1.20	1.11	0.99
내부수익률(%)	9.44	20.28	14.04	9.83
회수기간(year)	5	3	4	5

10년인 두 프로젝트일지라도 매년 $1억씩 들어오는 프로젝트와 10년 후에 $10억이 회수되는 프로젝트 가치는 다르지만 회수기간법으로는 같게 된다.

그림 7.9의 각 사업별 경제성 평가결과를 요약하면 **표 7.4**와 같다. 따라서 실제 경제성 분석에서는 순현재가치, 내부수익률, 수익성지수 등과 병행하여 사용하여야 한다.

7.3 생산자산 인수

1) 생산자산 인수사업의 특징

생산 중인 광구를 매매하는 거래는 북미지역에서 활발하게 이루어지고 있다. 생산자산 인수는 물리탐사와 시추를 통하여 석유를 확인해야 하는 위험성도 없고 생산시설을 설치하는 작업도 없다. 초기에 큰 자금이 소요되지만 인수한 생산자산으로부터 수익이 창출되므로 안정적인 사업운영이 가능하다.

생산자산 인수는 언급한 장점이 있지만 항상 이익을 창출하는 것은 아니다. 수익은 생산자산 인수 이후의 생산량과 유가에 의해 결정된다. 따라서 생산정을 관리하여 계획한 생산량을 유지하거나 증대시키는 것은 매우 중요하다. 유가가 상승하는 경우 자산가치도 비례하여 상승하고 또 자산매각을 통해 투자를 정리할 수도 있다. 그러나 그 반대의 경우 자산가치 하락과 직접적인 수익감소로 이어진다.

북미지역은 다른 산유국들과 달리 사유지에 한하여 지하 광구권의 개인소유를 허락하고 있어 광구권 거래가 활발하고 계약 및 세제 시스템이 발달하였다. 미국에서는 원래의 토지 주인이 지상토지에 대한 권한과 지하 광구권을 동시에 소유하고 있으며 각각을 분리하여 매매할 수 있다. 참고로 대륙붕의 광구권은 주정부가, 대륙붕 밖의 광구권은 연방정부가 가지고 있다.

미국에서 E&P사업의 대상인 유가스 광구는 매우 다양하다. 규모면에서 일일생산량 10배럴 이하의 단일 생산정 광구와 수만 배럴 이상의 대규모 육해상 광구도 있다. 투자면에서도 광구의 크기와 지분에 따라 수만에서 수십억 달러의 광구도 존재한다. 또한 상업적 유전 발견에 실패할 수 있는 탐사사업에서 안정적인 생산광구사업까지 다양하게 있다. 이는 일반적으로 석유사업은 엄청난 돈이 들어가는 고위험의 도박이라는 인식과는 다른 상황이라고 할 수 있다.

자산인수 사업이 활발하고 시장이 잘 발달된 미국의 유전개발시장의 특성은 다음과 같다.

- 광구권을 개인이 소유하고 있어 계약과 세제 시스템이 발달
- 정치적, 경제적 위험요소가 낮음
- 탐사, 시추, 개발, 판매 관련 인프라, 기술력, 자료가 잘 준비됨
- 원유와 천연가스 모두 현지 직접판매 가능
- 유전개발 투자신탁의 운용

- 투자대상 규모와 종류가 다양
- 유전 경매시장 운영
- 유전개발 관련 회사의 활동 활발

2) 생산유전 가치평가

생산자산 가치를 결정짓는 핵심적인 세 요소는 매장량, 일일생산량 그리고 유가이다. 투자에 대한 타당성을 평가하기 위하여 투자자산에 대한 가치평가는 필수적이며 미국의 생산유전 거래시장에서는 다음 방법들이 활용되고 있다.

- 할인현금흐름법(discounted cash flow model)
- 매장량당 단가법(pricing per reserves in the ground)
- 일일생산량 단가법(net daily barrel pricing)
- 순현금흐름 배수법(net cash flow multiples)

할인현금흐름법은 대부분의 투자분석에 활용되는 대표적인 방법으로 생산유전 자산평가에 활용된다. 자산인수로 인해 예상되는 매출, 운영비, 신규투자비, 금융비용 그리고 초기 투자비의 순현금흐름을 파악한다. 이를 바탕으로 NPV, IRR, PBP, PIR 등으로 가치를 평가한다. 이와 같은 상세분석은 투자규모가 클수록 필요하며 매장량과 종류에 따라 서로 다른 할인율을 적용할 수 있다. 또한 비교적 큰 자산을 인수하는 경우 추가적인 탐사나 개발 잠재력이 있다면 이에 대한 고려도 필요하다.

매장량당 단가법은 단위매장량당 가격을 전체 매장량에 곱하여 평가하는 방법이다. 미국의 경우 지역에 따라 지하에 부존하는 원유 혹은 천연가스의 확인매장량에 대하여 평균 거래단가를 공개한다. 이는 구입하고자 하는 자산에 대한 확정적인 가격을 제시하지는 않지만 현지시세를 파악하는 데 도움이 된다. 원유의 경우 확인매장량 기준으로 $15~25/배럴 정도에 거래되며 고유가 시기이거나 우량자산일 경우 $30/배럴 이상으로 거래되기도 한다.

원유나 천연가스의 일일생산량은 수익을 창출하는 핵심요소이다. 일일생산량 단가법은 매장량의 계산이나 상세한 경제성 분석 없이 일일생산량을 기준으로 평가한다. 저류층 크기와 압력 그리고 매장량을 고려하여 이익을 최대화하는 계획에 따라 생산이 이루어지고 있기 때문에 일일생산량은 매장량과 자산가치의 평가에 좋은 지표가 될 수 있다. 미국의 경우 보통 단위 배럴 생산량당 $2.5~10만의 범위를 가진다. 예를 들어 1000배럴/일로 생산하는 유전의 경우 $2천5백만~1억에 거래된다는 의미이다.

순현금흐름 배수법은 생산자산에 의해 창출되는 월 순현금흐름에 일정한 값을 곱하여 자산가치를 평가하는 기법이다. 순현금은 매출액에 운영비와 로열티 그리고 세금을 제한 순이익을 의미한다. 구체적으로 월 순현금흐름에 36~48을 곱한 값으로 산정한다. 이는 생산유전을 구매한 경우에 원금회수가 보통 3~4년 정도 소요되는 점을 고려한 결과이다. 유가나 생산량의 변화로 인하여 현금흐름 변동이 심할 경우 과거 3~12개월 평균치를 활용할 수 있으며 지역에 따라 또는 고유가 시기에는 더 큰 값을 배수로 사용할 수 있다.

할인현금흐름법을 제외한 나머지 방법은 개략적인 평가를 보여주는 것으로 생산자산의 위치나 운영효율 그리고 추가적인 탐사잠재력 등을 잘 반영하지 못한다. 따라서 상세 경제성 분석의 비교자료로 사용하는 것이 타당하다. 특히 생산자료가 있는 경우 감퇴곡선법, 물질수지법, 그리고 상세한 저류층 시뮬레이션을 통한 정확한 매장량 예측이 필요하다.

3) 생산자산 인수

그림 7.10은 미국에서 생산자산이 거래되는 전형적인 과정을 보여준다. 유전거래는 매도자가 제공한 각종 기술, 회계, 법률 자료를 매수의향자가 검토한 후 거래조건을 협상하면서 시작된다. 자료검토 후 거래조건에 합의하면 이를 근거로 매매계약을 한다. 이 계약서는 상호간에 약속이행을 보증하는 계약으로서 계약체결 후 매수자는 매도자에 의해 제공되는 매출, 생산, 자산, 환경 등 사업관련 자료의 상세실사, 소유권에 대한 법률실사 등을 진행한다.

실사결과 아무런 문제가 없거나 추가협상이 완료되면 지정한 때에 송금하고 계약을 종결한다. 종결 후에 양도증서(lease assignment & bill of sales)에 서명한 후 공증을 받아 사업장 소재지 관할 법원에 등록함으로써 투자가 마무리된다. 이와 같은 거래는 개인적으로도 이뤄지나 대부분은 거래소시장(clearinghouse)에서 입찰에 의하여 이루어진다. 따라서 실사, 자산평가, 계약 등 거래를 위한 다양한 서비스회사들도 활동을 하고 있다.

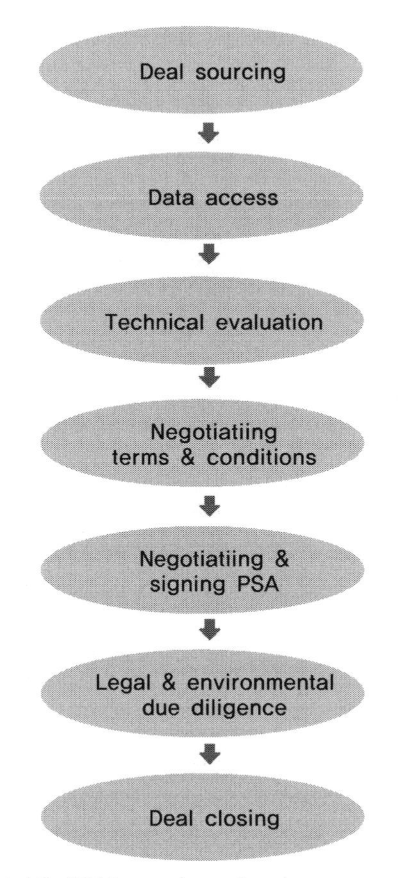

(여기서, PSA는 purchase & sales agreement)

그림 7.10 생산유전 거래 프로세스

Petroleum Engineering

연구문제

1 돈이 시간적 가치를 가지는 이유를 5가지 이상 설명하라.

2 (필요하면 자료조사를 통하여) 다음 용어를 비교하라.

(1) interest rate(이자율) vs discount rate(할인율)

(2) simple interest(단리) vs compound interest(복리)

(3) depreciation(감가상각) vs depletion(감모상각)

(4) salvage value(처분가치) vs remaining value(잔존가치)

(5) accounting life(법적 내용연수) vs physical life(of an equipment, 물리적 내용연수)

(6) sunk cost(매몰비용) vs opportunity cost(기회비용)

3 연이율이 10%일 때, 다음 기간별 복리로 계산한 현재 $100의 1년 후 가치를 평가하라.

(1) 년

(2) 월

(3) 일

(4) 연속

4 연이율이 5%일 때, 다음 기간별 복리로 계산한 현재 $100의 2년 후 가치를 계산하라.

(1) 년

(2) 월

(3) 일

(4) 연속

5 그림 7.5의 조건을 이용하여 유가가 $90/배럴일 때, 광구권시스템에서 사업자가 가져가는 금액과 비율을 계산하라.

6 그림 7.6의 조건을 사용하여 유가가 $90/배럴일 때, PSC에서 사업자가 가져가는 금액과 비율을 예상하라.

7 그림 7.9에 주어진 네 사업에 대하여 순현재가, 내부수익률, 수익성지수, 회수기간을 계산하라. 순현재가치를 계산하기 위해 할인율 10%를 적용하라.

8 광구의 매매계약이 성사되지 못하고 실패하는 이유를 5가지 이상 나열하고 구체적으로 설명하라.

9 (필요하면 자료조사를 통하여) 다음 용어를 설명하라.

(1) stripper well(oil)

(2) stripper well(gas)

(3) fee interest

(4) landman

(5) gross split(Indonesia, 2017)

10 (필요하면 자료조사를 통하여) E&P사업 관련하여 자주 언급되는 다음 약어의 전체 단어와 뜻을 기술하라.

(1) GSPA

(2) FEED

(3) EPCIC

(4) FID

석유는 자연발생적으로 존재하는 탄화수소의 혼합물로 이를 개발하고 생산하기 위해서는 다양한 공학지식의 종합적 응용이 필요하다. 또한 미국을 중심으로 발전한 기술의 특징으로 인하여 단위체계와 용어에 대한 어려움도 있다.

지금까지 소개한 것은 석유공학의 가장 핵심적인 내용으로 심화학습을 위한 기본적인 지식을 제공한다. 특히 다공질 지층의 특징을 바탕으로 지하 저류층에서 유체의 분포와 이동에 대한 이론은 다른 전공에서 배우지 않는 중요한 내용이다. 또한 석유 E&P사업을 위한 광구권 계약과 경제성 평가는 회사실무에 유용하다.

한 학기 학부 강의에 적합한 분량으로 구성하여 석유공학의 다양한 내용을 모두 소개하지 못한 한계가 있다. 구체적으로 물리검층 이론과 적용도 석유공학자가 알아야 하는 내용이고 물질평형분석은 저류층 전산모델링 없이도 그 거동을 분석할 수 있는 장점이 있어 필요하다. 최근에는 컴퓨터모델링을 통해 많은 작업이 이루어지므로 저류층 시뮬레이션에 대한 학습도 요구된다. 하지만 제한된 시간과 분량에 이를 다 설명할 수는 없다. 한 가지 분명한 것은 지금까지 배운 내용을 이해하면 언급한 주제들의 심화학습이 가능하다는 것이다.

익숙하지 않은 단위와 용어로 석유공학을 혼자 공부하기 어려울 수 있다. 하지만 수업을 통해 배운다면 쉽고 재미있는 과목이다. 이 책이 수업을 위한 교재가 되고 수업내용을 더 잘 이해하는 좋은 길잡이가 되길 바란다.

부록

Petroleum Engineering

부록

부록 | 단위변환표

■ 길이

ft	= 12 in	= 30.48 cm	
mile	= 5280 ft	= 1609.3 m	= 1760 yd
nmile	= 1852 m		
yard	= 3 ft	= 0.9144 m	

■ 면적

acre	= 43560 ft^2	= 4047 m^2	= 0.4047 ha
are	= 100 m^2	= 0.01 ha	

■ 무게

lb	= 16 oz	= 0.4536 kg
slug	= 32.17 lb	= 14.59 kg
short ton	= 2000 lb	
long ton	= 2240 lb	
metric ton	= 1000 kg	= 2204.6 lb

■ 부피

bbl	= 5.6146 ft^3	= 42 gal	= 159 liter
ft^3	= 7.48 gal	= 28.32 liter	
gal	= 231 in^3	= 3.785 liter	
liter	= 1000 cm^3	= 0.2642 gal	
acre-ft	= 7758 bbls	= 1233.5 m^3	= 43560 ft^3

■ 기타

atm	= 14.7 psi = 101.3 kPa	= 760 mmHg = 1 kg/cm^2	= 1.013 bar = 1.01325E+6 dynes/cm^2
Btu	= 778 lbf-ft	= 1055 J	= 0.000293 kWh
cal(calorie)	= 3.088 lb-ft	= 4.184 J	
bbl/day	= 1.84 cc/s		
darcy	= 9.869E-9 cm^2		
lb-ft	= 1.356 J		
g/l	= 0.35 lb/bbl		
HP	= 745.7 W	= 550 lbf-ft/sec	= 2545 Btu/hr
kip	= 1000 lbf	= 4448 N	
knot	= 1852 m/hr	= 1.1508 miles/hr	
lbf/100ft^2	= 4.79 dynes/cm^2		
lbf s^n/ft^2	= 47900 eq cp	= 479 dynes s^n/cm^2	
lb/ft^3	= 16.02 g/l	= 16.02 kg/m^3	
poise	= dyne-s/cm^2 = 0.1 Pa-s	= g/cm-s	= 100 cp
psi	= 6.895 kPa	= 2.036 in Hg	= 68947 dynes/cm^2
steel density	= 490 lb/ft^3	= 65.5 ppg	= 7.85 g/cc
water density	= 1.0 g/cc	= 62.4 lb/ft^3	= 8.33 ppg
°C	= (°F − 32) × 5/9		
°F	= °C × 9/5 + 32		

부록 II 차원과 단위

석유공학이 미국을 중심으로 발전한 영향으로 우리에게 익숙한 미터법이 아니라 미국식 단위가 현장과 전공서적에서 사용되고 있다. 따라서 필요한 계산과 의사소통을 위해서는 단위와 차원에 대한 이해가 우선되어야 한다. 차원은 해당 물성이 우리가 정의한 길이, 질량, 시간 같은 기본요소들로 어떻게 구성되어 있는지를 나타내고 단위는 차원의 수학적 표기이다. 즉 1.0 kg과 1.0 g은 같은 질량 차원을 가지지만 수학적으로 표현된 단위는 1000배 차이가 난다.

1) 단위체계

표 II.1은 미터법으로 알려진 SI(System International) 단위체계와 USA 단위체계의 비교이다. **표 II.1**에서 전반부 7개가 기저차원이고 나머지는 기저차원을 이용하여 정의된 물성이다. SI 단위체계는 연계된 물성을 일대일로 정의하는 특징이 있다. 구체적으로, 힘은 질량과 가속도의 곱으로 1 Newton(N)은 1 kg 질량을 1 m/s^2으로 가속시키는 힘이다. 동일하게 1 Joule은 1 N의 힘으로 1 m 이동시키는 일의 양이다.

미국에서는 광구를 가로와 세로 1마일 크기를 가진 섹션을 기준으로 표기한다. 섹션의 면적은 640에이커(acre)인데 우리는 아래와 같이 단위변환을 통해 단위 에이커 크기를 알 수 있다. 또한 시속 70마일이 얼마나 빠른지 부록 I의 단위변환표를 이용하여 계산할 수 있다. 이와 같은 전환은 누구나 할 수 있다.

$$1\,acre = 43650\,ft^2\left(\frac{0.3048\,m}{ft}\right)^2 = 4047\,m^2$$

$$70\frac{mile}{hr} = 70\frac{mile}{hr}\frac{1.609km}{mile} = 112.6\frac{km}{hr}$$

표 II.1 SI 단위체계와 USA 단위체계의 비교

Dimension	SI units	U.S. Customary units
Length, L	m	ft
Mass, M	kg	slug
Time, t	second(s)	second(s)
Temperature, T	degree Kelvin(°K)	degree Rankine(°R)
Substances	moles	moles
Electric current	ampere	ampere
Amount of light	candela(cd)	candela(cd)
Force, F	Newton	pound force
Frequency	Hertz(Hz)	Hertz(Hz)
Energy, Work, Heat	Joule(= N·m)	Btu
Power	Watt(= J/s)	HP
Pressure, Stress	Pa = N/m^2(pascal)	psi(lb/in^2)

2) 중력 계산

(1) 정의에 따른 계산

단위의 상호변환은 위의 예와 같이 쉬울 수 있으나, USA 단위에 익숙하지 않은 독자들은 질량으로 인한 중력 계산에 어려움이 있다. 이는 독자의 잘못이 아니고, 미국식 단위체계의 특징 때문이다. **표 II.1**의 USA 단위체계에서 가장 특징적인 것 중의 하나는 질량을 slug로 사용한다는 것이다. 미국인들이 실생활에서 사용하는 질량단위는 파운드(pound, lb)이며 slug는 오직 차원의 기저를 위해 사용된다고 말할 수 있다.

USA 단위체계에서 사용한 정의에 따라, 1 pound force(lbf)는 1 slug의 질량을 1 ft/s^2으로 가속시키는 힘이다. 질량 slug의 값은 32.17 lb이므로 1 lbf는 32.17 lb의 질량을 1 ft/s^2 또는 1 lb 질량을 32.17 ft/s^2으로 가속시키는 힘이다. 이렇게 설명하면 아무런 문제가 없고 단위체계의 정의와도 일치하지만 32.17 ft/s^2이 중력가속도와 같아 오해를 일으킨다.

구체적으로, 1 kg의 질량으로 인한 중력은 질량과 가속도의 곱으로 다음과 같이 9.8 N을 얻는다. 즉 1 kg 질량으로 인한 중력의 힘은 9.8 N이고 9.8 N의 힘을 야기하는 질량은 1 kg이다. 물성에 따라, 단위도 다르고 수치도 달라 자연스러워 보인다.

$$F = Mg = 1\,kg\,\frac{9.8\,m}{s^2} = 9.8\,kg\,\frac{m}{s^2} = 9.8\,N$$

그렇다면 1 lb 질량으로 인한 중력은 얼마인가? 다음과 같이 계산하면 위에서 설명한 대로 1 lbf를 얻을 수 있다. 이러한 결과는 질량으로 인한 중력을 계산하는데 갑자기 중력가속도가 고려되지 않은 것 같은 오해를 야기한다. 즉 1 lb 질량으로 인한 중력은 1 lbf이며, 역으로 1 lbf 중력을 야기하는 질량은 1 lb이다. 비록 질량과 힘의 물성은 다르지만 수치는 같은 값을 나타내며 이는 단위체계의 정의에 따른 당연한 결과이다.

$$F = Mg = 1\,lb\,\frac{9.8\,m}{s^2}\,\frac{ft}{0.3048\,m} = 1\,lb\frac{32.17\,ft}{s^2} = 32.17\,lb\frac{1\,ft}{s^2}$$

$$= 1\,slug\,\frac{1\,ft}{s^2} = 1\,lbf$$

(2) 힘 단위변환 인자

언급한 중력이나 힘 계산은 정의를 이용하면 아무런 문제가 없지만 계산의 편의를 위해 식 (II.1)을 사용하기도 한다. 이렇게 하면 일반적인 단위변환과 같이 힘의 정의를 몰라도 계산할 수 있는 장점이 있다.

$$F = Ma\frac{1}{g_c} \qquad \text{(II.1)}$$

여기서, F는 힘, M은 질량, a는 가속도, g_c는 힘 단위변환 인자이다.

SI 단위체계와 USA 단위체계의 경우, g_c는 각각 식 (II.2a)와 (II.2b)로 정의된다. 식 (II.2a)는 1 dyne은 1 g 질량을 1 cm/s^{2}으로 가속시키는 힘의 정의에서 유도되었다. 식 (II.2b)도 1 slug의 질량을 1 ft/s^{2}으로 가속시키는 1 lbf의 정의에서 유도되었지만, 우리가 실제로 사용하는 질량단위인 lb로 표시한 것이다.

$$g_c \equiv \frac{g\,cm/s^2}{dyne} \tag{II.2a}$$

$$g_c \equiv \frac{32.17\,lb\,ft/s^2}{lbf} \tag{II.2b}$$

식 (II.1)과 식 (II.2)를 사용하면, 1 g 질량으로 인한 중력은 980 dyne이고 1 lb 질량으로 인한 중력은 1 lbf임을 계산할 수 있다. 요약하면 정의에 따라 계산하든지, 힘 단위변환 인자를 포함한 수식을 사용하여 일관성 있게 계산하면 동일한 결과를 얻는다는 것이다. 만일 두 계산결과가 다르면, 특히 학업하는 학생의 경우, 반드시 그 이유를 알고 바른 이해를 가져야 한다.

USA 단위체계에서는 모든 것이 일대일 대응이 아니라 일, 일률, 압력에 있어서 고유한 값을 사용한다. **표 II.1**에서 일의 단위인 Btu(British thermal unit)는 1 lb의 물을 1 °F 높이는 데 필요한 열량이며 778 lbf-ft와 같다. 단위시간당 말 한 마리가 할 수 있는 일의 양으로 표현되는 HP는 550 lbf-ft/s, 압력은 psi(pound per square inch)를 사용하며 1기압은 14.7 psi이다.

부록 III 물이 원유를 밀어내는 1차원 유동 모사

1) Buckley-Leverett 식

그림 III.1과 같이 단면적과 물성이 균질한 시료에 일정한 유량으로 물을 주입하면 원유(여기서는 오일로 명함)는 물에 의해 밀려가고 일정한 시간 후에는 주입한 물이 출구에 도달한다(이를 물돌파(water breakthrough)라 함). 물돌파 이전에는 오일만 생산되지만 그 후에는 물과 오일이 같이 생산된다. 물을 계속 주입하면 시료에 남아있는 오일이 줄어들면서 그 유량도 줄어들고 나중에는 물만 생산된다.

(1) 유동도비

이와 같은 현상을 좀 더 자세히 보면, 밀어내는 물과 밀려나가는 오일의 상대적 유동을 식(III.1)의 유동도비(mobility ratio, MR)로 표현할 수 있다. 만일 MR이 1보다 작으면 오일보다 물의 유동성이 낮아 오일을 잔류 포화도로 유지하며 밀어내게 된다(이를 piston-like displacement라 함). 비압축성 유동의 경우, 주입한 물만큼 오일이 생산되므로 계산이 직관적이다. MR이 1보다 큰 경우, **그림 III.2**와 같이 유동전면(flow front)을 형성하며 유동한다.

$$MR = \frac{k_{rw}}{\mu_w} \bigg/ \frac{k_{ro}}{\mu_o} \tag{III.1}$$

여기서, k_r은 상대투과율, μ는 점성도이다. 하첨자 o, w는 각각 오일과 물을 의미한다.

(2) 포화도가 일정한 면의 속도

그림 III.1에서 위치 x에서 길이 dx를 가진 미소체적을 바탕으로 질량보존방정식을 적용하고 비압축성 유동의 경우 물 포화도가 일정한 면의 속도를 식 (III.2)와 같이 구할 수 있는데 이를 Buckley-Leverett 식이라 한다(Buckley and Leverett, 1942). 식 (III.2)를 보면 주입량이 많을수록, 단면적과 공극률은 작을수록 특정 값을 나타내는 물 포화도 면이 빠르게 전진한다.

식 (III.3)으로 주어진 물 유동비 f_w의 특정 포화도에서 기울기를 구하면 해당 포화도의 속도를 계산할 수 있고 주입시간은 알고 있으므로 해당 포화도가 시료의 어디까지 전진했는지 알 수 있다.

$$v_{S_w} = \left.\frac{dx}{dt}\right|_{S_w} = \frac{Q}{A\phi}\left.\frac{df_w}{dS_w}\right|_{S_w} \tag{III.2}$$

여기서, v_{S_w}는 특정 물 포화도 S_w의 전진속도, Q는 일정 물 주입량, f_w는 물 유동비로 각 유량이나 상대투과율이 주어지면 식 (III.3)으로 계산할 수 있다.

$$f_w = \frac{q_w}{q_w + q_o} = \frac{1}{1 + \dfrac{\mu_w}{\mu_o}\dfrac{k_{ro}}{k_{rw}}} \tag{III.3}$$

여기서, q는 유량, k_r는 상대투과율, μ는 점성도이다. 하첨자 o, w는 각각 오일과 물을 의미한다.

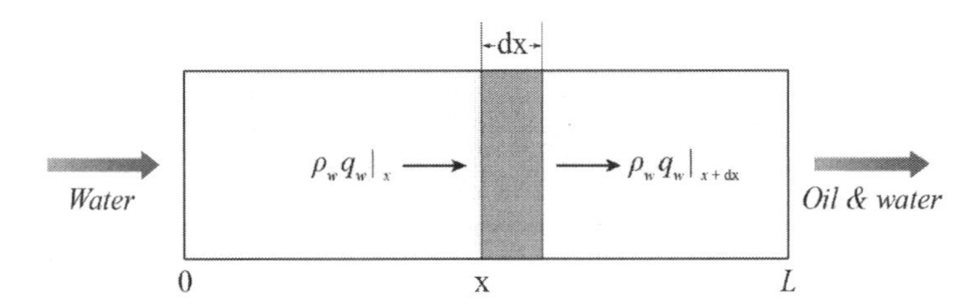

그림 III.1 물성이 일정한 시료에서 선형유동(단면적 A, 공극률 ϕ, 길이 L)

(3) 평균 물 포화도

유동도비가 1보다 큰 경우, 물돌파가 일어나기 전에는 그림 III.2와 같이 거리에 따라 포화도의 분포가 나타난다. 구체적으로 주입된 물이 원유를 밀어내며 유동전면을 형성하고 그 후면으로 물 포화도가 점차적으로 증가한다. 유동전면에서 S_{wf} 포화도를 가지고 물 주입구 부근에서는 오일이 밀려 잔류포화도($1-S_{or}$)를 나타낸다. 이와 같은 모습은 주입되는 물의 양과 시간에 따라 변화한다. 그림 III.2는 개념적 포화도 분포로 물돌파 이전에는 시료출구에서 오일만 생산된다.

Welge(1952)는 **그림 III.2**에 주어진 물 포화도 분포를 적분하고 전진한 거리로 나누어 주입구에서 유동전면까지 평균 물 포화도를 계산할 수 있는 식 (III.4)를 제시하였다.

$$\overline{S}_w = S_{wx} + (1 - f_{wx}) \Big/ \frac{\partial f_w}{\partial S_w} \tag{III.4}$$

여기서, S_{wx}와 f_{wx}는 각각 위치 x에서 물 포화도와 물 유동비이다.

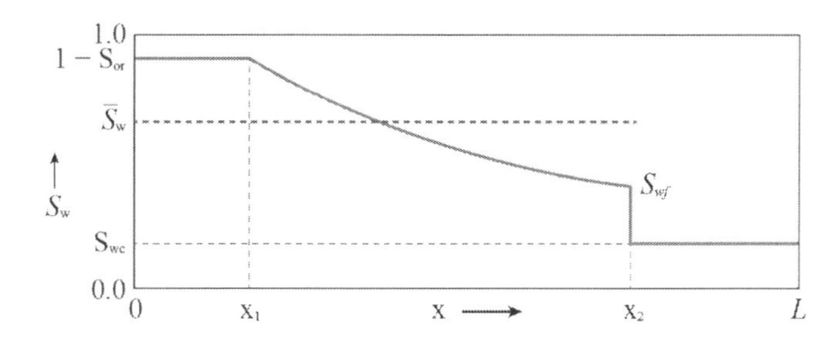

그림 III.2 물돌파 이전의 시료 내 물 포화도 분포(MR > 1인 경우)

식 (III.4)의 이해와 응용은 수공법을 이용한 생산량과 회수율을 계산하는 데 중요하다. 물 주입에 따른 생산량을 이론적으로 예측하기 위해서 시료의 기하와 물-오일의 상대투과율 자료가 있어야 한다. 구체적으로 S_w에 따른 f_w를 계산해 두어야 한다. 물돌파가 일어나기 이전에는 오직 오일만 생산되므로 시료 내에서 구체적인 포화도 분포는 의미가 없다. 왜냐하면 비압축성 유체를 가정하였기 때문에 오일생산량은 물 주입량과 같다. 이와 같은 직접적인 계산은 물돌파가 발생하는 시점까지 유효하다.

물돌파가 발생하는 시점에서 위치 x는 시료길이 L이고 출구에서 물 포화도는 S_{wf}가 된다. 그 후 출구에서 물 포화도가 ΔS_w 만큼 증가했다고 가정하면 출구에서 물 포화도는 S_{wf} + ΔS_w가 되며, f_w 그래프에서 구한 기울기와 (III.4)를 이용하면 평균 물 포화도를 계산할 수 있다. 각 단계에서 물 포화도가 증가한 만큼 오일이 생산된 것이므로 누적 오일생산량을 계산할 수 있다.

(4) f_w 그래프를 이용한 평균 물 포화도 계산

Welge는 식 (III.4)에 근거하여 S_{wf}와 평균 물 포화도를 쉽게 계산할 수 있는 f_w 그래프 이용법을 제안하였다. 먼저 **표** III.1 상대투과율 자료를 이용하여 **그림** III.3과 같이 f_w 그래프를 그린다. S_{wc}에서 f_w 그래프에 접선을 그었을 때 최대 기울기를 나타내는 접점을 찾으면 물돌파

시점의 물 포화도와 같다. 처음으로 생산되는 물의 포화도는 유동전면의 물 포화도(S_{wf})와 동일하다.

결론적으로 **그림** III.3과 같이 그래프에서 접점을 구하는 방법을 사용하면, 복잡해 보이는 이론식 대신 S_{wf}를 얻을 수 있다. 또한 접선이 $f_w = 1$과 만나는 점에서의 물 포화도가 식 (III.4)의 평균 물 포화도이며 다음 관계식에서 얻을 수 있다. 이와 같은 결과는 이론식에 따른 해를 기하학적으로 표현한 것이다.

$$\frac{\partial f_w}{\partial S_w} = \frac{1 - f_{wx}}{\bar{S}_w - S_{wx}}$$

동일한 과정과 원리를 물돌파 이후 S_w를 증가시키며 접선의 기울기를 구하고 $f_w = 1$과 만나는 지점에서의 물 포화도가 현재 시료 내의 평균 물 포화도가 된다. 물 포화도 값을 일정하게 증가시키며 평균 포화도를 구하고 S_w가 $(1 - S_{or})$일 때까지 반복하면 시간에 따른 오일의 회수량을 얻을 수 있다.

표 III.1 상대투과율 자료와 f_w

S_w	k_{rw}	k_{ro}	f_w
0.20	0.000	0.800	0.000
0.25	0.002	0.610	0.032
0.30	0.009	0.470	0.161
0.35	0.020	0.370	0.351
0.40	0.033	0.285	0.537
0.45	0.051	0.220	0.699
0.50	0.075	0.163	0.821
0.55	0.100	0.120	0.893
0.60	0.132	0.081	0.942
0.65	0.170	0.050	0.971
0.70	0.208	0.027	0.987
0.75	0.251	0.010	0.996
0.80	0.300	0.000	1.000

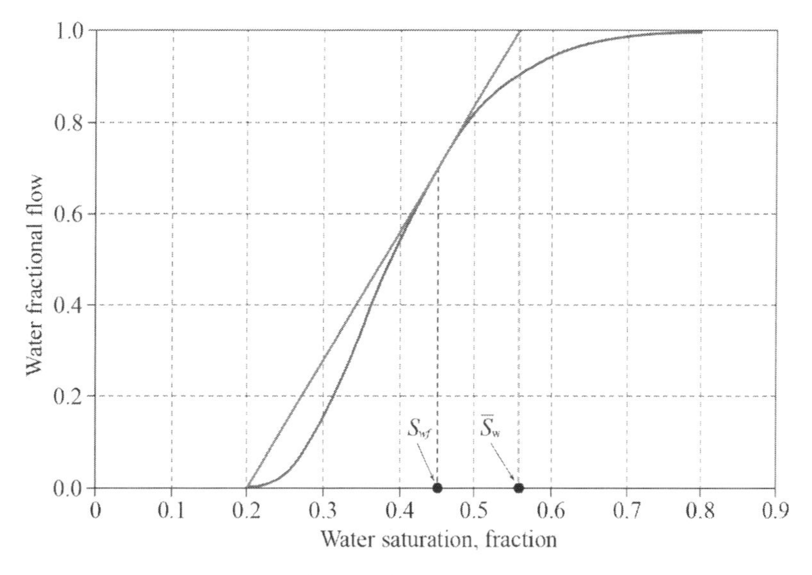

그림 III.3 Welge 기법을 이용한 유동전면 및 평균 포화도 계산

2) 비정상상태 유동을 이용한 상대투과율의 계산

상대투과율을 측정하는 대표적인 방법 중 하나로 비정상상태 시험이 있다. 이는 코어(또는 시료) 속에 있는 유체를 다른 유체로 밀어내며 비정상상태로 생산되는 유체의 유량과 압력을 측정하여 상대투과율을 계산하는 방법이다. 여기에서는 밀려나는 상을 오일로, 밀어내는 상을 물로 가정하고 설명한다. 저류층 유체와 실험목적에 따라 두 상은 변할 수 있다.

비정상 유동시험의 간략한 과정은 **그림 III.4**와 같다. 코어를 물로 100% 포화시킨 뒤 다시 오일로 포화시키면 해당 시료는 더 이상 줄일 수 없는 물 포화도(S_{wc})를 가지고 나머지는 오일로 차게 된다. 이때 Darcy 식으로 오일 투과율을 계산하면 오일의 끝점 유효투과율(k_{ocw} at $S_o = 1 - S_{wc}$)을 얻는다.

비정상상태 시험법으로 유효투과율을 측정할 때는 물돌파시점 이후의 값만 얻을 수 있다. 이런 이유로 점성도가 높은 합성오일을 사용한다. 물돌파 이전에는 오일만 생산되고 그 후부터 잔류 오일 포화도까지 오일과 물이 생산된다. 이때 물과 오일의 생산유량 및 시간에 따른 압력변화를 측정한다.

이론적으로 잔류 오일 포화도에 도달하면 오일은 생산되지 않고 물만 생산된다. 하지만 실제 실험에서 100% 생산되기 위해서 주입해야 하는 물의 양이 급격히 늘어난다. 따라서 일반적으로 생산되는 물의 양이 99.9% 수준까지 물을 주입하는 것을 기준으로 삼으나 이는 전문 실험실

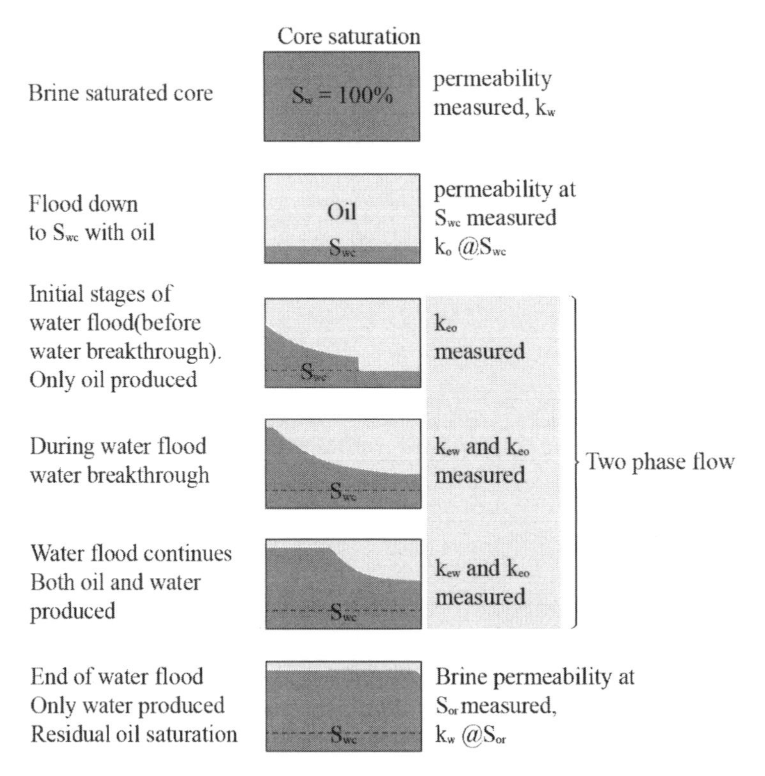

그림 III.4 물-오일의 비정상상태 시험 개략도

마다 다를 수 있다. 잔류 오일 포화도에 도달하면, k_{ocw}를 구한 것과 마찬가지로 물의 끝점 유효 투과율을 계산한다.

측정된 유량 및 압력을 이용해 상대투과율을 계산할 수 있다. 이는 이미 소개한 Buckley와 Leverett(1942)의 이론해와 Welge(1952)의 수공법 회수율 계산방법을 활용한다. Buckley-Leverett 이론은 유체가 혼합되지 않는다고 가정한다.

실험유체의 점성도는 알고 있는 값이고 물돌파시점 이후의 f_w는 측정되는 값이므로 식(III.3)에서 상대투과율 비인 k_{ro}/k_{rw} 값을 구할 수 있다. 이를 분리하는 방법으로는 Johnson-Bossler-Naumann(JBN) 방법(1959)과 Jones-Roszelle 방법(1978)이 있으나 본문에서는 JBN 방법을 소개하고자 한다.

JBN 방법은 식 (III.5)와 같이 압력변화량이 압력변화율의 적분값과 같은 원리를 이용한다. 이때, 오일의 압력변화율 값을 Darcy 식으로 표현한 뒤, Buckley-Leverett 식으로부터 x가 f_w의 1차미분에 비례한다는 식 (III.2)를 이용하면 식 (III.6)을 유도할 수 있다. 이때, 상대 주입성

(relative injectivity, I_r)을 구할 때 하첨자 i는 초기조건을 의미한다.

$$\Delta P = -\int_0^L \frac{\partial P}{\partial x} dx \tag{III.5}$$

$$k_{ro} = f_{oe} \frac{d\left(\frac{1}{W_{iD}}\right)}{d\left(\frac{1}{W_{iD} I_r}\right)} \tag{III.6}$$

$$I_r = \left(\frac{Q}{\Delta P}\right) \Big/ \left(\frac{Q}{\Delta P}\right)_i = \frac{\Delta P_i}{\Delta P} \frac{1}{W_{iD}}, \ W_{iD} = \frac{Qt}{AL\phi}$$

여기서, f_{oe}는 출구에서 오일 유량비, W_{iD}는 총 주입량을 공극부피로 나눈 무차원 값, Q는 주입한 일정 유량이다.

오일 상대투과율을 구하면, 식 (III.3)으로부터 식 (III.7)과 같이 물의 상대투과율을 구할 수 있다.

$$k_{rw} = \frac{(1 - f_{oe})}{f_{oe}} \frac{\mu_w}{\mu_o} k_{ro} \tag{III.7}$$

설명한 JBN 방법을 요약하면 크게 세 단계로 구성된다. 먼저 k_{ro}/k_{rw} 값을 계산하고 k_{ro}를 얻은 후 k_{rw}를 평가한다. 마지막으로 이들 값에 대한 포화도를 결정한다. 구체적인 계산과정을 요약하면 다음과 같다.

① 무차원 총 주입량(W_{iD})과 평균 물 포화도($\overline{S_w}$) 실험 자료 취득

② 출구에서 f_{oe}를 이용하여 k_{ro}/k_{rw} 계산

③ $\frac{\Delta P_i}{\Delta P}$와 W_{iD} 그래프에서 상대 주입성 I_r 계산

④ $\frac{1}{W_{iD} I_r}$와 $\frac{1}{W_{iD}}$ 그래프에서 k_{ro} 계산

⑤ k_{rw} 계산

비정상상태 시험은 물돌파시점 이후의 상대투과율만을 구할 수 있는 한계가 있다. 따라서 S_{wc}에서 $1-S_{or}$의 넓은 물 포화도 범위에서 값을 얻기 위해 관례적으로 점성이 매우 높은 합성 오일을 사용한다.

전문 실험실에서 사용되는 유체 점성도와 실제 저류층 조건에서 점성도가 달라 유동전면의 형성이 다르게 발생한다. 하지만 물리적인 해석 없이 주어진 상대투과율 값을 그대로 수치 시뮬레이션에 적용하는 경향이 만연하다. 실험을 통해 얻은 상대투과율이 어떻게 구해지는지 정확히 이해하고, 각 저류층 유체의 점성도를 고려한 유동전면 포화도 조건에 맞춰 조정하여 사용하는 것이 필요하다(Jo et al., 2024).

부록 IV 확산방정식

1) 질량보존방정식

그림 IV.1과 같이 유한한 체적 dV와 표면적 dS를 가진 다공질 매질에서 유체가 속도 v로 움직인다고 가정하자. 질량보존방정식에 의해 dV 안으로 들어오고 나간 질량의 차이는 내부에 축적된 질량과 같으며 이를 수식으로 표현하면 식 (IV.1)과 같다.

$$\iint_S \rho v \cdot \vec{n} dS = \iiint_V \frac{\partial}{\partial t} \rho \phi dV \qquad \text{(IV.1)}$$

여기서, ρ는 밀도, v는 속도, ϕ는 공극률, 그리고 $\vec{n}$은 표면 dS에 수직인 단위벡터이다. 식 (IV.1)을 보다 간단한 형태로 표현하기 위해 발산정리를 적용하면 식 (IV.2)를 얻고, 정리하면 우리에게 익숙한 식 (IV.3)의 질량보존방정식 또는 연속방정식을 얻는다.

$$\iint_S \rho v \cdot \vec{n} dS = -\iiint_V \nabla \cdot (\rho v) dV \qquad \text{(IV.2)}$$

$$\nabla \cdot (\rho v) + \frac{\partial}{\partial t}(\rho \phi) = 0 \qquad \text{(IV.3)}$$

여기서, ∇ 은 델연산자(del operator)이다.

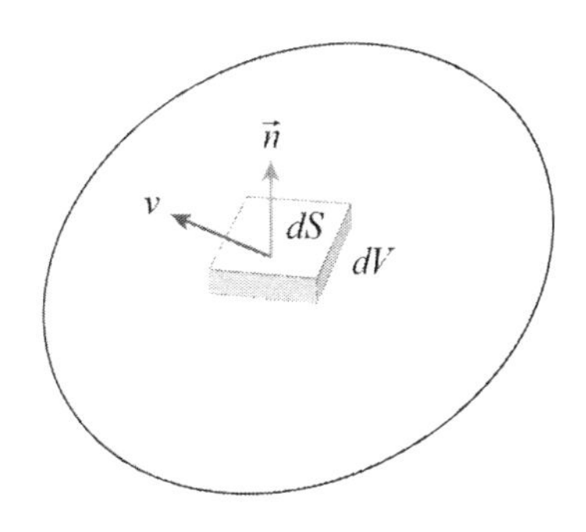

그림 IV.1 유한한 체적을 가진 다공질 지층에서 유동

2) 확산방정식

저류층에서 유체가 유동하면 시간에 따라 압력이 변화하는데 이를 표현하는 식이 확산방정식이다. 확산방정식은 식 (IV.3)의 연속방정식과 식 (IV.4)의 Darcy 식에서 유도할 수 있다. 식 (IV.4)는 모세관압이 없고 투과율과 점성도가 일정한 수평유동에 적용된다.

$$v = -\frac{k}{\mu}\nabla P \tag{IV.4}$$

여기서, k는 투과율, μ는 유체 점성도, P는 압력이다.

식 (IV.4)를 식 (IV.3)에 대입하고 유체의 압축성이 작다는 가정을 사용하면 식 (IV.5)의 확산방정식을 얻는다.

$$\nabla^2 P = \frac{1}{\alpha}\frac{\partial P}{\partial t} \tag{IV.5}$$

여기서, $\alpha = \dfrac{k}{\phi\mu c}$

여기서, ∇^2은 라플라스 연산자이고 α는 확산도(diffusivity), c는 유체와 공극의 총 압축계수이다. 식 (IV.5)는 임의의 위치와 시간에서 압력의 공간적 변화는 시간적 변화와 확산도의 반비례 관계가 있다는 의미이다. 압력의 독립변수는 유동기하와 정의에 따라 달라진다.

3) 극좌표계에서 경계치 문제

초기에 일정한 압력을 가진 저류층에서 원유를 생산하면 저류층 압력은 유정으로부터 감소하며 그 영향이 저류층 내부로 전파된다. 따라서 우리는 원유생산으로 인한 압력감소 영향이 저류층 경계면까지 미치기 이전의 거동을 분석하고자 한다. 이를 구체적인 수식으로 표현하면 식 (IV.6)에서 (IV.8)과 같다.

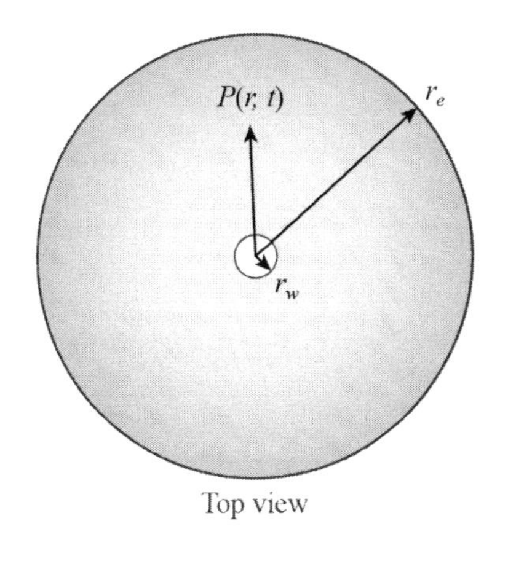

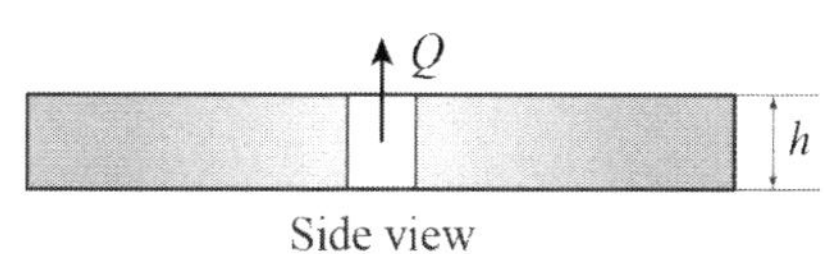

그림 IV.2 저류층에서 원유가 일정한 유량으로 생산되는 모습

식 (IV.5)의 확산방정식을 **그림 IV.2**의 극좌표계에서 표현하면 식 (IV.6)과 같으며 이를 지배방정식이라 한다. 지층 공극률과 투과율은 이론해를 구하기 위해 균질하다고 가정하였다. 또한 저류층의 반경에 비하여 두께는 작기 때문에 위치와 시간에 따라 변화하는 저류층 압력을 $P(r,t)$로 표현하였다. 저류층 초기압력은 P_i로 일정하다고 가정하면 식 (IV.7)과 같이 표현되며 이를 초기조건이라 한다.

유정에서 일정한 유량으로 생산하므로 경계조건은 식 (IV.8a)로 표현된다. 원유생산으로 인해 야기된 압력감소가 아직 저류층 경계면에 도달하지 않은 조건에서 저류층 거동을 모사하므로 외부 경계조건은 식 (IV.8b)와 같이 표현되며 이를 무한 저류층이라 한다. 식 (IV.8b)에서 저류층의 실제크기가 무한하다는 것이 아니고, 유정에서 생산으로 인해 야기된 압력교란이 외부경계에 도달하지 않은 천이상태 거동을 모델링한다는 의미이다. 식 (IV.8)을 경계조건이라 한다.

$$\frac{1}{r}\frac{\partial}{\partial r}\left(r\frac{\partial P(r,t)}{\partial r}\right)=\frac{1}{\alpha}\frac{\partial P(r,t)}{\partial t} \tag{IV.6}$$

$$P(r,t)|_{t=0}=P_i \tag{IV.7}$$

$$\lim_{r\to r_w}\frac{2\pi kh}{\mu B}r\frac{\partial P(r,t)}{\partial r}=Q \tag{IV.8a}$$

$$\lim_{r \to r_{\infty}} P(r,t) = P_i \tag{IV.8b}$$

여기서, B는 용적계수, Q는 표준상태에서 유량이다.

식 (IV.6)에서 (IV.8)까지 주어진 전형적인 형태를 경계치 문제라고 한다. 이는 주어진 지배방정식을 만족하는 어떤 현상에 대하여 특정한 경계조건을 주었을 때, 초기조건으로 주어진 현상이 시간에 따라 어떻게 변하는지를 나타낸다. 따라서 주어진 경계치 문제를 풀면 생산에 따라 감소하는 임의의 위치와 시간에서의 저류층 압력, $P(r,t)$를 알 수 있다.

4) 경계치 문제의 해

(1) 경계치 문제의 무차원화

식 (IV.6)에서 (IV.8)로 주어진 경계치 문제를 푸는 방법은 크게 두 가지가 있다. 저류층을 작은 격자로 나누어 Darcy 식과 결합된 질량보존방정식을 적용하여 수치해를 얻을 수 있다. 이와 같은 수치모델링은 불균질한 지층에서 다양한 경계조건이 주어질 때에도 적용할 수 있어 생산조건을 최적화할 수 있다. 하지만 여기서는 균질한 지층의 천이상태 유동에 대하여 이론해를 구하고자 한다.

주어진 경계치 문제를 이론적으로 풀기 위해 지배방정식을 정규화하여 무차원식으로 변경한다. 이를 위해 반경, 시간, 압력에 대하여 무차원 변수를 다음과 같이 정의하자.

$$r_D = \frac{r}{r_w}$$

$$t_D = \frac{t}{r_w^2/\alpha}$$

$$P_D = \frac{P_i - P(r,t)}{\dfrac{Q\mu B}{2\pi kh}}$$

위에서 정의한 무차원 변수가 어려워 보일 수도 있으나 조금만 생각하면 쉽게 이해될 수 있다. 반경은 길이 차원이므로 유정반경을 사용할 수 있다. 또한 Darcy 식에서 압력 차원을 갖는 부분을 보면 정의한 변수가 무차원이 됨을 알 수 있다. 무차원 시간변수의 경우, 확산도가 $[L^2/t]$의 차원을 갖는다는 것을 이용하거나 지배방정식에 나머지 변수들을 대입하여 무차원이 되게 하면 위의 관계식을 얻을 수 있다.

식 (IV.6)에서 (IV.8)까지의 식을 연쇄법칙을 적용하여 무차원화 형태로 다시 정리하면 식 (IV.9)와 같다.

$$\frac{1}{r_D}\frac{\partial}{\partial r_D}\left(r_D\frac{\partial P_D}{\partial r_D}\right)=\frac{\partial P_D(r_D,t_D)}{\partial t_D}$$

$$P_D(r_D,t_D)=P_D(r_D,0)=0 \tag{IV.9}$$

$$\lim_{r_D\to\infty}P_D(r_D,t_D)=0$$

$$\lim_{r_D\to 1}r_D\frac{\partial P_D(r_D,t_D)}{\partial r_D}=-1$$

(2) 볼츠만 변환(Boltzmann transform)

위의 경계치 문제를 푸는 방법으로 라플라스 변환을 이용하는 방법과 볼츠만 변환을 이용하는 방법이 있지만 여기서는 후자를 이용하고자 한다. 이 기법은 새로운 볼츠만 변수를 이용하여 풀어야 하는 편미분 방정식을 상미분 방정식으로 변환한다. 식 (IV.10a)와 같이 볼츠만 변수를 일반식으로 정의한 후, 주어진 지배방정식이 상미분 방정식이 되도록 변수를 조정하면 식 (IV.10b)의 최종변수를 얻는다.

$$\eta=a r_D^b t_D^c \tag{IV.10a}$$

$$\eta=\frac{1}{4}r_D^2 t_D^{-1}=\frac{r_D^2}{4t_D} \tag{IV.10b}$$

여기서, η는 볼츠만 변수, a, b, c는 상수이다.

볼츠만 변수와 연쇄법칙을 식 (IV.9)에 적용하면 식 (IV.11)과 같이 변환된다. 한 가지 특이한 것은 초기조건과 바깥 경계조건이 동일한 식으로 표현되는 것이다. 이는 볼츠만 변수를 이용하여 편미분 방정식을 상미분 방정식으로 변환하므로 초기조건이 경계조건 중 하나와 일치하는 당연한 결과이다. 또한 다음에 주어진 식도 상미분으로 주어진 것에 유의하길 바란다.

내부경계가 되는 유정은 r_D가 1이 되므로 식 (IV.10b)에 의해 볼츠만 변수 η는 시간에 따라 변화하는 유한한 값을 가진다. 이런 경우 다음에 주어진 식을 이론적으로 풀 수 없기 때문에 유정이 부피를 가지지 않는 것으로 가정(이를 line source라 함)한다. 이를 적용하면 유정에서는 볼츠만 변수값이 0으로 수렴하며 경계조건은 식 (IV.11c)로 표현된다.

$$\eta\frac{d^2P_D(\eta)}{d\eta^2}+(1+\eta)\frac{dP_D(\eta)}{d\eta}=0 \tag{IV.11a}$$

$$\lim_{\substack{\eta\to\infty\\(t\to 0)}} P_D(\eta)=0$$

$$\lim_{\substack{\eta\to\infty\\(r_D\to\infty)}} P_D(\eta)=0 \tag{IV.11b}$$

$$\lim_{\eta\to 0}\eta\frac{dP_D(\eta)}{d\eta}=-0.5 \tag{IV.11c}$$

(3) 이론해

식 (IV.11)을 풀기 위해 다음과 같이 한 번 미분한 값을 새로운 변수 X로 치환하고 적으면 식 (IV.12)와 같다.

$$\eta\frac{dX}{d\eta}+(1+\eta)X=0 \tag{IV.12}$$

여기서, $X=\dfrac{dP_D(\eta)}{d\eta}$

변수분리법으로 적분하여 X를 구하면 식 (IV.13)과 같다.

$$X = C\frac{e^{-\eta}}{\eta} \tag{IV.13}$$

여기서, C는 적분상수이며 식 (IV.11c)의 경계조건에 의해 -0.5의 값을 갖는다. X를 얻었으므로 $P_D(\eta)$는 X를 적분하여 구할 수 있으며 식 (IV.14)로 표현된다.

$$P_D(r_D, t_D) = \frac{1}{2}\int_{\eta}^{\infty}\frac{e^{-\eta}}{\eta}d\eta \tag{IV.14}$$

지수적분을 나타내는 부분은 다음과 같이 정의할 수 있으므로 식 (IV.14)는 함수를 이용하여 식 (IV.15)와 같이 표현할 수 있다.

$$P_D(r_D, t_D) = \frac{1}{2}E_i(\eta) \tag{IV.15}$$

여기서, $E_i(\eta) = \int_{\eta}^{\infty}\frac{e^{-\eta}}{\eta}d\eta$

여기서, $E_i(\eta)$는 지수적분 함수이다. 정의한 무차원 변수를 대입하면, 임의의 위치 r_D에서 시간에 따른 천이상태 저류층 압력은 식 (IV.16)으로 표현된다. $E_i(\eta)$ 함수값은 수치적분을 이용하거나 근사함수를 이용하면 평가할 수 있다. 따라서 식 (IV.16)을 통해 우리는 천이상태에 있는 저류층 압력을 알 수 있다.

$$P(r,t) = P_i - \frac{1}{2}\frac{QB\mu}{2\pi kh}E_i(\eta) \tag{IV.16}$$

여기서, $\eta = \frac{r_D^2}{4t_D} = \frac{r^2}{4\alpha t}$

부록 V 가스물성 계산

1) 가스압축인자

Dranchuk과 Abou-Kassem(1975)은 가스의 압축인자 Z-factor를 계산할 수 있는 식 (V.1)을 제안하였다.

$$Z = 1 + \left(A_1 + \frac{A_2}{T_{pr}} + \frac{A_3}{T_{pr}^3} + \frac{A_4}{T_{pr}^5}\right)\rho_r + \left(A_6 + \frac{A_7}{T_{pr}} + \frac{A_8}{T_{pr}^2}\right)\rho_r^2 - A_9\left(\frac{A_7}{T_{pr}} + \frac{A_8}{T_{pr}^2}\right)\rho_{pr}^5$$

$$+ A_{10}(1 + A_{11}\rho_{pr}^2)\frac{\rho_{pr}^2}{T_{pr}^3}\exp(-A_{11}\rho_{pr}^2) \qquad \text{(V.1)}$$

여기서, $\rho_{pr} = \dfrac{0.27 P_{pr}}{Z T_{pr}}$

$A_1 = 0.3265,\quad A_2 = -1.0700,\quad A_3 = -0.5339,\quad A_4 = 0.01569,$

$A_5 = -0.05165,\quad A_6 = 0.5475,\quad A_7 = -0.7361,\quad A_8 = 0.1844,$

$A_9 = 0.1056,\quad A_{10} = 0.6134,\quad A_{11} = 0.7210$

여기서, T_{pr}, P_{pr}은 임계 온도와 압력을 이용한 환산 온도와 압력이다. 식 (V.1)은 다음과 같은 조건에서 잘 맞으며 넓은 적용범위로 인하여 활용성이 높다. 하지만 환산온도가 1.0이고 환산압력이 1.0보다 크면 예측 정확도가 감소한다.

$0.2 \le P_{pr} < 30$ & $1.0 < T_{pr} \le 3.0$

$P_{pr} < 1.0$ & $0.7 < T_{pr} \le 1.0$

2) 가스의 임계 압력과 온도

Sutton(1985)은 가스비중을 이용하여 천연가스의 임계 압력과 온도를 예측할 수 있는 식

(V.2)를 제안하였다. 이 식은 가스비중 0.5 ~ 2.0 범위에서 사용할 수 있다.

$$P_c = 756.8 - 131.0\gamma_g - 3.6\gamma_g^2 \quad \text{(V.2a)}$$

$$T_c = 169.2 + 349.5\gamma_g - 74.0\gamma_g^2 \quad \text{(V.2b)}$$

여기서, γ_g는 가스비중이다.

만일 이산화탄소나 황화수소 같은 이물질이 존재하는 경우, 임계 온도와 압력은 이들의 영향을 받기 때문에 이를 보정할 수 있는 많은 방법들이 제안되어 있다. 따라서 그 적용범위를 확인 후 사용하는 것이 필요하다.

천연가스의 비중을 알고 있으면 식 (V.2)로 임계 온도와 압력을 예상할 수 있고 저류층 조건에서 주어진 온도와 압력의 환산 온도와 압력을 계산할 수 있다. 따라서 식 (V.1)을 이용하면 Z-factor를 얻을 수 있다. 한 가지 유의할 것은 식 (V.1)이 가스의 압축인자를 포함하고 있는 비선형 식이므로 반복법으로 풀어야 한다는 것이다.

3) 가스 점성도

Lee와 Gonzalez(1966)는 가스의 비중을 이용하여 점성도를 예측할 수 있는 식 (V.3)을 제안하였다.

$$\mu_g = 0.0001K\exp\left(X\rho_g^{2.4-0.2X}\right) \quad \text{(V.3)}$$

$$K = \frac{(9.4 + 0.02M)\,T^{1.5}}{209 + 19M + T}, \quad M = 29\gamma_g$$

$$X = 3.5 + \frac{986}{T} + 0.01M$$

여기서, μ_g는 가스 점성도(cp), γ_g는 가스비중, M은 분자량, T는 절대온도(°R), ρ_g는 가스밀도(g/cc)이다.

기호

^{o}API	API 밀도
a	(임의의) 상수
A	단면적
b	쌍곡선 감퇴 지수
B	용적계수
c	압축인자
c_{bf}	수축인자
d	직경
D	생산량 감퇴율
E	가스 팽창계수
E_{EX}	비용
$E_i(\ )$	지수적분 함수
F	힘
F_R	지층 비저항인자
F_T	장력
f_w	물 유동비
g	중력가속도
G	총 가스부피
g_c	힘 단위변환 인자
G_p	가스 누적생산량
h	저류층 두께 또는 높이
I_{INV}	투자비
I_{PIR}	수익성지수
i_r	(연간) 이자율
i_r^*	내부수익률
I_r	상대 주입성
$J(\ )$	무차원 모세관압 함수
k	투과율
K	수리전도도
k_a	절대투과율
k_e	유효투과율
k_{ocw}	원시 물 포화도에서 오일 유효투과율
k_r	상대투과율(k_a 기반)
k_r^*	상대투과율(k_{ocw} 기반)
$l,\ L$	길이
m	천이구간 유동압력 기울기
M	질량
n	몰수
$\vec{n}$	수직 단위벡터
$n(\ )$	현금할인을 위한 유효 기간
N_{CF}	순현금흐름
N_p	누적생산량
N_{PV}	순현재가치
P	압력

P_{cap}	모세관압
P_{capLab}	실험실에서 측정한 모세관압
P_e	저류층 바깥 반경에서 압력
P_{eff}	유효압력
P_{eq}	평형압력
P_{in}	유체의 압력으로 인한 내압
P_{nwt}	비친수성 유체압력
P_{ob}	지층의 무게로 인한 외압
$P_p(\ )$	유사압력 함수
P_{PF}	이익
P_{pr}	환산압력
P_w	유정압력
P_{wf}	유정 유동압력
$P_{wf,1hr}$	유동시간 1시간일 때 유정 압력
P_{ws}	유정 폐쇄압력
$P_{ws,1hr}$	유정폐쇄 1시간일 때 유정 압력
P_{wt}	친수성 유체압력
Q	유량
r	반경
R	가스상수
r_e	저류층 바깥 반경
R_o	포화된 지층의 비저항 값
R_p	생산 원유가스비
R_{pb}	단위 기포압 부피에서 가스 방출량
R_s	용해가스비
R_t	비저항 검층값
r_w	유정반경
R_w	지층수 비저항 값
s	표피인자
S	포화도
S_{or}	잔류 원유 포화도
S_w^*	정규화된 물 포화도
S_{wc}	원시 물 포화도
S_{wf}	유동전면 물 포화도
S_{wir}	감소불가 물 포화도
t	시간
T	온도
T_A	접착력
T_{pr}	환산온도
v	속도
v_{S_w}	해당 물 포화도의 전진속도
V	부피
W	무게
W_e	지층수 누적 유입량
W_{iD}	무차원 총주입량
z	기준면에서 수직높이
Z	가스 압축인자
α	확산도
β	보정계수
ΔP	압력변화 또는 압력차이
ΔP_{acc}	(유체의) 가속으로 인한 압력손실
ΔP_{ele}	수직높이 차이로 인한 정수압
ΔP_{fri}	유동으로 인한 압력손실
ΔP_{skin}	표피인자로 인한 압력손실
Δt	시간 차이
ΔV	부피 변화
ϕ	공극률
Φ	압력포텐셜
γ	비중
η	볼츠만 변수
μ	점성도
θ	접촉각
ρ	밀도
σ	계면장력
σ_{os}	오일과 고체면 사이 계면장력
σ_{ws}	물과 고체면 사이 계면장력

‾ 해당 인자의 평균

하첨자

1, 2 specific point(or condition) of 1 and 2
ab abandonment
b bubble point
bk bulk(volume)
c critical
ch characteristic
ct coating
d dry
D dimensionless
e effective
f fluid
g gas
gr grain
i initial(condition)
l liquid
log logging(or logging measurement)
nwt non-wetting
o oil
p pore
r reservoir(conditions)
s standard(conditions)
t total
w water
wt wet or wetting
x location of interest

단위

bbl (blue) barrel
Btu British thermal unit
cc cubic cm(cm^3)
cp centi-poise(0.01 poise)
md milli-darcy
MMscf 1.0E+06 standard cubic feet
psi pound per square inch
rb reservoir barrel(volume at reservoir conditions)
rcf reservoir cubic feet
scf standard cubic feet
STB stock tank barrel

용어

(1) 약어

AAPG - American Association of Petroleum Geologists
ABEX - abandonment expenditure
AFE - authorization for expenditure
API - American Petroleum Institute
CAPEX - capital expenditure
CSG - casing
DHI - direct hydrocarbon indicator
E&P - exploration & production
EOR - enhanced oil recovery
EPCIC - engineering procurement construction installation commissioning
ESP - electrical submersible pump
FEED - front end engineering design
GCOS - geological chance of success

GOC - gas oil contact
GOR - gas oil ratio
ICE - Intercontinental Exchange
IOC - international oil company
IOR - improved oil recovery
IPC - inflow performance curve
IPR - inflow performance relationship
IRR - internal rate of return
JOA - joint operating agreement
LNG - liquefied natural gas
LPG - liquefied petroleum gas
MMP - minimum miscible pressure
MR - mobility ratio
NCF - net cash flow
NMR - nuclear magnetic resonance
NOC - national oil company
NPV - net present value
NYMEX - New York Mercantile Exchange
OGIP - original gas in place
OOIP - original oil in place
OPEC - Organization of Petroleum Exporting Countries
OPEX - operating expenditure
ORRI - overriding royalty interest
OWC - oil water contact
PBP - payback period
PCP - pogressive cavity pump
PI - productivity index
PIR - profit to investment ratio(profitability index)
PRMS - petroleum resources management system
PSA - production sharing agreement
PSC - production sharing contract
PVT - pressure volume temperature
RKB - rotary kelly bushing
SAGD - steam assisted gravity drainage
SCAL - special core analysis laboratory
SI - System International
SP - spontaneous potential
SPE - Society of Petroleum Engineers
SPEE-Society of Petroleum Evaluation Engineers
STB - stock tank barrel
TD - target depth
TPC - tubing performance curve
TPR - tubing performance relationship
WPC - World Petroleum Council
WTI - West Texas Intermediate
XT - christmas tree

(2) 본문에서 상용된 전문용어의 영어 표현

가능매장량 - possible reserves
감퇴곡선법 - decline curve analysis
검층 - well logging
고유황유 - sour crude
광구권, 광권 - mineral right
근원암 - source rock
노상유전 - oil seepage
노천채굴 - open pit mining
덮개암 - cap rock
매장량 - reserves
무한 저류층 - infinite acting reservoir
물돌파 - water breakthrough
분리기 - separator
분지 - basin
비수반가스 - non-associated gas
산처리 - acid treatment
쌍곡선 지수 - hyperbolic exponent
생산관 - production tubing
생산자산 인수 - production acquisition

서부 캐나다 혼합유 - Western Canadian Select
석유회계시스템 - petroleum fiscal system
섹션 - section
셰일 - shale
수공법 - water flooding
수반가스 - associated gas
수화물 - hydrate
시추액 - drilling fluid
시험관 - PV cell
암염 돔 - salt dome
역청 - bitumen
오일샌드 - oil sands
오일셰일 - oil shale
원위치 연소법 - in-situ combustion
원유 - crude oil
원유스트림 - crude stream
유동도비 - mobility ratio
유동 물부피비 - water fraction
유동전면 - flow front
유망구조 - prospect
응축물 - condensate
이력현상 - hysteresis
이수막 - (drilling) mud cake
자원량 - resources
잠재구조 - lead
저류층 - reservoir
저유황유 - sweet crude
주기적 증기자극법 - cyclic steam soaking
증기공법 - steam flooding
지분 - interest
천공 - perforation
추정매장량 - probable reserves
치밀가스 - tight gas
콘덴세이트- condensate
탄화수소 - hydrocarbon
투과율 - permeability
트랩 - trap
펌프잭 - pump jack
표피인자 - skin factor
플레이 - play
확산방정식 - diffusivity equation
확인매장량 - proved reserves

Arps, J.J., 1945, "Analysis of decline curves," *Trans. of AIME*, 160(1), pp. 228-247.

Buckley, S.E. and M.C. Leverett, 1942, "Mechanism of fluid displacement in sands," *Trans. of AIME*, 146, pp. 107-116.

Butler, R.M., 1985, "A new approach to the modeling of steam-assisted gravity drainage," *J. of Canadian Petroleum Technology*, 24(3), pp. 42-51.

Dake, L.P., 2001, *The Practice of Reservoir Engineering*, revised ed., Elsevier Science, Amsterdam.

Dake, L.P., 2008, *Fundamentals of Reservoir Engineering*, Elsevier Science, Amsterdam.

Delshad, M. and G.A. Pope, "Comparison of the three-phase oil relative permeability models," *Transport in Porous Media*, 4, pp. 59-83.

Dranchuk, P.M. and J.H. Abou-Kassem, 1975, "Calculation of Z factors for natural gases using equations of state," *J. of Canadian Petroleum Technology* (July-Sept.), pp. 34-36.

Energy Institute, 2023, *Statistical review of world energy*, 72nd edition.

Energy Institute, 2024, *Statistical review of world energy*, 73rd edition.

GS 블로그 에너지학개론 제11강, 2019, "석유란 무엇일까?" GS칼텍스.

GS 블로그 에너지학개론 제13강, 2019, "석유 매장량의 이해: 석유는 40년 후 정말로 고갈될까?" GS칼텍스.

GS 블로그 에너지학개론 제22강, 2019, "우리나라의 석유 개발은 어떻게 이루어지고 있을까?" GS칼텍스.

Hyne, N.J., 2012, *Nontechnical Guide to Petroleum Geology, Exploration, Drilling & Production*, 3rd edition, PennWell Books, Tulsa, Oklahoma.

Jo, W., D. Kim, Y. Lee, and J. Choe, 2024, "Application suggestions of relative permeability usage for the accuracy improvement of waterflooding simulation," *Journal of KSPE*, 1(1), pp. 55-67.

Johnson, E.F., D.P. Bossler, and V.O. Naumann, 1959, "Calculation of relative permeability from displacement experiments," *Trans. of AIME*, 216, pp. 370-372.

Jones, S.C. and W.O. Roszelle, 1978, "Graphical techniques for determining relative permeability from displacement experiments," *JPT*, 30, pp. 807-817.

Jung, H., H. Jo, S. Kim, K. Lee, and J. Choe, 2017, "Recursive update of channel information for reliable history matching of channel reservoirs using EnKF with DCT," *Journal of Petroleum Science and Engineering*, 154, pp. 19-37.

Jung, H., H. Jo, S. Kim, K. Lee, and J. Choe, 2018, "Geological model sampling using PCA-assisted support vector machine for reliable channel reservoir characterization," *Journal of Petroleum Science and Engineering*, 167, pp. 396-405.

Kang, B. and J. Choe, 2020, "Uncertainty quantification of channel reservoirs assisted by cluster analysis and deep convolutional generative adversarial networks," *Journal of Petroleum Science and Engineering*, 187, pp. 106742-1~14.

Kim, J., H. Yang, and J. Choe, 2020, "Robust optimization of the locations and types of multiple wells using CNN based proxy models," *Journal of Petroleum Science and Engineering*, 193, pp. 107424-1~16.

Kim, J., K. Lee, and J. Choe, 2021, "Efficient and robust optimization for well patterns using a PSO algorithm with a CNN-based proxy model," *Journal of Petroleum Science and Engineering*, 207, pp. 109088-1~13.

Lee, A.L. and M.H. Gonzalez, 1966, "The viscosity of natural gases," *JPT* (Aug.), pp. 997-1000.

Lee, K., S. Jung, T. Lee, and J. Choe, 2017, "Use of clustered covariance and selective measurement data in ensemble smoother for three-dimensional reservoir characterization," *Journal of Energy Resources Technology*, 139, pp. 022905-1~9.

Leverett, M.C., 1941. "Capillary behaviour in porous solids," *Trans. of AIME*, 142, pp. 159-172.

PRMS, 2007, "Petroleum Resources Management System," Society of Petroleum Engineers.

Sutton, R.P., 1985, "Compressibility factors for high-molecular-weight reservoir gases," Paper presented at the 60th ATCE, Las Vegas, NV, Sept. 22-25.

Welge, H.J., 1952, "A simplified method for computing oil recovery by gas or water drive," *Trans. of AIME*, 195, pp. 91-98.

Yang, H., J. Kim, and J. Choe, 2019, "Field development optimization in mature oil reservoirs using a hybrid algorithm," *Journal of Petroleum Science and Engineering*, 156, pp. 41-50.

최종근, 2006, "땅속의 보물 석유와 석유탐사," 대한토목학회지, 자연과 문명의 조화, 54(11), pp. 56-62.

최종근, 2006, "땅속의 보물 석유자원의 개발과 활용," 대한토목학회지, 자연과 문명의 조화, 54(12), pp. 56-60.

최종근, 2006, "석유 40년 후면 고갈될까?" 한국경제신문, 시론, 5월 10일자 38면.

최종근, 2006, "초심해 시추와 유정제어," 석유, 22, pp. 135-158.

최종근, 2013, "셰일가스, 에너지자원 태풍인가 미풍인가?" 서울공대, 92, pp. 20-23.

최종근, 2013, 지구통계학, 시그마프레스, 개정판, 서울.

최종근, 2014, "환경보호에 가장 공헌한 건 석유공학자," 과학동아 (2월호), pp. 170-172.

최종근, 2017, 해양시추공학, 씨아이알, 2판, 서울.

최종근, 2020, 석유와 석유공학 이해, 씨아이알, 1판, eBook, 서울.

Petroleum Engineering

찾아보기

ㅅ

ㅇ

ㅈ

ㅊ

ㅋ

ㅌ

ㅍ

ㅎ

기타

석유공학

초판 발행 | 2025년 2월 12일

지은이 | 최종근
펴낸이 | 김성배
펴낸곳 | (주)에이퍼브프레스

책임편집 | 김선경
디자인 | 백정수, 엄해정
제작 | 김문갑

출판등록 | 제25100-2021-000115호(2021년 9월 3일)
주소 | (04626) 서울특별시 중구 필동로8길 43(예장동 1-151)
전화 | 02-2274-3666(대표)
팩스 | 02-2274-4666
홈페이지 | www.apub.kr

ISBN 979-11-94599-04-3 (93530)

* 책값은 뒤표지에 있습니다.
* 파본은 구입처에서 교환해드리며, 관련 법령에 따라 환불해드립니다.